"十三五"国家重点出版物出版规划项目
名校名家基础学科系列

大学物理学

上 册

主　编　郝会颖　田恩科　赵长春
副主编　邢　杰　李庚伟
参　编　张自力　高　禄

U0379679

机械工业出版社

本书是参照教育部颁布的《理工科类大学物理课程教学基本要求》而编写的，内容涵盖了物理学基础理论的经典力学和电磁学。经典力学包括运动学基础、牛顿运动定律、力的时空积累效应、刚体的定轴转动以及流体力学简介；电磁学包括真空中静电场的基本规律、静电场中的导体及电介质、稳恒电流、稳恒磁场、电磁感应与电磁场。

本书注重基础，注重物理概念的引入和基本原理的分析及应用。每章均配有典型例题、习题和思考题，每章后面均附有思维导图，以帮助学生构建完整的知识体系。除基本内容以外，本书还利用互联网技术将一些人物介绍、演示实验、习题讲解、物理学史等内容通过二维码链接方式呈现。

本书既可作为理工科专业的大学物理教材，也可作为中学物理教师或其他自学者的参考书。

图书在版编目（CIP）数据

大学物理学．上册/郝会颖，田恩科，赵长春主编．—北京：机械工业出版社，2020.12（2024.1 重印）
（名校名家基础学科系列）
“十三五”国家重点出版物出版规划项目
ISBN 978-7-111-38138-9

Ⅰ.①大…　Ⅱ.①郝…　②田…　③赵…　Ⅲ.①物理学－高等学校－教材　Ⅳ.①O4

中国版本图书馆 CIP 数据核字（2020）第 230369 号

机械工业出版社（北京市百万庄大街 22 号　邮政编码 100037）
策划编辑：李永联　责任编辑：李永联　陈崇昱
责任校对：张　薇　封面设计：鞠　杨
责任印制：郜　敏
北京中科印刷有限公司印刷
2024 年 1 月第 1 版第 5 次印刷
184mm×260mm · 11.5 印张 · 306 千字
标准书号：ISBN 978-7-111-38138-9
定价：32.00 元

电话服务　　网络服务
客服电话：010-88361066　机　工　官　网：www.cmpbook.com
010-88379833　机　工　官　博：weibo.com/cmp1952
010-68326294　金　书　网：www.golden-book.com
封底无防伪标均为盗版　机工教育服务网：www.cmpedu.com

前　言

格物致理，自古至今人们从未停止过对物质世界的探索。物理学的发展使人类逐步揭开自然界神秘的面纱，感知物质世界的神奇与美妙。从远古到中世纪时期的物理学萌芽，从文艺复兴到19世纪经典物理学的创立与发展，从19世纪末、20世纪初的物理学革命到现代物理学的发展，无不闪烁着人类智慧的光芒。物理学是研究物质的基本结构、基本运动形式和基本相互作用的科学，其基本理论已渗透到自然科学的各个领域，应用于生产技术的方方面面，成为其他自然科学和工程技术之基。缘于此，以物理学基础为主要内容的大学物理课程一直是理工类本科专业的重要必修基础课，其所涉及的物理学基本概念、基本规律和基本方法不仅是学生继续学习专业课程和其他科学技术的基础，而且是培养学生科学思维方法、创新能力以及提高学生科学素养的重要载体。

本套教材是编者在多年教学实践的基础上，根据教育部颁布的《理工科大学物理课程教学基本要求》编写而成的，涵盖了所有A类核心内容和大部分B类扩展内容，并按照物理学的知识体系，以演绎推理的方式给出相应的定理或定律。为帮助学生构建知识脉络，明确知识点间的逻辑关系，每章后面均附有“本章思维导图”。与传统的小结相比，思维导图运用图文并重的技巧，把各知识点间的关系用层级图表现出来，更符合学生的认知规律。

在“互联网+”的时代背景下，本套教材采用了纸质化教材与数字化资源相结合的模式，利用网络技术，将一些人物介绍、演示实验、习题讲解、物理学史等内容通过二维码链接的方式加以呈现，凸显新形态立体化教材的特点。

本套教材适当融入了中国古代先贤的物理思想，以期增强学生的文化自信。此外，通过挖掘物理中所蕴含的哲学思想，培养学生辩证唯物主义世界观，借助物理学家的事迹，传承科学精神，以实现知识传授与价值引领的同频共振。

本套教材分上、下两册。本书为上册，内容包括经典力学和电磁学。其中第1～4章由郝会颖编写，第5章由郝会颖、赵长春共同编写，第6、7章由邢杰编写，第8章由邢杰、田恩科共同编写，第9章由李庚伟编写，第10章由李庚伟、张自力、高禄共同编写。

在编写过程中，编者参考了国内外大量的教材和其他相关资料，在此向这些文献的作者表示诚挚的谢意。

因编者学识有限，书中难免有不妥之处，敬请读者不吝赐正。

编　者

2020年8月于北京

目　　录

第 2 篇　电　磁　学

第1篇　经典力学

第1章　运动学基础

世界是物质的，物质是运动的。在各种形式的物质运动中，最简单的一种是物体位置随时间的变动。这种物体之间或者物体内各部分之间相对位置的变动称为**机械运动**。经典力学正是研究宏观物体机械运动及其规律的学科。经典力学通常可以分为**运动学**和**动力学**。运动学的任务是描述物体的运动，不涉及引起运动和运动变化的原因。动力学则研究物体运动与物体间相互作用的内在关联。作为经典力学的开篇，本章主要介绍运动学的基本规律。

1.1　质点　参考系

1.1.1　质点

雄鹰翱翔、骏马奔驰均为机械运动，但欲准确描述其上各点位置随时间的变化并非易事。如雄鹰的身体在向前运动的同时，翅膀还在上下运动。同理，骏马身体在向前运动的同时，双腿在做周期性的上下运动。这种描述实际物体机械运动的困难，究其根源是物体有一定的大小和形状，物体各部分的运动情况并不完全相同。不难想象，若物体是一个没有大小和形状的点，这种困难将消失。在某些情况下，若物体的形状和大小不影响物体的运动，或影响甚微，那么就可以暂不考虑物体的形状和大小，将其看作一个没有大小和形状，只拥有物体全部质量的点，即**质点**。质点是一种**理想化模型**，它来源于实际，又高于实际。例如，飞船在绕地球做近圆轨道运动时，飞行姿态需要不断调整，因而飞船上各处的运动情况不同。但飞船自身的高度和最大直径远远小于地球的近圆轨道半径，所以当研究飞船绕地球的近圆轨道运动时，其上各点的运动差异可以忽略，可将其视为质点。同样是飞船，若研究其姿态调整的运动时，则不能视为质点。可见，同一个物体能否看成质点，要因情况而异。

理想化模型是物理学的重要思想方法之一，通过撇开次要因素，抽出主要和本质的因素，把复杂的研究对象或物理过程简化成理想化的物理模型，以凸现问题的本质。在后面的学习中还将涉及刚体、理想流体、准静态过程等理想模型。各种理想模型的出现是物理学向深度和广度发展的重要标志之一。

1.1.2　参考系

“卧看满天云不动，不知云与我俱东”这句古诗说明，人们早在古代就知道对运动的描述需要选定参考物体。就机械运动而言，为了描述物体位置的变动，总是相对于另一个作为参考的物体来考察，这个被作为参考的物体称为**参考物**。例如，乘客坐在风驰电掣的高铁中，若以地面为参考物，乘客是运动的，若以高铁车厢为参考物，乘客则是静止的。可见，同一物体运动形式随参考物的不同而不同，这个事实称为**运动的相对性**。在描述物体的机械运动时，必须明确是对哪个参考物而言。

中国古代先贤对“相对运动”的思考

选定参考物之后，为了定量描述质点相对于参考物的空间位置，需要在参考物上建立固定的坐标系。最常用的是**笛卡儿直角坐标系**。如图 1.1 所示，在参考物上任选参考点 O 作为坐标系的原点，过点 O 作三条互相垂直的数轴 Ox、Oy、Oz，分别称作 x 轴、y 轴和 z 轴。质点在任一时刻的位置可用（x，y，z）表示。常见的坐标系还有**球极坐标系**和**柱坐标系**等。

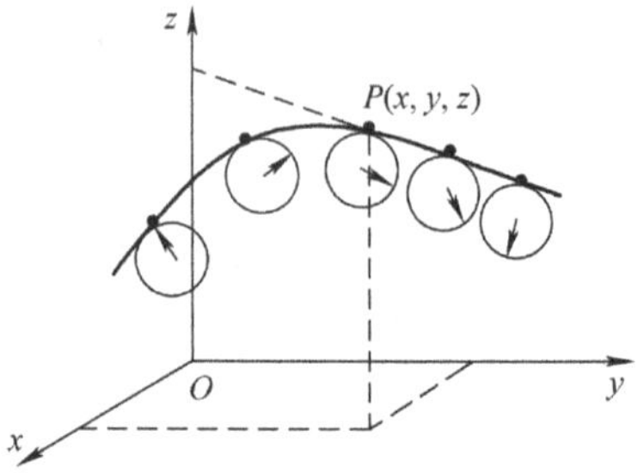

图 1.1　直角坐标系与同步的钟构成的参考系

为刻画质点位置随时间的变化，还需明确质点到达各个位置（x，y，z）的时刻 t。理论上 t 应由置于坐标系中各处的同步的钟给出。

综上所述，质点到达任意一个位置，由坐标系给出其（x，y，z）值，由置于该点的同步的钟给出其时刻 t，这样质点位置随时间的变化就可以完全确定地描述了。可见，固结在参考物上的坐标系和一套同步的时钟是描述质点机械运动所必需的，二者构成参考系。参考系可用参考物命名，例如坐标原点固定在实验室中的某点，坐标轴指向空间固定方向的参考系称为实验室参考系。常见的参考系还有地面参考系、地心参考系和太阳参考系。

在研究机械运动时，参考系的选取是任意的，一般视问题性质选择最方便的参考系。如在研究地面上物体的运动时，可选地面参考系。而研究行星运动时，则选太阳参考系为宜。

质点位置的坐标值通常用从原点开始沿坐标轴方向的几何长度来表示。在国际单位制（SI）中，长度的基本单位是米（m）。1983 年国际度量衡大会规定：“光在真空中行进 1/299 792 458s 的距离”为一标准米。常用的长度单位还有千米（km）、厘米（cm）、微米（μm）和纳米（nm）等。

质点到达某一位置的时刻可用从初始时刻到该时刻所经历的时间来标记。在国际单位制中，时间的基本单位是秒（s）。1967 年国际度量衡大会对 1 秒的定义是：“铯 - 133 原子基态的两个超精细能级之间跃迁时所辐射的电磁波的周期的 9 192 631 770 倍的时间”。常用的时间单位还有分钟（min）、小时（h）、天（d）或年（a）等。

1.2　位矢 位移 速度 加速度

1.2.1　位矢

用来确定某时刻质点位置的矢量称为**位置矢量**，简称**位矢**或**矢径**。如图 1.2 所示，设质点在时刻 t 处于 P 点，在选定参考系后，从原点 O 向 P 点引一有向线段 OP，记为 $\boldsymbol{r}$，矢量 $\boldsymbol{r}$ 就是质点在时刻 t 的位矢。其长度，即 $\boldsymbol{r}$ 的模 $|\boldsymbol{r}|$，表示了质点与原点 O 的距离，其方向表示了质点相对于原点 O 的方位。相对参考点 O 的距离和方位都知道后，质点的位置也就可以完全确定了。

在直角坐标系中，$\boldsymbol{r}$ 可以表示为

$$\boldsymbol{r}=\boldsymbol{r}(x,y,z)=x\boldsymbol{i}+y\boldsymbol{j}+z\boldsymbol{k} \tag{1.1}$$

式中，$\boldsymbol{i}$、$\boldsymbol{j}$、$\boldsymbol{k}$ 分别为 Ox 轴、Oy 轴、Oz 轴正方向的单位方向矢量。P 点的位置坐标 x、y、z 就是该点位矢 $\boldsymbol{r}$ 沿 Ox 轴、Oy 轴、Oz 轴上的分量。而 $x\boldsymbol{i}$、$y\boldsymbol{j}$、$z\boldsymbol{k}$ 则为 $\boldsymbol{r}$ 的三个分矢量。质点的位置坐标确定后，由几何知识可以计算出位矢 $\boldsymbol{r}$ 的大小和方向。$\boldsymbol{r}$ 的大小为

$$r = |\boldsymbol{r}| = \sqrt{x^2 + y^2 + z^2} \tag{1.2}$$

$\boldsymbol{r}$ 的方向可分别用 $\boldsymbol{r}$ 与 Ox 轴、Oy 轴、Oz 轴的夹角 α、β、γ 表示，其余弦值分别为

$$\cos\alpha = \frac{x}{r},\ \cos\beta = \frac{y}{r},\ \cos\gamma = \frac{z}{r} \tag{1.3}$$

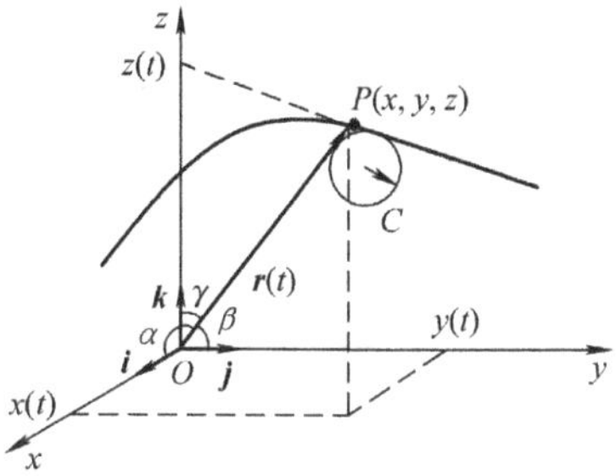

图 1.2　质点在时刻 t 的位矢 $\boldsymbol{r}$

质点做机械运动，意味着其位置随时间变化。位矢随时间变化的函数关系称为**运动学函数**，用

$$\boldsymbol{r} = \boldsymbol{r}(t) \tag{1.4}$$

表示。其在直角坐标系中的分量式为

$$x = x(t),\ y = y(t),\ z = z(t) \tag{1.5}$$

上式表示了质点坐标 x、y、z 随时间变化的函数关系，可分别看作沿 Ox 轴、Oy 轴、Oz 轴的分运动的表示式。

根据矢量合成法则，有

$$\boldsymbol{r}(t) = x(t)\boldsymbol{i} + y(t)\boldsymbol{j} + z(t)\boldsymbol{k} \tag{1.6}$$

式（1.6）表明，质点的实际运动是各分运动的合运动。

1.2.2　位移

为表示在一段时间内质点位置的改变，引入位移的概念。如图 1.3 所示，设 t 时刻质点处于 P 点，经过 Δt 时间后，质点沿轨道 L 运动到 Q 点，则从 P 点指向 Q 点的矢量 $\Delta\boldsymbol{r}$ 称作 t 到 $t+\Delta t$ 这段时间内的**位移**，$\Delta\boldsymbol{r}$ 可以表示为质点在初末时刻的位矢的增量，即

$$\begin{aligned}\Delta\boldsymbol{r} &= \boldsymbol{r}(t+\Delta t) - \boldsymbol{r}(t)\\ &= (x_2 - x_1)\boldsymbol{i} + (y_2 - y_1)\boldsymbol{j} + (z_2 - z_1)\boldsymbol{k}\end{aligned} \tag{1.7}$$

位移 $\Delta\boldsymbol{r}$ 作为一个矢量，其方向由初时刻位置指向末时刻位置。其大小为 $\Delta\boldsymbol{r}$ 的长度，用 $|\Delta\boldsymbol{r}|$ 表示。但不能写成 Δr，因为

$$\Delta r = r(t+\Delta t) - r(t) \tag{1.8}$$

表示的是初末时刻位矢大小的增量（见图 1.4），并非初末时刻位矢增量的大小。一般来说，$|\Delta\boldsymbol{r}| \neq \Delta r$。

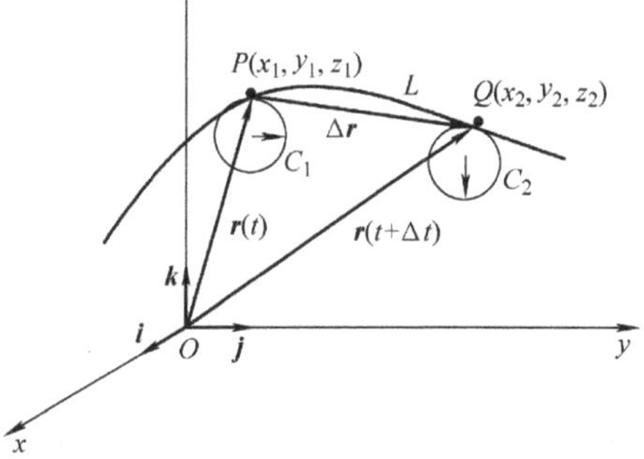

图 1.3　位移矢量 $\Delta\boldsymbol{r}$

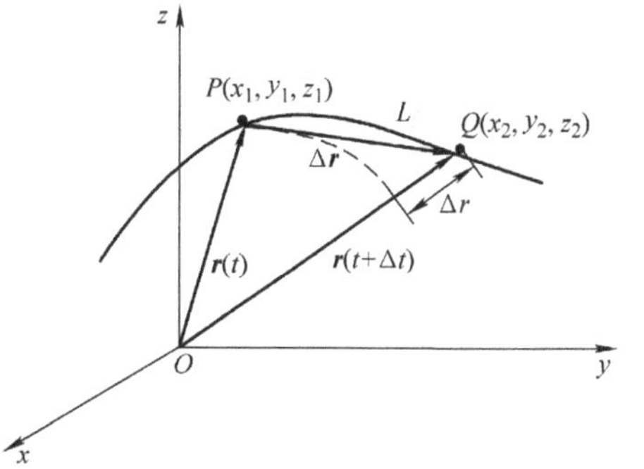

图 1.4　Δt 时间内位矢大小的增量 Δr

质点在一段时间内沿轨道经过的距离叫作**路程**，是个标量，其大小不仅与初末位置有关，而且还与质点在初末位置间运动的路径有关。

1.2.3 速度

为描述质点位置变化的快慢和方向，引入速度的概念。如图 1.5 所示，在 t 到 $t+\Delta t$ 时间内，质点发生的位移为 $\Delta \boldsymbol{r}$，则 $\Delta \boldsymbol{r}$ 与 Δt 的比值称作这段时间内质点的**平均速度**，即

$$\overline{\boldsymbol{v}} = \frac{\Delta \boldsymbol{r}}{\Delta t} \tag{1.9}$$

平均速度为矢量，其方向为位移 $\Delta \boldsymbol{r}$ 的方向，其大小为

$$|\overline{\boldsymbol{v}}| = \frac{|\Delta \boldsymbol{r}|}{\Delta t} \tag{1.10}$$

平均速度只是粗略地描述了质点位置变化的快慢和方向。欲精确描述质点在 t 时刻的运动情况，需使所取的时间 Δt 趋于零，此时式（1.9）的极限就是质点在 t 时刻的**瞬时速度**，简称**速度**，用 $\boldsymbol{v}$ 表示

$$\boldsymbol{v} = \lim_{\Delta t \to 0}\frac{\Delta \boldsymbol{r}}{\Delta t} = \frac{\mathrm{d}\boldsymbol{r}}{\mathrm{d}t} \tag{1.11}$$

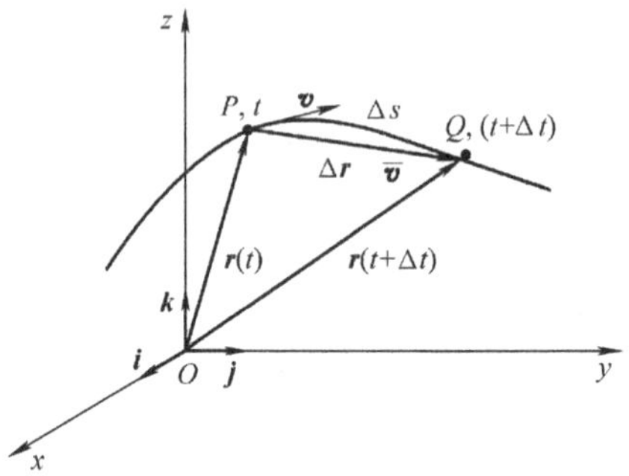

图 1.5 质点的速度

可见 $\boldsymbol{v}$ 是质点位矢 $\boldsymbol{r}$ 对时间的一阶导数。$\boldsymbol{v}$ 的方向是 Δt 趋于零时 $\Delta \boldsymbol{r}$ 的方向。由图 1.5 不难看出，当 Δt 趋于零时，Q 点将无限趋近 P 点，$\Delta \boldsymbol{r}$ 的方向将与质点运动轨道在 P 点的切线方向相同。因此，t 时刻质点的瞬时速度方向沿着该时刻质点所在位置的运动轨道的切线且指向运动的前方。速度 $\boldsymbol{v}$ 的大小可表示为

$$|\boldsymbol{v}| = \lim_{\Delta t \to 0}\frac{|\Delta \boldsymbol{r}|}{\Delta t} = \left|\frac{\mathrm{d}\boldsymbol{r}}{\mathrm{d}t}\right| \tag{1.12}$$

将式（1.6）代入式（1.11）中，可得

$$\boldsymbol{v} = \frac{\mathrm{d}x}{\mathrm{d}t}\boldsymbol{i} + \frac{\mathrm{d}y}{\mathrm{d}t}\boldsymbol{j} + \frac{\mathrm{d}z}{\mathrm{d}t}\boldsymbol{k} = v_x\boldsymbol{i} + v_y\boldsymbol{j} + v_z\boldsymbol{k} = \boldsymbol{v}_x + \boldsymbol{v}_y + \boldsymbol{v}_z \tag{1.13}$$

$\boldsymbol{v}_x$，$\boldsymbol{v}_y$，$\boldsymbol{v}_z$ 是质点沿三个坐标轴的分速度。可见，质点的速度 $\boldsymbol{v}$ 是各分速度的矢量和。速度沿各坐标轴的分量可表示为

$$v_x = \frac{\mathrm{d}x}{\mathrm{d}t},\quad v_y = \frac{\mathrm{d}y}{\mathrm{d}t},\quad v_z = \frac{\mathrm{d}z}{\mathrm{d}t} \tag{1.14}$$

速度的大小为

$$|\boldsymbol{v}| = v = \sqrt{v_x^2 + v_y^2 + v_z^2} \tag{1.15}$$

在力学中还常引用**速率**这一物理量，它描述质点运动的快慢，而不涉及质点的运动方向。如图 1.5 所示，在 Δt 时间内质点沿轨道移动的路程为 P、Q 两点间曲线段的长度 Δs，则平均速率定义为

$$\bar{v} = \frac{\Delta s}{\Delta t} \tag{1.16}$$

一般来说，$\Delta s \neq |\Delta \boldsymbol{r}|$，所以 $\bar{v} \neq |\overline{\boldsymbol{v}}|$。也就是说一般情况下，平均速度的大小不等于平均速率。

Δt 趋于零时式（1.16）的极限，即路程对时间的一阶导数，是质点在 t 时刻的瞬时速率，可表示为

$$v=\lim_{\Delta t\to 0}\frac{\Delta s}{\Delta t}=\frac{\mathrm{d}s}{\mathrm{d}t} \tag{1.17}$$

如图 1.5 所示，当 Δt 趋于零时，Δs 与 $|\Delta \boldsymbol{r}|$ 趋于相同，有

$$v=\frac{\mathrm{d}s}{\mathrm{d}t}=\lim_{\Delta t\to 0}\frac{\Delta s}{\Delta t}=\lim_{\Delta t\to 0}\frac{|\Delta \boldsymbol{r}|}{\Delta t}=\left|\frac{\mathrm{d}\boldsymbol{r}}{\mathrm{d}t}\right|=|\boldsymbol{v}| \tag{1.18}$$

可见瞬时速率等于瞬时速度的大小。

在 SI 中，速度的单位是 $\mathrm{m\cdot s^{-1}}$（米·秒$^{-1}$）。

1.2.4 加速度

为描述质点速度变化的快慢和方向，引入加速度概念。如图 1.6 所示，设质点在 t 时刻的速度为 $\boldsymbol{v}(t)$，在 $t+\Delta t$ 时刻的速度为 $\boldsymbol{v}(t+\Delta t)$，则 Δt 时间内速度的变化量 $\Delta\boldsymbol{v}$ 可表示为

$$\Delta\boldsymbol{v}=\boldsymbol{v}(t+\Delta t)-\boldsymbol{v}(t) \tag{1.19}$$

这段时间内的平均加速度定义为

$$\bar{\boldsymbol{a}}=\frac{\Delta\boldsymbol{v}}{\Delta t} \tag{1.20}$$

平均加速度是矢量，方向为 $\Delta\boldsymbol{v}$ 的方向，大小为

$$|\bar{\boldsymbol{a}}|=\left|\frac{\Delta\boldsymbol{v}}{\Delta t}\right| \tag{1.21}$$

Δt 趋于零时式（1.20）的极限，即速度对时间的一阶导数是质点在 t 时刻的**瞬时加速度**，简称**加速度**，用 $\boldsymbol{a}$ 表示，即

$$\boldsymbol{a}=\lim_{\Delta t\to 0}\frac{\Delta\boldsymbol{v}}{\Delta t}=\frac{\mathrm{d}\boldsymbol{v}}{\mathrm{d}t} \tag{1.22}$$

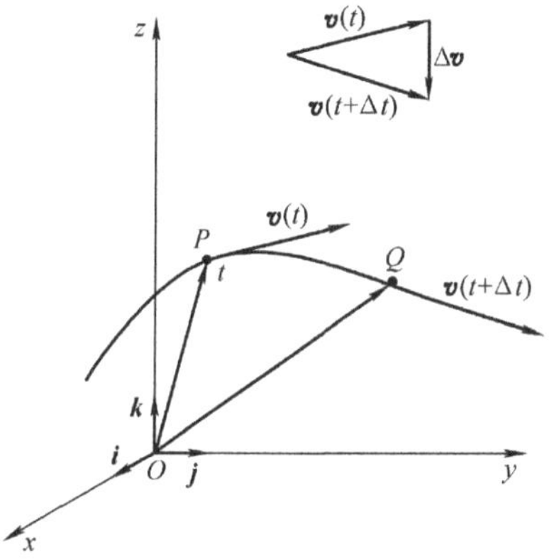

图 1.6　质点的平均加速度

加速度是速度对时间的变化率，由于速度是矢量，所以无论速度的大小发生变化，还是方向发生变化，都会产生加速度。加速度也是矢量，其方向为 Δt 趋于零时 $\Delta\boldsymbol{v}$ 的极限方向。

利用 $\boldsymbol{v}=\frac{\mathrm{d}\boldsymbol{r}}{\mathrm{d}t}$，加速度也可以写成位矢对时间的二阶导数，即

$$\boldsymbol{a}=\frac{\mathrm{d}^2\boldsymbol{r}}{\mathrm{d}t^2} \tag{1.23}$$

将式（1.13）及式（1.6）代入式（1.22）中，可得

$$\begin{aligned}\boldsymbol{a}&=\frac{\mathrm{d}v_x}{\mathrm{d}t}\boldsymbol{i}+\frac{\mathrm{d}v_y}{\mathrm{d}t}\boldsymbol{j}+\frac{\mathrm{d}v_z}{\mathrm{d}t}\boldsymbol{k}\\&=\frac{\mathrm{d}^2x}{\mathrm{d}t^2}\boldsymbol{i}+\frac{\mathrm{d}^2y}{\mathrm{d}t^2}\boldsymbol{j}+\frac{\mathrm{d}^2z}{\mathrm{d}t^2}\boldsymbol{k}\\&=a_x\boldsymbol{i}+a_y\boldsymbol{j}+a_z\boldsymbol{k}\\&=\boldsymbol{a}_x+\boldsymbol{a}_y+\boldsymbol{a}_z\end{aligned} \tag{1.24}$$

式中，a_x、a_y、a_z 分别是加速度沿直角坐标系中三个坐标轴的分量。加速度的大小与分量的关系为

$$a=\sqrt{a_x^2+a_y^2+a_z^2} \tag{1.25}$$

在 SI 中，加速度的单位是 $\mathrm{m\cdot s^{-2}}$（米·秒$^{-2}$）。

例 1.1　一质点的运动方程为 $x=6t-t^2$(SI)，问在 t 由 0 至 4s 的时间间隔内，质点的位移和路程分别为多少？

解 由运动方程可知：质点做直线运动，$t=0$ 及 $t=4\text{s}$ 时刻的坐标分别为

$$x_0=0,\ x_4=(6\times4-4^2)\text{m}=8\text{m}$$

所以质点在此时间间隔内位移的大小为

$$\Delta x=x_4-x_0=8\text{m}$$

又质点的运动速度 $v=\dfrac{\mathrm{d}x}{\mathrm{d}t}=6-2t$，可见质点做变速运动。

又因 $t=3\text{s}$ 时，$v=0$；$t<3\text{s}$ 时，$v>0$；$t>3\text{s}$ 时，$v<0$。所以质点在 0 ~ 3s 间向 x 轴正方向运动，3 ~ 4s 间向 x 轴反方向运动，故在 0 ~ 4s 时间间隔内，质点走过的路程为

$$\begin{aligned}S&=|x_3-x_0|+|x_4-x_3|=[\,|6\times3-3^2|+|6\times4-4^2-(6\times3-3^2)|\,]\text{m}\\&=(9+1)\text{m}=10\text{m}\end{aligned}$$

例 1.2 已知一质点的运动学方程为 $\boldsymbol{r}=15t\boldsymbol{i}+5t^2\boldsymbol{j}-3\boldsymbol{k}(\text{SI})$，求该质点在 $t=0\text{s}$ 和 $t=1\text{s}$ 时刻的速度和加速度。

解 由运动学方程可判断出质点在 $z=-3$ 的平面上运动。根据式（1.11），质点在任意时刻的速度为

$$\boldsymbol{v}=\frac{\mathrm{d}\boldsymbol{r}}{\mathrm{d}t}=15\boldsymbol{i}+10t\boldsymbol{j}(\text{SI}) \tag{1}$$

速度的大小为

$$v=|\boldsymbol{v}|=\sqrt{15^2+(10t)^2}(\text{SI}) \tag{2}$$

设$\boldsymbol{v}$的方向与 x 轴正向的夹角为 α，则

$$\cos\alpha=\frac{15}{v}=\frac{15}{\sqrt{15^2+(10t)^2}} \tag{3}$$

将 $t=0\text{s}$ 代入式（2）和式（3），可得

$$v=15(\text{SI})$$

$$\cos\alpha=\frac{15}{15}=1,\ \text{即}\ \alpha=0$$

因此，$t=0\text{s}$ 时刻，质点速度的大小为 15（SI），方向沿 x 轴正向。

同理，将 $t=1\text{s}$ 代入式（2）和式（3），可得

$$\boldsymbol{v}\approx18\ (\text{SI})$$

$$\cos\alpha=\frac{15}{18}\approx0.83,\ \text{即}\ \alpha=\arccos0.83\approx33.6^\circ$$

因此，在 $t=1\text{s}$ 时刻，质点速度的大小为 18（SI），方向与 x 轴正向夹角为 33.6°。

根据式（1.22），质点在任意时刻的加速度为

$$\boldsymbol{a}=\frac{\mathrm{d}\boldsymbol{v}}{\mathrm{d}t}=10\boldsymbol{j}$$

其大小为

$$a=|\boldsymbol{a}|=10(\text{SI})$$

方向沿 y 轴正方向。

1.3 直线运动

前面介绍了描述质点运动的基本物理量，包括位矢、位移、速度、加速度等。下面几节将利用这些基本概念研究几种常见的运动。就质点而言，根据其运动轨迹，可分为直线运动和曲线运动。本节讨论质点的直线运动规律。

1.3.1 直线运动的描述

设质点相对于某参考系做直线运动，沿此直线建立一维坐标系，如图 1.7 所示。取直线上某点为原点 O，选定 Ox 轴正方向，有

$$\left.\begin{array}{ll}\text{位矢} & \boldsymbol{r}=x\boldsymbol{i} \\ \text{运动学函数} & \boldsymbol{r}(t)=x(t)\boldsymbol{i} \\ \text{位移} & \Delta\boldsymbol{r}=x(t+\Delta t)\boldsymbol{i}-x(t)\boldsymbol{i}=\Delta x\boldsymbol{i} \\ \text{速度} & \boldsymbol{v}=\dfrac{\mathrm{d}x}{\mathrm{d}t}\boldsymbol{i} \\ \text{加速度} & \boldsymbol{a}=\dfrac{\mathrm{d}v}{\mathrm{d}t}\boldsymbol{i}=\dfrac{\mathrm{d}^2x}{\mathrm{d}t^2}\boldsymbol{i}\end{array}\right\} \tag{1.26}$$

由于质点仅在 x 轴上运动，因此式（1.26）中各物理量沿 Ox 轴的分量足以描述质点的运动，其绝对值反映相应矢量的大小，其正负反映相应矢量的方向。可见，就质点的直线运动而言，可用物理量的代数运算取代矢量运算，但这种代数运算仍具有矢量意义，因为正负号可表示物理量的方向。

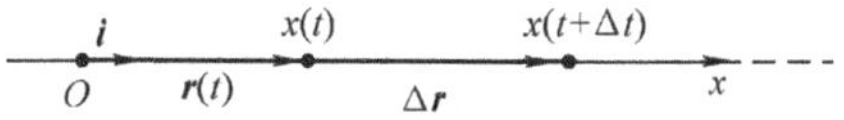

图 1.7　质点做直线运动

1.3.2 匀变速直线运动

加速度恒定的直线运动称为**匀变速直线运动**。设质点沿 Ox 轴做匀变速直线运动，加速度的大小为 a，且 $t=0$ 时，$x=x_0$，$v=v_0$，根据式（1.26）的分量式

$$a=\frac{\mathrm{d}v}{\mathrm{d}t}$$

有

$$\mathrm{d}v=a\mathrm{d}t$$

由于 a 是常数，对上式求定积分

$$\int_{v_0}^{v}\mathrm{d}v = v-v_0 = \int_0^t a\mathrm{d}t = a\int_0^t\mathrm{d}t = at$$

整理，得

$$v=v_0+at \tag{1.27}$$

再根据速度定义

$$v=\frac{\mathrm{d}x}{\mathrm{d}t}$$

有

$$v\mathrm{d}t=\mathrm{d}x$$

将式（1.27）代入上式，并求定积分，可得

$$\int_{x_0}^{x}\mathrm{d}x = \int_0^t(v_0+at)\mathrm{d}t$$

$$x-x_0=v_0t+\frac{1}{2}at^2 \tag{1.28}$$

式（1.27）和式（1.28）表明，已知质点的加速度和初始条件，可通过积分获得质点在任意时刻的速度和位置。

联立式（1.27）和式（1.28），可得匀加速直线运动的另一关系式

$$v^2=v_0^2+2a(x-x_0) \tag{1.29}$$

1.3.3 自由落体运动

物体只在重力作用下且初速度为零的运动叫作**自由落体运动**。在地面附近，若忽略由地点

和高度不同而引起的重力变化，自由落体运动可按匀加速直线运动处理。值得指出的是，在同一地点，所有物体的这一加速度都相同，称为**重力加速度**，通常用 $\boldsymbol{g}$ 表示。在地面附近 $\boldsymbol{g}$ 的大小约为 $9.81\mathrm{m/s^2}$，方向竖直向下。

以起点为原点，以竖直向下为 x 轴正方向建立一维坐标系，将 $v_0=0$ 代入式（1.27）~式（1.29）可得自由落体运动的公式

$$\begin{cases} v=gt \\ y=\dfrac{1}{2}gt^2 \\ v^2=2gy \end{cases} \tag{1.30}$$

例 1.3 某质点自原点以 10m/s 的初速度沿 x 轴方向做直线运动，其加速度与速度的关系为 $a=-3v^2$（SI），求：

（1）该质点的速度随时间的变化关系；

（2）质点速度为 1m/s 时的位置坐标。

解 （1）由已知条件

$$a=\frac{\mathrm{d}v}{\mathrm{d}t}=-3v^2\ \text{(SI)}$$

分离变量，得

$$\frac{\mathrm{d}v}{v^2}=-3\mathrm{d}t$$

对上式求定积分

$$\int_{v_0}^{v}\frac{\mathrm{d}v}{v^2}=\int_0^t -3\mathrm{d}t$$

得

$$\frac{1}{v}-\frac{1}{v_0}=3t$$

整理后，并 $v_0=10\mathrm{m/s}$ 代入，可得

$$v=\frac{v_0}{(3v_0t+1)}=\frac{10}{(30t+1)}\ \text{(SI)}$$

（2）质点在不同位置，对应不同速度，可将 v 看成是 x 的函数。由已知

$$\frac{\mathrm{d}v}{\mathrm{d}t}=-3v^2$$

等式左端可写成

$$\frac{\mathrm{d}v}{\mathrm{d}t}=\frac{\mathrm{d}v}{\mathrm{d}x}\frac{\mathrm{d}x}{\mathrm{d}t}=\frac{\mathrm{d}v}{\mathrm{d}x}v$$

代入后，得

$$\frac{\mathrm{d}v}{\mathrm{d}x}v=-3v^2$$

$$\frac{\mathrm{d}v}{v}=-3\mathrm{d}x$$

对上式求定积分，有

$$\int_{v_0}^{v}\frac{\mathrm{d}v}{v}=\int_0^x -3\mathrm{d}x$$

解得

$$v=v_0\mathrm{e}^{-3x}$$

将 $v_0=10\mathrm{m/s}$，$v=1\mathrm{m/s}$ 代入，可得 $x=0.77\mathrm{m}$，即质点速度为 1m/s 时的位置坐标是 0.77m。

1.4 抛体运动

将物体从地面附近的某点以速度$\boldsymbol{v}_0$抛出，该物体在空中的运动就是抛体运动。若忽略空气阻力以及由地点和高度不同而引起的重力变化，则物体在运动过程中的加速度恒为$\boldsymbol{g}$，其运动轨迹将被限制在由$\boldsymbol{v}_0$和$\boldsymbol{g}$所确定的平面内，因此抛体运动一般是平面运动。如图1.8所示，若$\boldsymbol{v}_0$和$\boldsymbol{g}$不在同一直线上，质点的运动轨迹将是平面曲线。

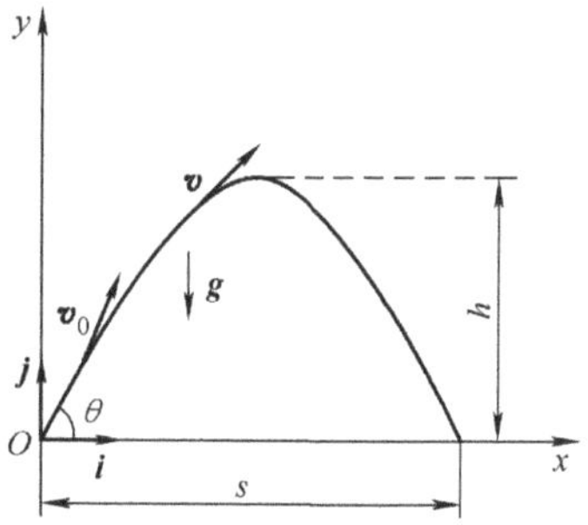

图1.8 质点做抛体运动

以地面为参考系，取抛出点为原点，建立沿水平方向的Ox轴和竖直方向的Oy轴。以抛出时刻作为计时起点。加速度为

$$a_x=0,\ a_y=-g$$

任意时刻的速度为

$$\begin{cases} v_x=v_0\cos\theta \\ v_y=v_0\sin\theta-gt \end{cases} \tag{1.31}$$

可见，抛体运动可看成是水平方向的匀速直线运动和竖直方向的匀变速直线运动的合运动。

质点的运动学函数为

$$\begin{cases} x=(v_0\cos\theta)t \\ y=(v_0\sin\theta)t-\dfrac{1}{2}gt^2 \end{cases} \tag{1.32}$$

将式（1.32）消去参量t后，可得抛体运动的轨道方程

$$y=x\tan\theta-\frac{gx^2}{2v_0^2\cos^2\theta} \tag{1.33}$$

在v_0和θ一定的情况下，该函数图像为通过原点的二次函数曲线，在数学上称为**抛物线**。

物体回落到抛出点高度时所经过的水平距离称为射程，用s表示。令$y=0$，解得

$$s=\frac{v_0^2\sin2\theta}{g} \tag{1.34}$$

y的最大值称为射高，用h表示。令$\dfrac{\mathrm{d}y}{\mathrm{d}x}=0$，解得

$$x=\frac{v_0^2\sin2\theta}{2g} \tag{1.35}$$

将上式代回式（1.33），可得

$$h=y_{\max}=\frac{v_0^2\sin^2\theta}{2g} \tag{1.36}$$

1.5 圆周运动

若质点的运动轨迹为圆周，则称质点做圆周运动，它是一种平面曲线运动。

1.5.1 圆周运动的加速度

一般而言，利用自然坐标系讨论圆周运动比直角坐标系更为方便。所谓**自然坐标系**就是在

质点运动的轨道上任取一点作为坐标原点 O，质点在任意时刻 t 的位置，都可用它到坐标原点 O 的轨迹长度 s 来表示，如图 1.9 所示。质点的运动学函数可写成

$$s = s(t) \tag{1.37}$$

在自然坐标系中，两个坐标轴是随质点一起运动的，其中一条沿质点所在位置的轨道切线，并指向质点的运动方向，单位矢量用 $\boldsymbol{e}_t$ 表示，称为**切向单位矢量**；另一条垂直于切向、并指向轨道凹侧，单位矢量用 $\boldsymbol{e}_n$ 表示，称为**法向单位矢量**。可见，$\boldsymbol{e}_t$ 和 $\boldsymbol{e}_n$ 的方向随质点位置的不同而改变。

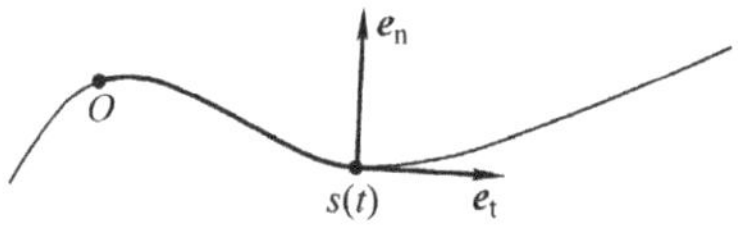

图 1.9　自然坐标系

利用自然坐标系，质点的速度 $\boldsymbol{v}$ 可表示为

$$\boldsymbol{v} = v\boldsymbol{e}_t = \frac{\mathrm{d}s}{\mathrm{d}t}\boldsymbol{e}_t \tag{1.38}$$

如图 1.10 所示，若在 Δt 时间内，质点由 P 点运动到 Q 点，速度由 $\boldsymbol{v}$ 变为 $\boldsymbol{v}'$，则速度增量

$$\Delta\boldsymbol{v} = \boldsymbol{v}' - \boldsymbol{v}$$

在由 $\boldsymbol{v}$、$\boldsymbol{v}'$ 和 $\Delta\boldsymbol{v}$ 构成的速度矢量三角形中，过 B 点沿 $\boldsymbol{v}'$ 方向作 BC，使得

$$\overline{BC} = \overline{BD} = |\boldsymbol{v}|$$

则

$$\overline{CE} = \overline{BE} - \overline{BC} = |\boldsymbol{v}'| - |\boldsymbol{v}|$$

可将 Δv 在 CE 和 DC 方向上分解为两个矢量，用 $\Delta\boldsymbol{v}_t$ 和 $\Delta\boldsymbol{v}_n$ 表示，则

$$\Delta\boldsymbol{v} = \Delta\boldsymbol{v}_t + \Delta\boldsymbol{v}_n \tag{1.39}$$

可以看出，$\Delta\boldsymbol{v}_t$ 表示由速度大小的改变而引起的速度增量，$\Delta\boldsymbol{v}_n$ 表示由于速度方向改变 $\Delta\theta$ 角而引起的速度增量。二者的矢量和就是由于速度大小和方向改变而引起的总的速度的增量。

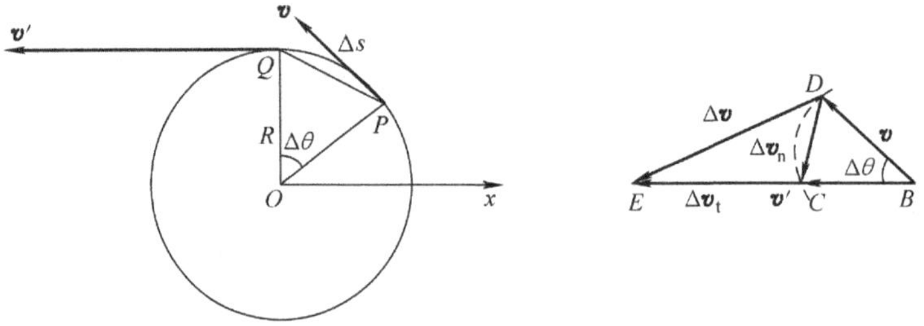

图 1.10　圆周运动的加速度

根据加速度定义

$$\boldsymbol{a} = \lim_{\Delta t\to 0}\frac{\Delta\boldsymbol{v}}{\Delta t} = \lim_{\Delta t\to 0}\frac{\Delta\boldsymbol{v}_t}{\Delta t} + \lim_{\Delta t\to 0}\frac{\Delta\boldsymbol{v}_n}{\Delta t} = \boldsymbol{a}_t + \boldsymbol{a}_n \tag{1.40}$$

式中，$\lim\limits_{\Delta t\to 0}\frac{\Delta\boldsymbol{v}_t}{\Delta t}$ 是由于速度大小改变而引起的加速度，用 $\boldsymbol{a}_t$ 表示，其大小为

$$a_t = \lim_{\Delta t\to 0}\frac{|\Delta\boldsymbol{v}_t|}{\Delta t} = \lim_{\Delta t\to 0}\frac{\Delta\boldsymbol{v}}{\Delta t} = \frac{\mathrm{d}v}{\mathrm{d}t} \tag{1.41}$$

$\boldsymbol{a}_t$ 的方向是 Δt 趋于零时 $\Delta\boldsymbol{v}_t$ 的极限方向。不难看出，当 $\Delta t\to 0$ 时，$\Delta\theta\to 0$，$\Delta\boldsymbol{v}_t$ 将与 $\boldsymbol{v}$ 共线，即沿该时刻质点所在处的切线方向，因此 $\boldsymbol{a}_t$ 称为**切向加速度**。

式（1.40）中 $\lim\limits_{\Delta t\to 0}\frac{\Delta\boldsymbol{v}_n}{\Delta t}$ 是由于速度方向改变而引起的加速度，用 $\boldsymbol{a}_n$ 表示。在图 1.10 中，

$\triangle OPQ$ 与 $\triangle BDC$ 相似，有

$$\frac{\Delta v_n}{v}=\frac{\overline{PQ}}{R}$$

$$\Delta v_n=\frac{\overline{PQ}}{R}v$$

当 $\Delta t\to 0$ 时，$\overline{PQ}$这一弦长和对应的弧长 Δs 趋于相等，有

$$a_n=\lim_{\Delta t\to 0}\frac{\Delta v_n}{\Delta t}=\lim_{\Delta t\to 0}\frac{v\Delta s}{R\Delta t}=\frac{v}{R}\lim_{\Delta t\to 0}\frac{\Delta s}{\Delta t}$$

由

$$\lim_{\Delta t\to 0}\frac{\Delta s}{\Delta t}=\frac{ds}{dt}=v$$

可得

$$a_n=\frac{v^2}{R} \tag{1.42}$$

$\boldsymbol{a}_n$ 的方向是 Δt 趋于零时 $\Delta\boldsymbol{v}_n$ 的极限方向。不难看出，当 $\Delta t\to 0$ 时，$\Delta\theta\to 0$，$\Delta\boldsymbol{v}_n$ 将与$\boldsymbol{v}$垂直，指向圆心，即沿该时刻质点所在位置的法线方向，因此 $\boldsymbol{a}_n$ 称为法向加速度或向心加速度。

总加速度的大小

$$a=\sqrt{a_t^2+a_n^2} \tag{1.43}$$

用 α 表示 $\boldsymbol{a}$ 与$\boldsymbol{v}$之间的夹角，有

$$\alpha=\arctan\frac{a_n}{a_t} \tag{1.44}$$

上述结果可以推广至一般平面曲线运动。任意一点的加速度可表示为

$$\boldsymbol{a}=\boldsymbol{a}_t+\boldsymbol{a}_n=\frac{dv}{dt}\boldsymbol{e}_t+\frac{v^2}{\rho}\boldsymbol{e}_n \tag{1.45}$$

式中，$\boldsymbol{e}_t$和 $\boldsymbol{e}_n$仍分别为该点的切向和法向单位矢量；ρ 为该点的曲率半径。与圆周曲线不同的是，一般平面曲线可看作由无穷多个圆弧组合而成，因此其上不同点的曲率半径和曲率圆的圆心是不同的。

例 1.4　汽车在半径为 R 的圆弧形公路上制动，在自然坐标系中其运动学方程为 $s=at-bt^2$（SI），其中 a、b 为常数，且 $a>2b>0$，求 $t=1$s 时刻的速度和加速度。

解　根据速度定义，有

$$\boldsymbol{v}=v\boldsymbol{e}_t=\frac{ds}{dt}\boldsymbol{e}_t=(a-2bt)\boldsymbol{e}_t$$

其中，$\boldsymbol{e}_t$ 为 t 时刻汽车所在处的圆弧的切向单位矢量。当 $a-2bt=0$，即 $t=\frac{a}{2b}$时，汽车的速度为零。由于 $a>2b>0$，所以 $t=1$s 时汽车尚未停止，代入速度表达式有

$$\boldsymbol{v}=(a-2b)\boldsymbol{e}_t$$

根据加速度的定义

$$\begin{aligned}\boldsymbol{a}&=\boldsymbol{a}_t+\boldsymbol{a}_n=\frac{dv}{dt}\boldsymbol{e}_t+\frac{v^2}{R}\boldsymbol{e}_n\\&=-2b\boldsymbol{e}_t+\frac{(a-2bt)^2}{R}\boldsymbol{e}_n\end{aligned}$$

将 $t=1$s 代入，可得

$$\boldsymbol{a} = -2b\boldsymbol{e}_\text{t} + \frac{(a-2b)^2}{R}\boldsymbol{e}_\text{n}$$

加速度的大小为
$$a = \sqrt{4b^2 + \frac{(a-2b)^4}{R^2}}$$

用 α 表示 $\boldsymbol{a}$ 与 $\boldsymbol{v}$ 之间的夹角，有

$$\alpha = \arctan\frac{a_\text{n}}{a_\text{t}} = \arctan\left(-\frac{(a-2b)^2}{2bR}\right)$$

例 1.5　质点做斜抛运动，初速度为 $\boldsymbol{v}_0$，与水平方向的夹角为 θ，求其轨道顶点的曲率半径。

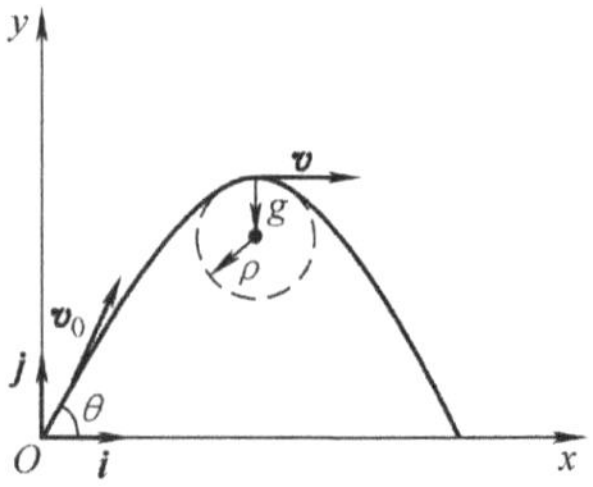

图 1.11　例 1.5 用图

解　如图 1.11 所示，在抛物线轨道的顶点处，速度只有水平分量，大小为 $v_0\cos\theta$，这时的法向方向竖直向下，有

$$a_\text{n} = g$$

设该点的曲率半径为 ρ，根据 a_n 的表达式，有

$$a_\text{n} = \frac{(v_0\cos\theta)^2}{\rho} = g$$

解得
$$\rho = \frac{v_0^2\cos^2\theta}{g}$$

1.5.2　圆周运动的角量表示

设质点做半径为 R 的圆周运动，如图 1.12 所示，取圆心为原点，水平向右为 Ox 轴正方向。若 t 时刻质点处于 P 点，该位置可由位矢 $\boldsymbol{R}$ 与 Ox 轴的夹角 θ 唯一确定，当质点运动到圆周上的不同位置时，其 θ 角也不同，因此质点的运动学函数可写成

$$\theta = \theta(t) \tag{1.46}$$

经过 Δt 时间后，质点由 P 点运动到 Q 点，相应的角位移为 $\Delta\theta$，$\Delta\theta$ 与 Δt 的比值称为这段时间内质点做圆周运动的**平均角速度**，即

$$\bar{\omega} = \frac{\Delta\theta}{\Delta t} \tag{1.47}$$

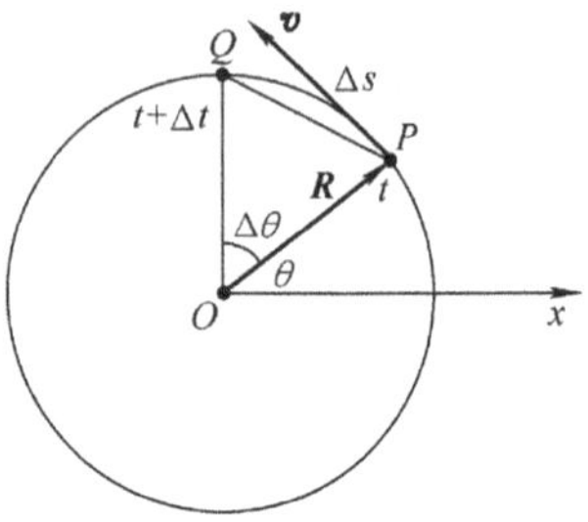

图 1.12　圆周运动的角量表示

Δt 趋于零时式（1.47）的极限，即角坐标 θ 对时间的一阶导数，是质点在 t 时刻的**瞬时角速度**，可表示为

$$\omega = \lim_{\Delta t\to 0}\frac{\Delta\theta}{\Delta t} = \frac{\mathrm{d}\theta}{\mathrm{d}t} \tag{1.48}$$

为描述质点角速度变化的快慢，引入角加速度的概念。设质点在 t 时刻的角速度为 $\omega(t)$，在 $t+\Delta t$ 时刻的角速度为 $\omega(t+\Delta t)$，则这段时间内的**平均角加速度**的定义为

$$\bar{\alpha} = \frac{\omega(t+\Delta t) - \omega(t)}{\Delta t} = \frac{\Delta\omega}{\Delta t} \tag{1.49}$$

Δt 趋于零时式（1.49）的极限，即 ω 对时间的一阶导数，是质点在 t 时刻的**瞬时角加速度**，用 α 表示，即

$$\alpha = \lim_{\Delta t\to 0}\frac{\Delta\omega}{\Delta t} = \frac{\mathrm{d}\omega}{\mathrm{d}t} \tag{1.50}$$

利用 $\omega=\frac{\mathrm{d}\theta}{\mathrm{d}t}$，角加速度也可以写成角坐标 θ 对时间的二阶导数，即

$$\alpha=\frac{\mathrm{d}^2\theta}{\mathrm{d}t^2} \tag{1.51}$$

若 α 恒定不变，即质点做匀角加速圆周运动，其运动学规律可表示为

$$\begin{cases}\omega=\omega_0+\alpha t\\ \theta-\theta_0=\omega_0 t+\frac{1}{2}\alpha t^2\\ \omega^2=\omega_0^2+2\alpha(\theta-\theta_0)\end{cases} \tag{1.52}$$

上式与式（1.27）~式（1.29）所表示的用线量描述匀变速直线运动的规律相似。

综上所述，当质点做圆周运动时，既可以用 Δs、$\boldsymbol{v}$、$\boldsymbol{a}$ 等线量描述，也可以用 $\Delta\theta$、ω、α 等角量描述。这些线量与角量之间一定存在某种联系。如图 1.12 所示，Δs 是 P 点与 Q 点之间的圆弧的长度，有

$$\Delta s=R\Delta\theta$$

由线速率 v 的定义，可得

$$v=\lim_{\Delta t\to0}\frac{\Delta s}{\Delta t}=R\lim_{\Delta t\to0}\frac{\Delta\theta}{\Delta t}=R\omega \tag{1.53}$$

将式（1.53）代入式（1.41）和式（1.42），分别有

$$a_t=\frac{\mathrm{d}v}{\mathrm{d}t}=R\frac{\mathrm{d}\omega}{\mathrm{d}t}=R\alpha \tag{1.54}$$

$$a_n=\frac{v^2}{R}=R\omega^2 \tag{1.55}$$

式（1.53）~式（1.55）给出了线速率及线加速度与角速度及角加速度的关系。

例 1.6　质点在水平面内做半径 $R=1\mathrm{m}$ 的圆周运动，其角速度 ω 与时间 t 的函数关系为 $\omega=bt^2$（b 为常数）。已知 $t=1\mathrm{s}$ 时质点的速度为 2m/s，试求 $t=2\mathrm{s}$ 时，质点速度、加速度以及角加速度的大小。

解　根据 $v=R\omega$ 及已知条件，有

$$v=Rbt^2$$

将 $t=1\mathrm{s}$、$v=2\mathrm{m/s}$ 代入上式，求得 $b=2\mathrm{rad/s^{-3}}$。

所以速度为

$$v=2t^2$$

角加速度为

$$\alpha=\frac{\mathrm{d}\omega}{\mathrm{d}t}=2bt=4t$$

加速度的大小为

$$a=\sqrt{a_t^2+a_n^2}=\sqrt{(\alpha R)^2+(\omega^2R)^2}=\sqrt{16t^2+16t^8}$$

将 $t=2\mathrm{s}$ 代入上述各式，可得

$$v=8\mathrm{m/s},\ a=64.5\mathrm{m/s^2},\ \alpha=8\mathrm{rad/s^2}$$

1.6 不同参考系中位移、速度和加速度的变换关系

前面学习的几种常见运动都是相对于某一固定参考系进行讨论的。而实际上，在研究力学问题时，经常需要变换参考系。相对于不同参考系而言，同一质点的位移、速度、加速度等物

理量都可能不同。在物理学中，给出在不同参考系下所描述同一对象的运动学量之间的变换关系至关重要。本节只讨论一个参考系相对于另一个参考系做平动的情况。

如图 1.13 所示，设小车相对地面以速度 $\boldsymbol{u}$ 向右做直线运动，车上有一小球。以小球为研究对象，分别选取地面和小车作为参考系。Oxy 为固结在地面上的坐标系，$O'x'y'$为固结在小车上的坐标系。这里为讨论方便，以地面作为基本参考系，用 S 表示；小车为运动参考系，用 S′表示。实际上，反过来亦无不可，也就是说所谓“基本参考系”和“运动参考系”是任意选取的，一般视研究问题的方便程度而定。设初始时刻小球相对于地面参考系的位置用 A 表示，相对于小车参考系的位置用A'表示。经过 Δt 时间后，小车参考系相对于地面参考系的位移可用小车上的固定点A'移动的位移$\Delta\boldsymbol{r}_0$来表示。在小车上观察，小球在此时间间隔内从A'点移动到 B 点，位移为$\Delta\boldsymbol{r}'$。而在地面上观察，小球从 A 点运动到 B 点，因此位移为由 A 点指向 B 点的矢量 $\Delta\boldsymbol{r}$。显然，$\Delta\boldsymbol{r}$ 与 $\Delta\boldsymbol{r}'$并不相同，二者之间的关系为

$$\Delta\boldsymbol{r}=\Delta\boldsymbol{r}'+\Delta\boldsymbol{r}_0 \tag{1.56}$$

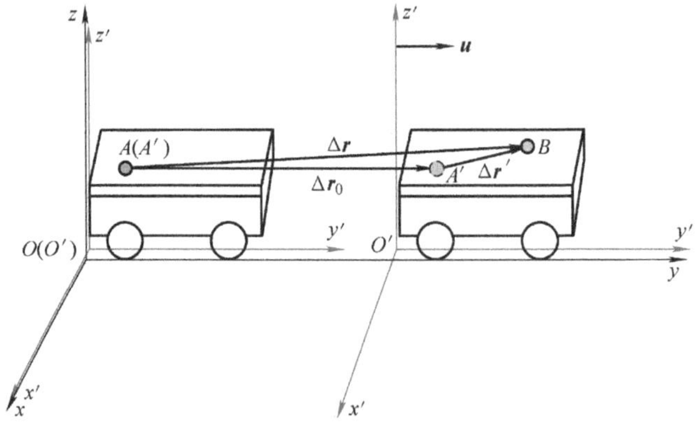

图 1.13 不同参考系中的位移变换关系

用 Δt 除式（1.56），并求 Δt 趋于零时的极限，得到速度之间的关系，即

$$\lim_{\Delta t\to 0}\frac{\Delta\boldsymbol{r}}{\Delta t}=\lim_{\Delta t\to 0}\frac{\Delta\boldsymbol{r}'}{\Delta t}+\lim_{\Delta t\to 0}\frac{\Delta\boldsymbol{r}_0}{\Delta t}$$

$$\frac{\mathrm{d}\boldsymbol{r}}{\mathrm{d}t}=\frac{\mathrm{d}\boldsymbol{r}'}{\mathrm{d}t}+\frac{\mathrm{d}\boldsymbol{r}_0}{\mathrm{d}t}$$

式中，$\frac{\mathrm{d}\boldsymbol{r}}{\mathrm{d}t}$表示质点相对于 S 系的瞬时速度，用$\boldsymbol{v}$表示，常称为**绝对速度**；$\frac{\mathrm{d}\boldsymbol{r}'}{\mathrm{d}t}$表示小球相对于 S′系的速度，用$\boldsymbol{v}'$表示，常称为**相对速度**；而$\frac{\mathrm{d}\boldsymbol{r}_0}{\mathrm{d}t}$就是 S′系相对于 S 系平动的速度 $\boldsymbol{u}$，常称为**牵连速度**。有

$$\boldsymbol{v}=\boldsymbol{v}'+\boldsymbol{u} \tag{1.57}$$

即质点的绝对速度等于相对速度与牵连速度的矢量和，这一关系称为**伽利略速度变换**。

将式（1.57）对时间求导，可得加速度的变换关系

$$\frac{\mathrm{d}\boldsymbol{v}}{\mathrm{d}t}=\frac{\mathrm{d}\boldsymbol{v}'}{\mathrm{d}t}+\frac{\mathrm{d}\boldsymbol{u}}{\mathrm{d}t}$$

式中，$\frac{\mathrm{d}\boldsymbol{v}}{\mathrm{d}t}$表示质点相对于 S 系的瞬时加速度，用 $\boldsymbol{a}$ 表示，常称为**绝对加速度**；$\frac{\mathrm{d}\boldsymbol{v}'}{\mathrm{d}t}$表示小球相对于 S′系的加速度，用 $\boldsymbol{a}'$表示，常称为**相对加速度**；而$\frac{\mathrm{d}\boldsymbol{r}_0}{\mathrm{d}t}$就是 S′系相对于 S 系平动的加速度，用

$\boldsymbol{a}_0$ 表示，常称为**牵连加速度**。有

$$\boldsymbol{a}=\boldsymbol{a}'+\boldsymbol{a}_0 \tag{1.58}$$

若 S′系相对于 S 系做匀速直线运动，即 $\boldsymbol{u}$ 为常矢量，则 $\boldsymbol{a}_0=\frac{\mathrm{d}\boldsymbol{u}}{\mathrm{d}t}=\boldsymbol{0}$，有

$$\boldsymbol{a}=\boldsymbol{a}'$$

需要强调的是，上述速度和加速度变化变换关系适用于相互间做平动运动的两个参考系，且相对运动的速度远小于光速的情况。

例 1.7　小船在湖面上航行，目的地在其正南方向。水流的速度自西向东，大小为 2m/s。小船相对于水的速度为 4m/s，

求：(1) 船夫应取什么方向航行？

(2) 小船相对于湖岸的速度为多大？

解　以小船为研究对象，以湖岸为 S 系，湖水为 S′系，设小船相对于 S 系的速度为 $\boldsymbol{v}$，相对于 S′系的速度为 $\boldsymbol{v}'$，S′系相对于 S 系的速度为 $\boldsymbol{u}$，根据速度变换关系，有

$$\boldsymbol{v}=\boldsymbol{v}'+\boldsymbol{u}$$

由题意，$\boldsymbol{v}$的方向为正南，大小未知；$\boldsymbol{v}'$的大小为 4m/s，方向未知；$\boldsymbol{u}$ 的大小为 2m/s，方向自西向东，如图 1.14 所示。根据平行四边形法则，有

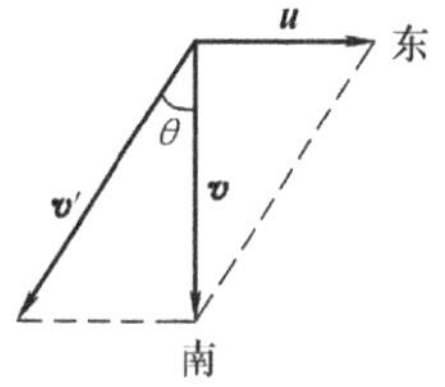

图 1.14　例 1.7 用图

$$\sin\theta=\frac{u}{v'}=\frac{1}{2}$$

故

$$\theta=30°$$

即船夫应采取南偏西 30°角的方向航行。此时，有

$$v=\sqrt{v'^2-u^2}=2\sqrt{3}\mathrm{m/s}$$

即小船相对于湖岸的速度大小为 $2\sqrt{3}$m/s。

本章思维导图

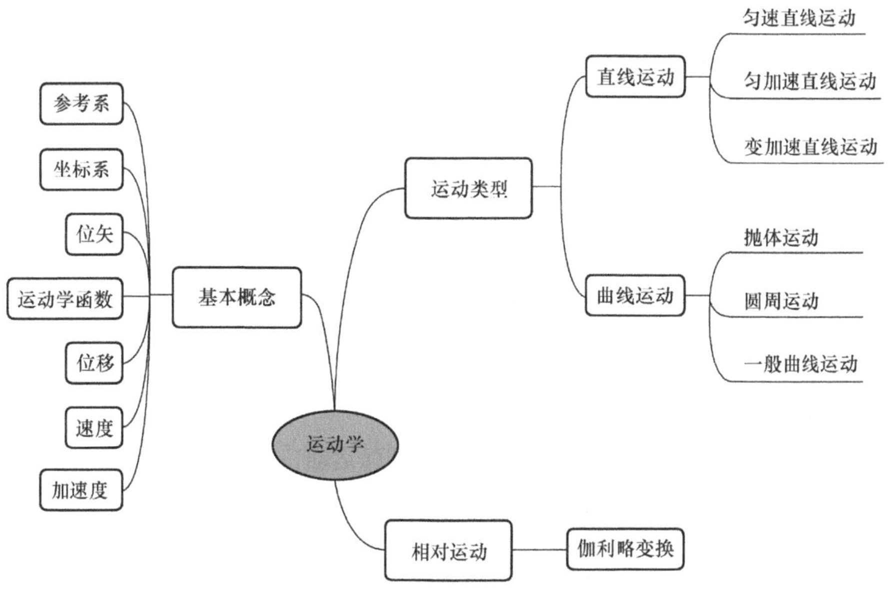

思 考 题

1.1 “飞花两岸照船红，百里榆堤半日风。卧看满天云不动，不知云与我俱东。”出自宋代诗人陈与义的《襄邑道中》。试分析“卧看满天云不动”以及“不知云与我俱东”这两句诗中的参考系分别是什么?

1.2 质点做一般曲线运动，其在一段时间内的平均速度的大小是否等于平均速率？其任意时刻的瞬时速度的大小是否等于瞬时速率?

1.3 等式 $|\boldsymbol{v}| = \frac{|\mathrm{d}\boldsymbol{r}|}{\mathrm{d}t} = \frac{\mathrm{d}r}{\mathrm{d}t}$ 是否成立？为什么?

1.4 有人用弹弓瞄准树上的猴子，若猴子始终不动，则弹丸能否击中猴子？若猴子在看到弹丸射出时立即跳下，则猴子能否被击中？为什么?

1.5 加速度在速度为零的时刻是否一定为零？速度在加速度为零的时刻是否一定为零?

1.6 质点做曲线运动，其加速度的方向是否只能指向曲线的凹侧？为什么?

1.7 观察者和质点 A 均围绕中心 O 点做匀速圆周运动，但周期和半径不同。试讨论质点 A 和 O 点相对于观察者的运动情况。

习 题

1.1 子弹穿入足够厚的墙壁，将子弹的运动看成是变速直线运动，其穿入墙壁的深度 l（单位：cm）与时间 t（单位：s）的关系为 $l=5t-t^2$，试求：

（1）子弹到达墙壁最深处的时刻;

（2）最终子弹穿入墙壁的深度。

1.2 质点的运动学函数为 $\boldsymbol{r}=-2\boldsymbol{i}+5t\boldsymbol{j}-6t^2\boldsymbol{k}$，求 $t=1\mathrm{s}$ 时刻的速度和加速度。

1.3 一质点的运动规律为 $\frac{\mathrm{d}v}{\mathrm{d}t}=-3v^2t$（SI）。当 $t=0$ 时，初速为 2m/s，则速度 v 与 t 的函数关系应是什么?

1.4 已知一物体的加速度与时间的函数关系为 $\boldsymbol{a}=3t\boldsymbol{i}+\boldsymbol{j}$，且 $t=0$ 时，位矢 $\boldsymbol{r}=3\boldsymbol{i}$，速度 $\boldsymbol{v}=5\boldsymbol{j}$。试推导

（1）$\boldsymbol{v}(t)$ 的表达式;

（2）$\boldsymbol{r}(t)$ 的表达式。

1.5 跳水运动员从距水面 10m 高的跳台向上跃起，其重心升高 45cm 后到达最高点，求跳水运动员从离开跳台到接触水面所用的时间。

1.6 如图 1.15 所示，小球以一定的初速度从 A 点沿水平方向飞出，落在倾角 $\theta=37°$ 的斜面上的 B 点。已知 A、B 之间的距离为 3m，求:

（1）小球从 A 点水平方向飞出到落在 B 点所用的时间;

（2）小球从 A 点水平方向飞出的速度大小。

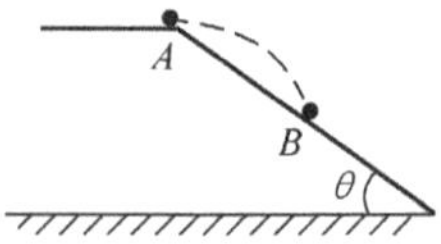

图 1.15 习题 1.6 图

1.7 如图 1.16 所示，一质点沿半径为 12m 的圆弧运动，在自然坐标系中其运动学方程为 $s=t^2+2t$（SI），求 $t=2\mathrm{s}$ 时刻的（1）速度的大小和（2）加速度的大小。

1.8 质点做半径为 2m 的圆周运动，已知角坐标与时间的函数关系为 $\theta=t^3+2t$（SI），求

$t=1\text{s}$时刻的角速度、线速度、角加速度以及加速度的大小。

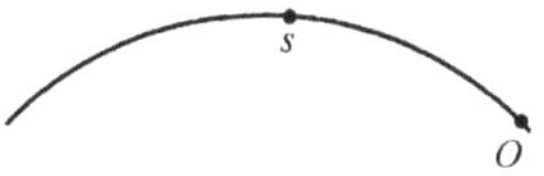

图 1.16　习题 1.7 图

1.9　如图 1.17 所示，质点做平面曲线运动，在自然坐标系中其运动学方程为 $s=\frac{3}{2}t^2+5$（SI），当 $t=1\text{s}$ 时质点运动到 P 点，此时质点加速度 $\boldsymbol{a}$ 的大小为 5m/s^2，试求 P 点的曲率半径 ρ。

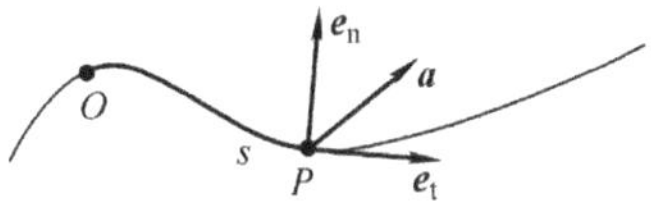

图 1.17　习题 1.9 用图

1.10　一辆货车相对地面以速度 $\boldsymbol{v}_1$ 沿 x 轴正向行驶，另一辆轿车相对地面以速度 $\boldsymbol{v}_2$ 沿 y 轴正向行驶，若以货车为参考系，并在其上建立与 x 轴和 y 轴平行的 x' 轴和 y' 轴，那么在货车参考系中，轿车的速度矢量应如何表示？

1.11　如图 1.18 所示，有人通过一定滑轮拉动货物，滑轮距地面的高度为 h，收绳速率恒为 v_0，求当货物到达 x 处时的速度和加速度的大小。

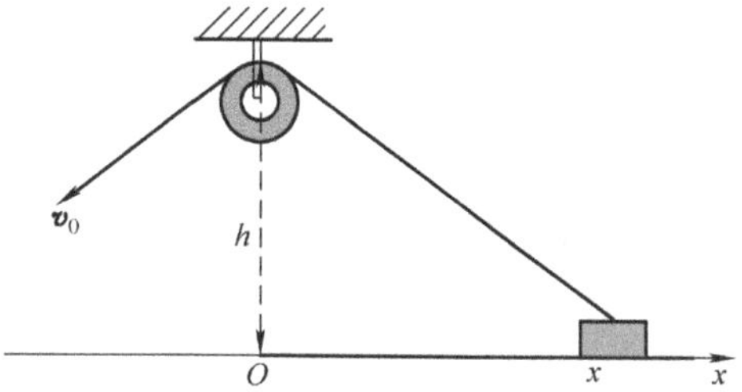

图 1.18　习题 1.11 用图

1.12　男孩用弹弓发射弹丸，弹丸出射的最大速度为 25m/s，根据运动学知识计算弹丸能否击中高 12m、与男孩水平距离为 50m 的目标？

1.13　质点做半径为 1m 的圆周运动，初速度为零。其角加速度与时间的关系为 $\alpha=18t^2-6t$（SI），求质点在 t 时刻的角速度、切向加速度以及法向加速度的大小。

1.14　质点做平面曲线运动，其运动学方程为 $x=\sqrt{2}\cos\frac{\pi}{3}t$（SI），$y=\sin\frac{\pi}{3}t$（SI）。求：

（1）质点的轨道方程；

（2）质点的速度和加速度。

1.15　一辆汽车在平直的公路上自东向西行驶，速度为 8m/s。雨点竖直下落，速度为 6m/s，求雨点相对于汽车的速度的大小和方向。

第2章　牛顿运动定律

上一章学习了如何描述物体的运动，即运动学，但并未涉及引起物体运动或运动变化的原因。那么究竟物体为什么会做这样或那样的运动呢？这是几千年来人类不断探索的问题。直到1687年，牛顿在前人研究的基础上发表了不朽之作《自然哲学的数学原理》，深刻诠释了运动与物体间相互作用的内在关系，奠定了动力学的基础。本章主要介绍牛顿运动定律及相关的动力学概念。

2.1　牛顿运动三定律

2.1.1　牛顿第一定律

古希腊先哲亚里士多德认为“凡运动的事物必然都有推动者在推着它运动”，也就是说物体只有在外力推动下才运动，没有外力，运动便停止。这个学说自公元前4世纪诞生之日起一直到公元16世纪统治了两千余年。

中国古代先贤对“力”的认识

伽利略认识到人们在日常观察物体运动时，物体间的摩擦力，空气、水等介质的阻力是难以完全避免的，正是这些力将人们引入了歧途。伽利略发现，当一个小球沿斜面向上运动时，速度减小；向下运动时，速度增大。他由此推测小球沿水平面运动时，速度应该不变。而实际观测的现象是小球沿水平面运动时越来越慢，最后停下来，伽利略认为这是摩擦力作用的结果。为了说明这种思想，伽利略设计了下述理想斜面实验。如图2.1所示，两个斜面对称放置。球从斜面1上滚下后，会冲上斜面2，若无摩擦，球将上升到原来的高度。减小斜面2的斜率，由于球达到同一高度，因此它要运动得远些。斜率越小，球运动得就越远，那么如果将斜面放平，球将运动多远呢？伽利略的推论是：球将永远运动下去。

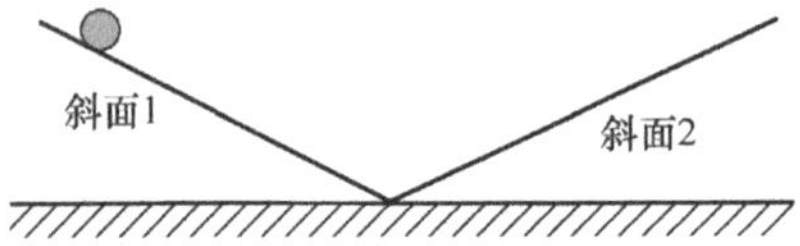

图2.1　伽利略的理想斜面实验

牛顿在伽利略工作的基础上，提出了动力学的一条基本规律：**任何物体都保持静止或匀速直线运动状态，直至其他物体所作用的力迫使它改变这种状态为止**。这就是**牛顿第一定律**。该定律涉及力学中的两个基本概念。其一是**惯性**，指物体保持静止状态或匀速直线运动状态的性质，也可以说物体抵抗运动变化的性质，惯性是物体的固有属性。其二是**力**，指使物体运动状态发生变化的别的物体对它的作用。

中国古代先贤对“惯性”的思考

牛顿第一定律并非在任何参考系中都成立，把牛顿第一定律适用的参考系称为**惯性参考系**，简称**惯性系**。相对于任一惯性系静止或做匀速直线运动的其他参考系也都是惯性系。观察和实验表明，对一般的力学现象，在相当高的精度内，可近似认为地面参考系是一个惯性系，地面参考系又称为**实验室参考系**。在研究天体运动时，往往需要构建更为精确的惯性系。例如，讨论人造地球卫星的运动时，常选择以地心为原点，坐标轴指向恒星的地心 - 恒星参考系。研究行星的运动时，通常选择以太阳中心为原点，坐标轴指向其他恒星的日心 - 恒星参考系。

2.1.2 牛顿第二定律

牛顿第一定律定性地给出了力与运动的关系。牛顿第二定律则进一步给出力、质量和加速度三者之间的定量关系。

牛顿在其《自然哲学的数学原理》中定义了“运动的量”的概念：“运动的量是运动的量度，可由速度和物质的量共同求出”。在此基础上，牛顿以公理的形式提出**牛顿第二定律**：“运动的变化正比外力，变化的方向沿外力作用的直线方向”。现在把“运动的量”称为**动量**，用 $\boldsymbol{P}$ 表示，它是质点的质量和速度的乘积，即

$$\boldsymbol{P}=m\boldsymbol{v} \tag{2.1}$$

1750 年，欧拉指出所谓“运动的变化正比外力”应理解为动量对时间的变化率与外力成正比。以 $\boldsymbol{F}$ 表示作用在物体上的外力，在选取合适的单位后，牛顿第二定律可表示为

$$\boldsymbol{F}=\frac{\mathrm{d}\boldsymbol{P}}{\mathrm{d}t}=\frac{\mathrm{d}(m\boldsymbol{v})}{\mathrm{d}t} \tag{2.2}$$

牛顿认为物体的质量与其运动速度无关，因此，有

$$\boldsymbol{F}=m\frac{\mathrm{d}\boldsymbol{v}}{\mathrm{d}t} \tag{2.3}$$

根据式（1.22），$\boldsymbol{a}=\frac{\mathrm{d}\boldsymbol{v}}{\mathrm{d}t}$，牛顿第二定律可写成

$$\boldsymbol{F}=m\boldsymbol{a} \tag{2.4}$$

需要指出的是，当物体的速度接近光速时，其质量将随速度的变化而改变，因此式（2.4）不再适用，而式（2.2）依然成立。牛顿第二定律在第一定律的基础上给出了物体所受外力与运动状态变化（加速度）的定量关系，因第一定律仅适用于惯性系，故第二定律也只适用于惯性系。

由式（2.4）可以看出，不同物体在相同外力的作用下，质量越大，所获得的加速度越小，可见式（2.4）中的质量可量度惯性的大小，称为**惯性质量**，简称**质量**。在 SI 中，质量的单位是千克，符号用 kg 表示。

利用式（2.4）可规定力的国际单位。以质量为 1kg 的物体产生 $1\mathrm{m/s^2}$ 的加速度所需的力作为力的量度单位，记为牛顿，符号用 N 表示。

$$1\mathrm{N}=1\mathrm{kg}\cdot\mathrm{m/s^2}$$

当几个力同时作用于一个物体时，这些力和加速度之间有什么关系呢？**力的独立作用原理**指出：几个力同时作用在物体上所产生的加速度，等于每个力分别作用于该物体上时所产生的加速度的矢量和。该原理表明，任何一个力的作用都与其他力的作用无关，几个力的合作用是每个力分别作用的叠加，故力的独立作用原理又名**力的叠加原理**。施加在质点上的多个力的合力就等于这些分力的矢量和。

式（2.2）和式（2.4）均为矢量式，讨论具体问题时，可利用它们的正交分量式，把矢量运算转化为代数量运算。

在直角坐标系中，式（2.2）的分量式可表示为

$$\begin{cases} F_x = \dfrac{\mathrm{d}p_x}{\mathrm{d}t} \\ F_y = \dfrac{\mathrm{d}p_y}{\mathrm{d}t} \\ F_z = \dfrac{\mathrm{d}p_z}{\mathrm{d}t} \end{cases} \tag{2.5}$$

式（2.4）的分量式可表示为

$$\begin{cases} F_x = ma_x \\ F_y = ma_y \\ F_z = ma_z \end{cases} \tag{2.6}$$

当质点做平面曲线运动时，通常利用沿切向和法向的正交分量式来表示，即

$$\begin{cases} F_{\mathrm{t}} = ma_{\mathrm{t}} \\ F_{\mathrm{n}} = ma_{\mathrm{n}} \end{cases} \tag{2.7}$$

2.1.3 牛顿第三定律

牛顿在《自然哲学的数学原理》中指出：“每一种作用都有一个相等的反作用，或者，两个物体间的相互作用总是相等的，而且指向相反”，这便是**牛顿第三定律**。如图 2.2 所示，当物体 1 受到物体 2 施加的作用力 $\boldsymbol{F}_{12}$时，物体 2 同时也受到物体 1 施予的作用力 $\boldsymbol{F}_{21}$，且

图 2.2 作用力与反作用力

$$\boldsymbol{F}_{12} = -\boldsymbol{F}_{21} \tag{2.8}$$

$\boldsymbol{F}_{12}$与 $\boldsymbol{F}_{21}$称为作用力与反作用力。

作用力与反作用力大小相等、方向相反，作用在一条直线上，属于同一性质的力，且总是同时存在、同时消失的。由牛顿第一定律可知，力是按照其在惯性参考系中产生的效果来定义的。作用力与反作用力亦当如此，故牛顿第三定律也仅适用于惯性系。

2.2 自然界中的力

2.2.1 四种基本相互作用

在讨论力学问题时，会涉及各种各样的力，如重力、摩擦力、支持力、拉力、气体压力等。但近代物理学证明，从最基本的层次上看，自然界中仅存在四种基本的相互作用，即万有引力、电磁力、强力和弱力。其他力均为这四种力的不同表现。

1. 万有引力

牛顿发现了**万有引力定律**，定律的表述如下：

任意两质点之间都存在引力，引力的大小与两个质点的质量之乘积成正比，与两个质点间的距离的平方成反比；引力的方向在两个质点的连线上。

如图 2.3 所示，设 m_1和 m_2 分别为两个质点的质量，二者之间的距离为 r，则引力 $\boldsymbol{F}$（或 $\boldsymbol{F}'$）的大小的表达式为

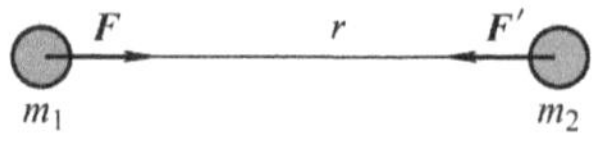

图 2.3 万有引力

$$F = G\frac{m_1 m_2}{r^2} \tag{2.9}$$

式中，G 为一个普适常量，叫引力常量，是最基本的物理常量之一。1798 年，英国人卡文迪许

首次发表了用扭秤实验测得的 G 值，后来人们不断提高实验的精度，现在 G 值通常取：

$$G = 6.67 \times 10^{-11} \mathrm{N \cdot m^{-2}/kg^2} \tag{2.10}$$

式（2.9）中的 m_1 和 m_2 反映该物体吸引其他物体的能力，称为**引力质量**，显然这与式（2.4）中惯性质量的物理意义不同。那么二者之间有什么关系呢？设一质点在地球表面附近自由下落，其引力质量用 $m_{引}$ 表示，惯性质量用 $m_{惯}$ 表示，由万有引力定律和牛顿第二定律，有

$$\frac{Gm_{地}\, m_{引}}{r^2} = m_{惯}\, g \tag{2.11}$$

$$\frac{m_{惯}}{m_{引}} = \frac{Gm_{地}}{gr^2} \tag{2.12}$$

不同质点在同一位置自由下落的加速度 g 相同，有

$$\frac{m_{1惯}}{m_{1引}} = \frac{m_{2惯}}{m_{2引}} = \cdots = \frac{Gm_{地}}{gr^2} = 常数 \tag{2.13}$$

在选定各量合适的单位后，可得到：

$$m_{惯} = m_{引} \tag{2.14}$$

可见，惯性质量与引力质量等价。爱因斯坦将此结论推进一步，提出惯性场与引力场等效的基本假设，并由此建立了广义相对论。

2. 电磁力

带电粒子或带电的宏观物体之间的作用称为**电磁力**，包括**电力**和**磁力**，它是一种长程力。1785 年，库仑率先发现了两个静止点电荷之间的相互作用规律，**即库仑定律**，表述如下：

两个静止点电荷之间的作用力与其电荷量之积成正比，与两点电荷之间的距离的平方成反比；作用力的方向沿两点电荷之间的连线，同性相斥，异性相吸。

运动的电荷间除了有上述库仑力（电力）以外，还存在磁力相互作用。例如，运动的电荷可以产生磁场，该磁场对其他运动的电荷会产生洛伦兹力的作用。追本溯源，磁力和电力的本质是统一的。电磁力是以光子为传递媒介的。有关电磁相互作用将在本书电磁学部分详细讨论。

日常生活中常遇到的摩擦力、流体阻力、弹力等都是相互靠近的原子或分子之间的电磁相互作用的宏观表现。

3. 强力

原子核内的质子均带正电，根据库仑定律，质子之间存在斥力，但原子核依然能稳定存在，这是因为质子、中子等核子之间存在另一种基本的自然力——**强力**。所有受到强相互作用影响的亚原子粒子均称作强子，包括重子和介子。质子和中子属于重子。强力是夸克所带的“色荷”之间的色力的表现，色力是以胶子作为传递媒介的。强力的力程非常短，小于 10^{-15}m。在 $0.4 \times 10^{-15} \sim 10^{-15}$m 范围内，强力表现为引力；小于 0.4×10^{-15}m 时，强力表现为斥力。

4. 弱力

弱力是微观粒子之间的一种相互作用。1933 年，费米建立的 β 衰变理论把粒子间的相互作用延伸到弱相互作用，开辟了弱相互作用的研究。弱相互作用通过中间玻色子传递，其力程极短，小于 10^{-17}m，并且力的强度很弱。

为比较四种基本相互作用的强度，可设想有两个中心相距为其直径的质子，研究表明它们之间的万有引力为 10^{-34}N，电磁力为 10^2N，强力为 10^4N，弱力为 10^{-2}N。可见，万有引力最弱，强力最强。还需指出，万有引力和电磁力为长程力，强力和弱力为短程力。

从纷繁复杂的各种力到最基本的四种相互作用是人类对自然界认识的一大飞跃。那么这四种相互作用能否再进一步统一呢？这正是物理学家的梦想。20 世纪 60 年代已经建立起了电弱统

一理论。目前物理学家正试图建立强、弱、电相互作用的“大统一理论”，但仍存在诸多问题。未来能否建立起把四种相互作用都统一起来的“超统一理论”呢？人们拭目以待。

2.2.2 常见的几种力

在研究经典力学问题时，经常会涉及重力以及微观本质隶属于电磁相互作用的弹力、摩擦力、流体阻力等，下面分别介绍。

1. 重力

地球对其表面附近的物体的万有引力可近似认为是该物体的重力，用 $\boldsymbol{W}$ 表示。

$$\boldsymbol{W}=m\boldsymbol{g} \tag{2.15}$$

式中，m 为物体的质量；$\boldsymbol{g}$ 为重力加速度。重力的方向竖直向下，任何物体在同一地点的重力加速度都相同。若忽略地球质量的不均匀性及自转的影响，地面附近的 $\boldsymbol{g}$ 的值通常取 $9.8\mathrm{m/s^2}$。

重力的大小和方向不受质点所受的其他力的影响，具有独立自主性，因此称为主动力。

2. 弹力

相互接触的物体发生了形变，由于要恢复原来的形状而产生的相互作用称为弹性力。例如，弹簧伸长或压缩时，为反抗该形变而对物体产生的力是弹簧的弹性力。如图 2.4 所示，将轻质弹簧的一端固定，另一端连接一质量为 m 的小球。O 点为弹簧不变形时（即长度为原长时）小球的位置，此时小球不受弹力的作用。以 O 点为原点，建立一维坐标系，以向右为 x 轴正方向。当弹簧伸长时，由于弹簧试图恢复原状，因此施与小球向左的弹性力；反之当弹簧压缩时，施与小球向右的弹性力。

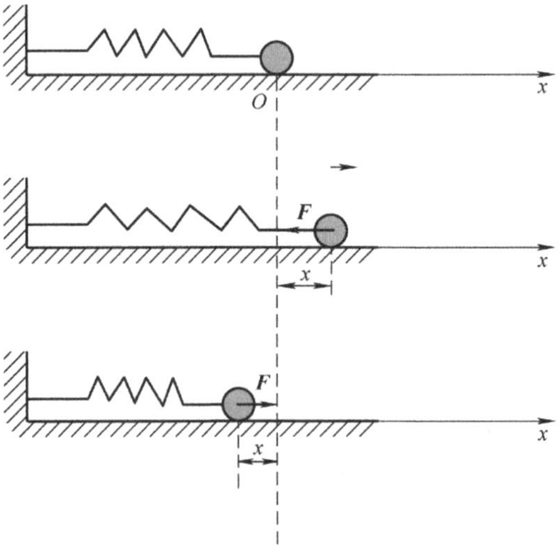

图 2.4 弹簧的弹力

在弹性形变限度内，弹簧的弹力满足胡克定律，即

$$F=-kx \tag{2.16}$$

式中，x 是小球相对平衡位置 O 点的位移，其绝对值为弹簧的伸长（或压缩）量；k 为弹簧的劲度系数，负号表示弹力的方向总与位移方向相反。

绳子受到拉伸时，内部也会产生弹性力，因形变不大，故通常不考虑形变。如图 2.5 所示，绳子两端受到的外力为 $\boldsymbol{F}$，绳子上某点 K 的张力可以这样分析：设想将绳子分成两段，左半段绳子将受到右半段绳子的拉力 $\boldsymbol{F}_\mathrm{T}$，根据牛顿第三定律，右半段绳子将受到左半段绳子的拉力，且大小相等、方向相反。$\boldsymbol{F}_\mathrm{T}$ 即为绳子在该点的张力，方向与绳子在该点的切线方向平行。

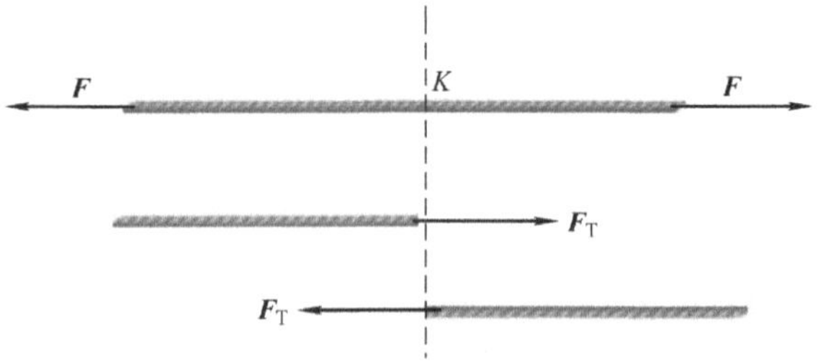

图 2.5 绳子中的张力

为研究绳内各点张力的关系，可取长为 Δl 的任意一小段绳为研究对象，如图 2.6 所示。设 Δl 两端所受张力分别为 $\boldsymbol{F}_\mathrm{T}(l)$ 和 $\boldsymbol{F}_\mathrm{T}(l+\Delta l)$，绳具有水平向右的加速度 $\boldsymbol{a}$，线密度为 λ（单位长度上的质量），则根据牛顿第二定律，有

$$\boldsymbol{F}_T(l+\Delta l)-\boldsymbol{F}_T(l)=\lambda\Delta l\boldsymbol{a} \tag{2.17}$$

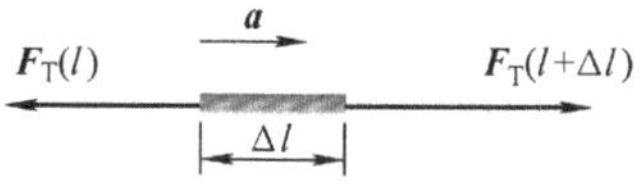

图 2.6 绳内各点张力的分布

若绳子的质量可以忽略，即

$$\lambda\approx 0$$

则有

$$\boldsymbol{F}_T(l+\Delta l)=\boldsymbol{F}_T(l) \tag{2.18}$$

可见，当绳子质量可以忽略时，绳内各点的张力相等。此时以绳子端点处的微元为研究对象，可得绳内各点的张力等于绳子两端所受的外力。可见绳内张力与重力不同，不具备“独立自主性”，故称为**被动力**。

3. 摩擦力

如图 2.7 所示，地面上的物体在水平拉力 $\boldsymbol{F}$ 的作用下仍处于静止状态，这是由于地面施与物体一个与 $\boldsymbol{F}$ 大小相等、方向相反的摩擦力 $\boldsymbol{F}_f$，这种摩擦力称为**静摩擦力**，是在两物体相对静止但有相对运动趋势情况下产生的。当 $\boldsymbol{F}$ 逐渐增大时，静摩擦力也随之增大。当 F 增大到某一值时，物体将要开始滑动，此时静摩擦力不再增大，达到极值，称为**最大静摩擦力**，用 $\boldsymbol{F}_{fmax}$ 表示。实验证明，$\boldsymbol{F}_{fmax}$ 的大小与接触面的正压力的大小 F_N 成正比，即

$$F_{fmax}=\mu F_N \tag{2.19}$$

式中，μ 为静摩擦因数（或静摩擦系数），与接触面的材料、粗糙程度、干湿程度等因素有关。

静摩擦力的大小由质点所受的其他力及质点运动状态决定，可取 0 到 F_{fmax} 之间的任意值，是一种被动力。

在图 2.7 中，当物体所受的拉力大于最大静摩擦力后，物体将相对地面发生运动，此时阻碍相对运动的摩擦力称为**动摩擦力**。实验证明，动摩擦力的大小也与接触面的正压力的大小 F_N 成正比，即

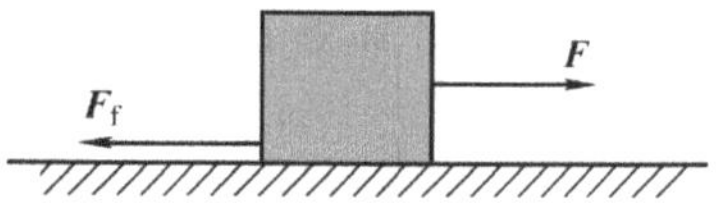

图 2.7 摩擦力

$$F_f=\mu_k F_N \tag{2.20}$$

式中，μ_k 称为动摩擦因数（或动摩擦系数），通常略小于静摩擦因数。μ_k 与接触面的材料、粗糙程度、干湿程度以及相对滑动速度等因素有关。当相对滑动速度不是太大时，对同样的两个接触面，动摩擦因数小于静摩擦因数。

4. 流体阻力

物体在流体中相对流体运动时，会受到阻碍相对运动的力，这种力称为**流体阻力**。在相对速度$\boldsymbol{v}$较小的情况下，流体阻力 $\boldsymbol{F}_f$ 的大小与$\boldsymbol{v}$的大小成正比，即

$$F_f=kv \tag{2.21}$$

式中，k 为比例系数，由物体的形状、大小及流体的黏性、密度等因素决定。流体阻力的方向与速度方向相反。当相对速度较大时，式（2.21）将失效，此时 $\boldsymbol{F}_f$ 的大小与$\boldsymbol{v}$的大小的关系远非线性的，处理这类问题一般较为复杂。

若物体在一恒定外力的作用下由静止开始相对流体运动，流体阻力也随即产生，随着物体速度的增大，流体阻力也将增大。当流体阻力的大小与外力大小相等时，物体将保持匀速直线运动，此时的速度称为**终极速度**。

2.3 牛顿运动定律的应用

运用牛顿运动定律求解质点动力学问题时，通常按照如下步骤进行分析：

1. 确定研究对象

视问题需要选取一个或几个质点作为研究对象，研究对象往往需要分别隔离出来。

2. 明确运动状态

分析研究对象的运动状态，若涉及几个物体，还需明确它们之间的运动学关系。

3. 分析受力

分析研究对象的全部受力情况，并画出受力图。

4. 选取坐标系

根据题目条件选取合适的坐标系，以便进行定量计算。

5. 列方程求解

根据已选取的坐标系，列出牛顿第二定律沿各坐标轴的分量式，并进行求解。若力或加速度的方向不能预先判定，可以先假设一个方向，按此方向列方程求解。若计算结果为正，则实际方向与假设方向相同；若结果为负，则实际方向与假设方向相反。

例 2.1 如图 2.8 所示，定滑轮边缘绕一细绳，细绳两端分别挂有质量为 m_1 和 m_2 的物体，定滑轮及绳的质量不计，轴承摩擦不计，细绳不可伸长。求释放后两物体的加速度及其对绳子的拉力。

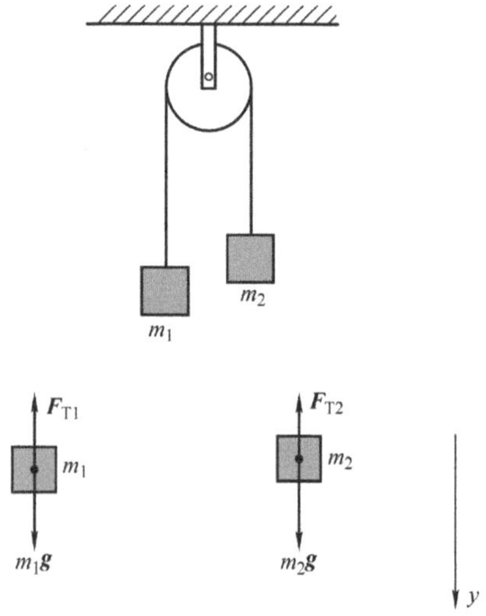

图 2.8 例 2.1 用图

解 分别以 m_1 和 m_2 为研究对象，二者均在竖直方向上做加速运动。m_1 和 m_2 的受力情况如图，选取竖直向下为 y 轴正向，对 m_1 和 m_2 分别应用牛顿第二定律，有

$$m_1g - F_{T1} = m_1a_{1y} \tag{1}$$

$$m_2g - F_{T2} = m_2a_{2y} \tag{2}$$

由于定滑轮及绳的质量不计，有

$$F_{T1} = F_{T2} \tag{3}$$

因 m_1 和 m_2 用同一细绳相连，且细绳不可伸长，故 m_1 和 m_2 的加速度的大小相等，考虑到 m_1 和 m_2 沿 y 轴的运动方向相反，有

$$a_{1y} = -a_{2y} \tag{4}$$

联立式（1）~式（4），可得

$$a_{1y} = -a_{2y} = \frac{(m_1 - m_2)}{m_1 + m_2}g \tag{5}$$

$$F_{T1} = F_{T2} = F_T = \frac{2m_1m_2}{m_1 + m_2}g \tag{6}$$

讨论：1）当 $m_1 > m_2$ 时，$a_{1y} > 0$，说明 m_1 运动的加速度方向沿 y 轴正向，即竖直向下；$a_{2y} < 0$，说明 m_2 运动的加速度方向沿 y 轴负向，即竖直向上。

2）当 $m_1 < m_2$ 时，$a_{1y} < 0$，说明 m_1 运动的加速度方向沿 y 轴负向，即竖直向上；$a_{2y} > 0$，说明 m_2 运动的加速度方向沿 y 轴正向，即竖直向下。

例 2.2 一雨滴自高空由静止开始竖直下落，设雨滴所受空气阻力的大小与其速率的关系为 $F_f = kv$，忽略重力加速度随高度的变化，求雨滴的速度随时间的变化关系。

解 以雨滴为研究对象，雨滴做直线运动，其受力情况如图 2.9 所示。最初阶段雨滴速度较小，因而空气阻力 $\boldsymbol{F}_f$ 较小，雨滴向下做加速运动，随着速度增大，$\boldsymbol{F}_f$ 不断增大，加速度不断减小。当 $\boldsymbol{F}_f$ 与重力相等时，加速度为零，雨滴做匀速直线运动，该速度为终极速度。

以竖直向下为 y 轴正向，取开始下落的时刻为计时起点，由牛顿第二定律，有

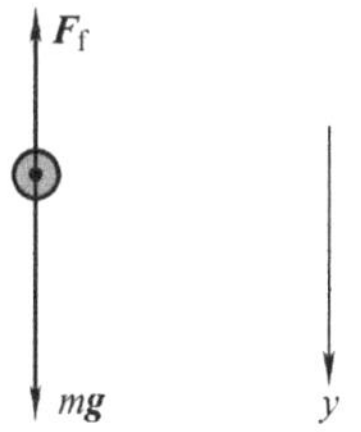

图 2.9　例 2.2 用图

$$mg-kv=ma \tag{1}$$

$$a=\frac{dv}{dt} \tag{2}$$

将式（2）代入式（1），有

$$mg-kv=m\frac{dv}{dt} \tag{3}$$

式（3）两端同除以 m，有

$$g-\frac{k}{m}v=\frac{dv}{dt} \tag{4}$$

将式（4）分离变量，有

$$dt=\frac{dv}{g-\frac{k}{m}v} \tag{5}$$

对式（5）进行积分，有

$$\int_0^t dt=\int_0^v \frac{dv}{g-\frac{k}{m}v} \tag{6}$$

解得

$$v=\frac{mg}{k}\left(1-\frac{e^{-\frac{k}{m}t}}{g}\right) \tag{7}$$

因此，当 $mg>kv$ 时，雨滴速度与时间的关系为 $v=\frac{mg}{k}\ (1-e^{-\frac{k}{m}t})$；

当 $mg=kv$ 时，雨滴将以恒速度 $v=\frac{mg}{k}$ 做匀速直线运动。

例 2.3　如图 2.10 所示，质量为 m 的小球自最高点由静止沿着光滑半圆形轨道下滑，轨道的半径为 R，中心在 O 点。求当小球滑到图示位置（即球心与 O 的连线和竖直方向成 β 角）时，其切向加速度和对轨道的压力。

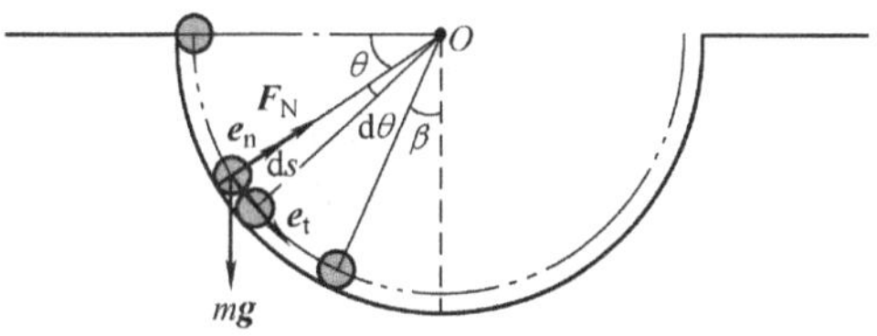

图 2.10　例 2.3 用图

解　以小球为研究对象，小球做变速圆周运动。设任意时刻，球心与 O 的连线和水平方向的夹角为 θ，此时受力情况如图所示。建立沿切向方向和法向方向的坐标轴，根据牛顿第二定律，有

切向分量：
$$mg\cos\theta=ma_t \tag{1}$$

法向分量：
$$F_N-mg\sin\theta=ma_n \tag{2}$$

当 $\theta=\frac{\pi}{2}-\beta$ 时，由式（1）可得
$$a_t=g\sin\beta \tag{3}$$

由式（2）可得
$$F_N=mg\cos\beta+ma_n \tag{4}$$

为求 F_N，需求此位置的 a_n，因 $a_n=\frac{v_\beta^2}{R}$，故转化为求解此位置的速度。

将 $a_t=\frac{dv}{dt}$ 代入式（1），并消去 m，有

$$g\cos\theta=a_t=\frac{dv}{dt} \tag{5}$$

为获得 v 与 θ 的函数关系，考虑任一微元过程。如图所示，设 $\mathrm{d}t$ 时间内小球转过 $\mathrm{d}\theta$ 角，所对应的弧长为 $\mathrm{d}s$，有

$$\mathrm{d}s = R\mathrm{d}\theta \tag{6}$$

$$\frac{\mathrm{d}s}{\mathrm{d}t} = v \tag{7}$$

以 $\mathrm{d}s$ 乘以式（5）两端，有

$$g\cos\theta\mathrm{d}s = \frac{\mathrm{d}v}{\mathrm{d}t}\mathrm{d}s \tag{8}$$

将式（6）、式（7）代入式（8），有

$$g\cos\theta R\mathrm{d}\theta = v\mathrm{d}v \tag{9}$$

对式（9）两端积分，有

$$\int_0^{\pi/2-\beta} g\cos\theta R\mathrm{d}\theta = \int_0^{v_\beta} v\mathrm{d}v$$

解得

$$v_\beta = \sqrt{2gR\cos\beta} \tag{10}$$

将式（10）代入式（4），可得

$$F_{\mathrm{N}} = 3mg\cos\beta$$

根据牛顿第三定律，小球对轨道的压力为 $3mg\cos\beta$。

例 2.4 从地质力学的角度来看，地震是大地构造运动或者板块相对运动的结果。研究表明，地球自转速率的改变可能是地震活动的一种动力来源。通过测量地球表面重力加速度的变化，可以获得地球自转速率变化的信息。假设某两次测量重力加速度的数据如下：

测量时间	测量地点	
	两极	赤道
第一次	g_0	g_1
第二次	g_0	g_2

（1）求两次测量的地球自转角速度的变化率。

（2）因地球自转角速度的变化，地球同步卫星的运行轨道也需进行微调，求上述两种情况下同步卫星的运行轨道半径之比。

解 （1）处于地球表面的物体受到地球的万有引力 $\boldsymbol{F}_{引}$，$\boldsymbol{F}_{引}$ 产生两个效果，一是提供物体随地球自转的向心力 $\boldsymbol{F}_{向}$，二是物体的重力 $m\boldsymbol{g}$，有

$$\boldsymbol{F}_{引} = \boldsymbol{F}_{向} + m\boldsymbol{g} \tag{1}$$

处于两极的物体 $\boldsymbol{F}_{向} = 0$，所以

$$\boldsymbol{F}_{引} = m\boldsymbol{g}$$

即

$$G\frac{m_{地} m}{R_{地}^2} = mg_0 \tag{2}$$

可见，处于两极的物体其重力加速度与地球自转速度无关，所以两次测量的结果均为 g_0。对处于赤道的物体，向心力为 $F_{向} = m\omega^2 R_{地}$，设第一次测量时地球自转角速度为 ω_1，则有

$$G\frac{m_{地} m}{R_{地}^2} = m\omega_1^2 R_{地} + mg_1 \tag{3}$$

联立式（2）、式（3），可得

$$\omega_1 = \sqrt{\frac{g_0 - g_1}{R_{地}}} \tag{4}$$

同理，第二次测量时地球的自转角速度为

$$\omega_2=\sqrt{\frac{g_0-g_2}{R_{地}}} \tag{5}$$

地球自转角速度的变化率为

$$\frac{\omega_2-\omega_1}{\omega_1}=\frac{\sqrt{\frac{g_0-g_2}{R_{地}}}-\sqrt{\frac{g_0-g_1}{R_{地}}}}{\sqrt{\frac{g_0-g_1}{R_{地}}}}=\frac{\sqrt{(g_0-g_2)(g_0-g_1)}}{g_0-g_1}-1 \tag{6}$$

(2) 设同步卫星的质量为 $m_{卫}$，其绕地球做圆周运动的轨道半径为 r，则有

$$G\frac{m_{地}m_{卫}}{r^2}=m_{卫}\omega^2 r \tag{7}$$

同步卫星的角速度与地球自转的角速度相同，由式 (7)，有

$$\omega_1^2 r_1^3=\omega_2^2 r_2^3 \tag{8}$$

在两种地球自转速率的情况下，同步卫星的轨道半径之比为

$$\frac{r_1}{r_2}=\left(\frac{\omega_2^2}{\omega_1^2}\right)^{\frac{1}{3}}=\left(\frac{g_0-g_2}{g_0-g_1}\right)^{\frac{1}{3}} \tag{9}$$

2.4　非惯性系中的力学问题

牛顿定律的适用范围是惯性系。若确定某一参考系为惯性系，则相对于该参考系静止或做匀速直线运动的其他参考系也都是惯性系。但如果某参考系相对于已知惯性系做加速运动，则在该参考系中牛顿定律不再成立，称为**非惯性参考系**。

如图 2.11 所示，在相对于地面（可视作惯性参考系）做匀加速直线运动的小车内，悬线的一端系于车厢的顶棚，另一端系一小球。小球相对小车静止，因此相对地面有与小车共同的加速度 $\boldsymbol{a}$，为维持这个加速度，悬线与竖直方向将保持一夹角 θ。针对这一力学现象，以地面为参考系有

$$\boldsymbol{F}_{\mathrm{T}}+m\boldsymbol{g}=\boldsymbol{F}_{合}=m\boldsymbol{a} \tag{2.22}$$

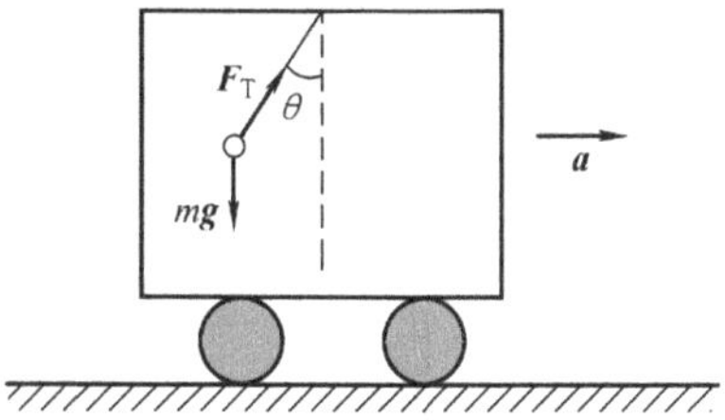

图 2.11　非惯性系

牛顿第二定律成立。而若以小车为参考系，则小球处于静止状态，即

小球相对小车的加速度　$\boldsymbol{a}'=\boldsymbol{0}$

而小球所受的合外力　$\boldsymbol{F}_{合}=\boldsymbol{F}_{\mathrm{T}}+m\boldsymbol{g}\neq\boldsymbol{0}$

显然　$\boldsymbol{F}_{合}\neq m\boldsymbol{a}'$　(2.23)

牛顿第二定律在小车参考系中失效了，小车参考系即为非惯性参考系。

物理学的研究总是致力于以最简单的方程概括更多的现象，接下来就讨论如何能在非惯性系中保持牛顿第二定律的形式不变，处理力学问题。

首先，讨论加速平动非惯性系的情况。设某一惯性参考系为 S，另一非惯性参考系 S′相对 S 做加速度为 $\boldsymbol{a}_0$ 的直线运动。质量为 m 的质点相对于 S 系的加速度为 $\boldsymbol{a}$，相对于 S′系的加速度为 $\boldsymbol{a}'$，质点所受合外力为 $\boldsymbol{F}$。因 S 系为惯性参考系，故牛顿第二定律 $\boldsymbol{F}=m\boldsymbol{a}$ 成立。根据第 1 章相对运动的知识，$\boldsymbol{a}$、$\boldsymbol{a}'$、$\boldsymbol{a}_0$ 三者之间的关系为

$$\boldsymbol{a}=\boldsymbol{a}'+\boldsymbol{a}_0$$

将上式代入牛顿第二定律，有

$$\boldsymbol{F}=m\boldsymbol{a}=m\ (\boldsymbol{a}'+\boldsymbol{a}_0)\ =m\boldsymbol{a}'+m\boldsymbol{a}_0$$

上式中 $m\boldsymbol{a}'$是质点的质量乘以其相对于S′系的加速度，将其保留在等式右边，有

$$\boldsymbol{F}+(-m\boldsymbol{a}_0)=m\boldsymbol{a}' \tag{2.24}$$

显然，若把 $\boldsymbol{F}+(-m\boldsymbol{a}_0)$ 看成是质点所受的“合外力”，则在非惯性系中可以保留牛顿第二定律的形式。为此，定义惯性力 $\boldsymbol{F}_i$ 的概念：

$$\boldsymbol{F}_i=-m\boldsymbol{a}_0 \tag{2.25}$$

在平动加速运动的非惯性系中，质点所受惯性力的大小为质点质量与非惯性系加速度的乘积，方向与非惯性系加速度方向相反。将式（2.25）代入式（2.24），有

$$\boldsymbol{F}+\boldsymbol{F}_i=m\boldsymbol{a}' \tag{2.26}$$

式（2.26）表明，在平动加速运动的非惯性系中，质点质量与相对加速度的乘积等于此质点所受的相互作用力 $\boldsymbol{F}$ 与惯性力 $\boldsymbol{F}_i$ 的合力。

需要强调的是，惯性力 $\boldsymbol{F}_i$ 不是相互作用力，不存在反作用力，是一种虚拟力，但有真实的效果，是物体的惯性在非惯性系中的表现。例如，车辆起动的瞬间，车上的人由于惯性向后倾倒，这正是人在非惯性系中受到惯性力的结果。

接下来讨论转动非惯性系的情况。如图2.12所示，圆盘以匀角速度 ω 绕通过其中心且垂直于盘面的轴转动，质量为 m 的物块静止在圆盘上，与圆盘中心的距离为 r。

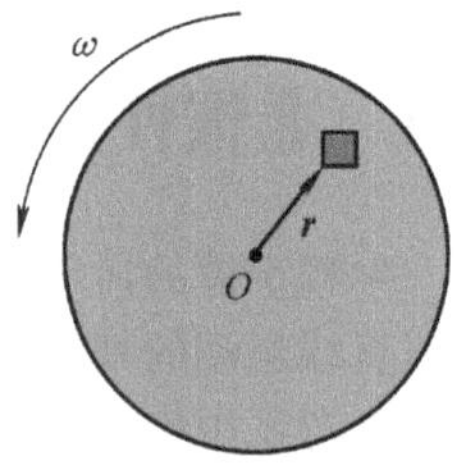

图2.12　转动非惯性系

以地面为参考系，物块所受的静摩擦力充当其随圆盘做圆周运动的向心力，即

$$\boldsymbol{F}_f=m\boldsymbol{a}_n=-m\omega^2\boldsymbol{r} \tag{2.27}$$

若以圆盘为参考系，物块相对圆盘的加速度 $\boldsymbol{a}'$为零，但却受到摩擦力的作用，显然牛顿第二定律不再成立。为使牛顿第二定律的形式在圆盘参考系中得以保留，将式（2.27）写成

$$\boldsymbol{F}_f+m\omega^2\boldsymbol{r}=0=m\boldsymbol{a}' \tag{2.28}$$

定义惯性力 $\boldsymbol{F}_i$，

$$\boldsymbol{F}_i=m\omega^2\boldsymbol{r} \tag{2.29}$$

因 $\boldsymbol{F}_i$ 的方向与 $\boldsymbol{r}$ 相同，背离圆心，故称之为**惯性离心力**。将 $\boldsymbol{F}_i$ 代入式（2.28）中，有

$$\boldsymbol{F}_f+\boldsymbol{F}_i=\boldsymbol{0} \tag{2.30}$$

可见，通过引入惯性离心力，牛顿第二定律的形式在匀速转动的非惯性系中得以保留。

同样需要强调，惯性离心力不是相互作用力，不存在反作用力，是一种虚拟力，但有真实的效果，是物体的惯性在转动非惯性系中的表现。例如，车辆拐弯时，车上的人有被甩出的感觉，这正是惯性离心力作用的结果。

例2.5　如图2.13所示，小车沿斜面以加速度 $\boldsymbol{a}$ 做匀加速直线运动，小车内有一小球，质量为 m，通过劲度系数为 k 的轻质弹簧与小车相连，小球相对小车静止，忽略一切摩擦，求弹簧的形变量。

傅科摆演示

解　以小车为参考系，因小车相对地面做加速运动，故为非惯性参考系。以小球为研究对象，小球的受力情况如图所示。建立沿斜面方向的 x 轴，以弹簧未形变时小球所在位置为原点，以向下为 x 轴正向，有

$$mg\sin\theta+F-F_i=0 \tag{1}$$

其中，F_i 为惯性力，大小为

$$F_i = ma$$

F 为弹簧的弹力，设 x 为弹簧的形变量，有

$$F = -kx$$

将 F_i 与 F 代入式（1），有

$$mg\sin\theta - kx - ma = 0$$

解得

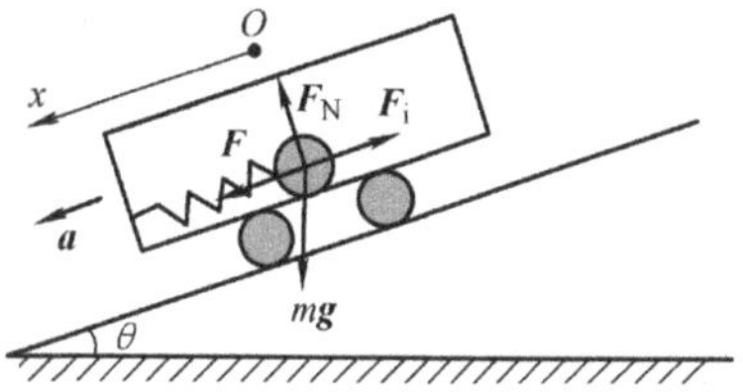

图 2.13　例 2.5 用图

$$x = \frac{mg\sin\theta - ma}{k} \tag{2}$$

讨论：1）当 $mg\sin\theta > ma$ 时，$x > 0$，弹簧处于压缩状态，弹力方向沿斜面向上；

2）当 $mg\sin\theta < ma$ 时，$x < 0$，弹簧处于拉伸状态，弹力方向沿斜面向下；

3）当 $mg\sin\theta = ma$ 时，$x = 0$，弹簧未发生形变，弹力为零。

本章思维导图

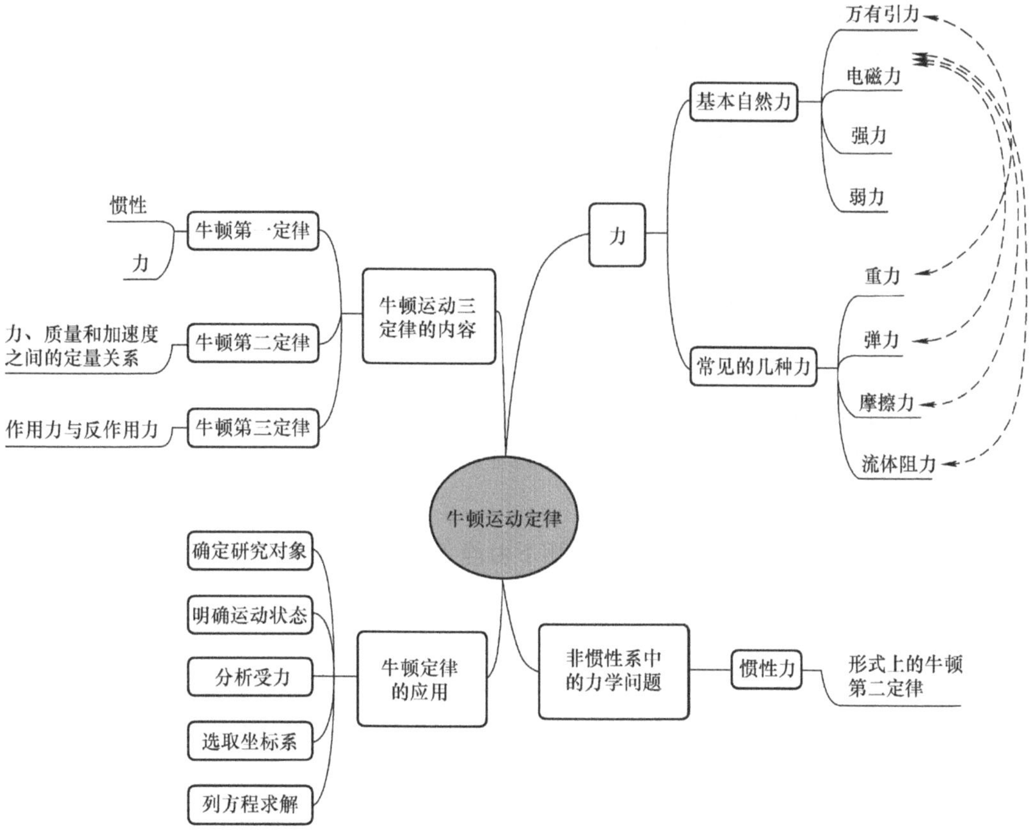

思　考　题

2.1　对于一个封闭的小室，能否通过在室内进行的力学实验来判断小室是静止的还是在做匀速直线运动？

2.2　两个完全相同的轻质弹簧，将它们串联后，劲度系数为多少？并联后的劲度系数又为多少？

2.3　匀加速参考系中物体所受的惯性力有反作用力吗？

2.4　两个完全相同的小球依次用两段相同的细线悬挂于固定端，小球和细线自然下垂。若用力突然向下拉下面的小球，则下面的线易断；若缓慢拉动下面的小球，则上面的线容易断，试解释这一现象。

2.5　什么是惯性质量？什么是引力质量？二者之间有什么关系？结合你多年来对“质量”这一概念的学习，谈谈你对质量的认识。

2.6　当拖着一根质量不可忽略的绳子在粗糙的水平上做匀速直线运动时，绳内各点的张力是否一样？为什么？

2.7　南半球的河流对左岸冲刷的较为严重，而北半球则相反，这是为什么？

2.8　伽利略被誉为“誓死捍卫科学的物理学之父”，查阅资料，了解伽利略对物理学的贡献。

习　题

2.1　如图2.14所示，定滑轮边缘绕一细绳，细绳两端分别挂有质量为 m_1 和 m_2 的物体，且 $m_1 > m_2$。此时 m_2 的加速度大小为 a，若在左端用一竖直向下的恒力 $F = m_1 g$ 代替 m_1，则 m_2 的加速度的大小变为 a'，试证：$a' > a$。(注：定滑轮及绳的质量不计，轴承摩擦不计，细绳不可伸长)

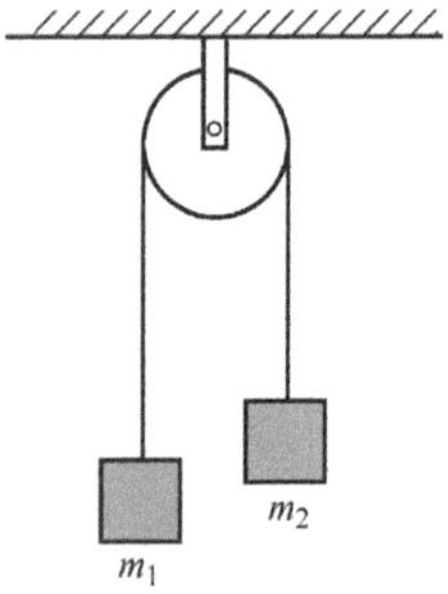

图2.14　习题2.1用图

2.2　质量为1kg的质点的运动学方程为 $\boldsymbol{r} = 18\boldsymbol{i} + 2t\boldsymbol{j} - 6t^2\boldsymbol{k}$ (SI)，求该质点所受的合力。

2.3　如图2.15所示，质量为1kg的质点沿半径为8m的圆弧运动，在自然坐标系中其运动学方程为 $s = t^2 + 2t$ (SI)，求 $t = 1\text{s}$ 时刻质点所受的合外力的大小。

图2.15　习题2.3用图

2.4　一质点质量为 m，做平面曲线运动，运动学方程为 $\boldsymbol{r} = k_1\cos\omega t\boldsymbol{i} + k_2\sin\omega t\boldsymbol{j}$ (SI)，其中 k_1、k_2、ω 为正的常数，试证明质点所受合力总指向原点。

2.5　质量为 $\frac{2}{5}$kg 的物体在拉力 $\boldsymbol{F}$ 的作用下由静止沿斜面向上做匀加速直线运动，加速度的大小为 3m/s^2，斜面倾角 $\alpha = 30°$，斜面与物体之间的动摩擦因数为 $\frac{\sqrt{3}}{3}$，求拉力 $\boldsymbol{F}$ 的最小值。

2.6　如图2.16所示，一个支架固定在电梯内，支架斜杆的一端固定有质量 m 的小球。电梯由静止开始下降，加速度的大小为 $a(a<g)$，求此时斜杆对小球的作用力。

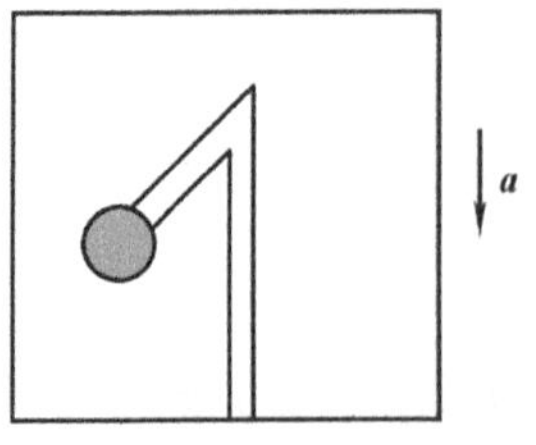

图2.16　习题2.6用图

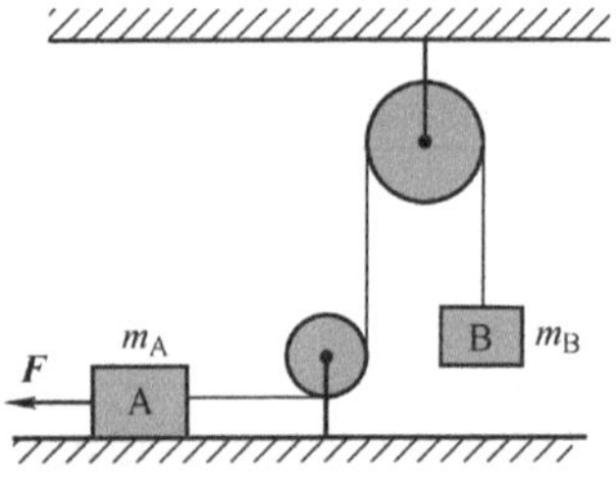

图2.17　习题2.7用图

2.7　如图 2.17 所示，m_A与m_B通过两个定滑轮用一根轻绳相连，m_A在水平拉力 $\boldsymbol{F}$ 的作用下沿水平面向左运动，设水平面与物体间的滑动摩擦因数为 μ，滑轮及绳的质量不计，滑轮与其轴之间的摩擦不计，绳不可伸长。求 m_A与 m_B的加速度以及绳内的张力。

2.8　一质点以 7m/s 的初速度做斜抛运动，初速度与水平方向夹角为 45°，求质点运动到最高点时轨道的曲率半径。

2.9　如图 2.18 所示，电梯以 $a=5\text{m/s}^2$ 的加速度上升。电梯内甲、乙两物体通过定滑轮用一根轻绳相连，甲置于光滑的水平桌面上，甲、乙两物体的质量均为 1kg。轻绳和定滑轮质量不计，滑轮与其轴之间的摩擦不计，绳不可伸长。求绳中的张力。

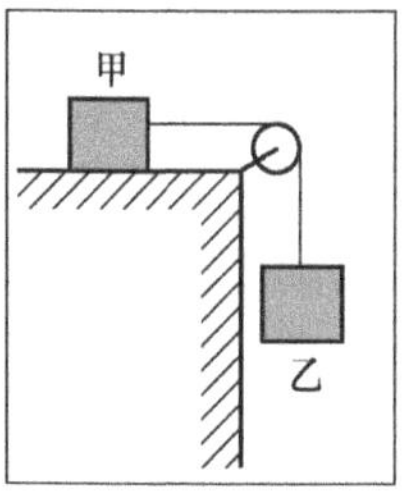

图 2.18　习题 2.9 用图

2.10　物体在流体中运动会受到流体的阻力，研究表明当物体的相对速率较大时，流体阻力将与相对速率的平方成正比。物体在空气中运动时所受的阻力通常可表示为

$$F_f=\frac{1}{2}C\rho Sv^2$$

式中，C 为比例系数，一般在 0.4 到 1.0 之间；ρ 为空气密度；S 为物体的有效截面面积。根据这些参数试求质量为 m 的物体在空气中下落的终极速率。

2.11　如图 2.19 所示，一圆锥形容器绕通过其中心的轴以角速度 ω 旋转，器壁上有一质量 $m=0.5\text{kg}$ 的小球，小球至轴的垂直距离为 1m，小球与器壁之间的最大静摩擦因数为 0.5，器壁与水平之间的夹角为 45°。欲使小球相对容器静止，ω 应在什么范围之内？

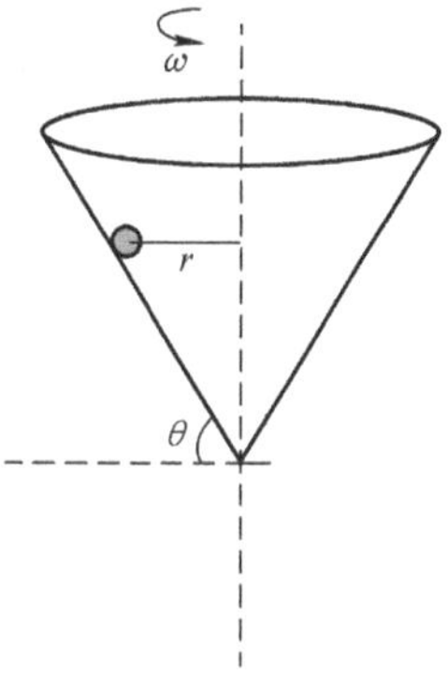

图 2.19　习题 2.11 用图

2.12　我国于 2011 年 9 月在酒泉卫星发射中心发射了首个目标飞行器“天宫一号”，其运行轨道距地面的平均高度为 H_1。2016 年 9 月“天宫二号”空间实验室发射成功，其运行轨道距地面的平均高度为 H_2。假设“天宫一号”和“天宫二号”均绕地球做匀速圆周运动，求“天宫一号”和“天宫二号”运行的周期之比。（设地球平均半径为 $R_{地}$）

2.13　我国口径为 500m 的球面射电望远镜（Five - hundred - meter Aperture Spherical Telescope，FAST）被誉为“天眼”，于 2016 年正式启用。截止到 2020 年 9 月，中国“天眼”已经发现 224 颗脉冲星，为天文学事业做出了重要贡献。假设所观测到的某脉冲星的自转周期为 T_s，星体为质量分布的均匀球体，则以周期 T_s稳定自转的星体密度的最小值为多少？

2.14　轻弹簧竖直放置于水平地面上，下端固定，上端与一质量为 m 的小球相连。以平衡位置为原点，以向下为 x 轴正方向，小球位移的表达式为 $x=A\cos(\omega t+\varphi)$，式中 A、ω、φ 均为正的常数，试求小球对弹簧的作用力随位移 x 的函数关系。

2.15　假设探月卫星“嫦娥一号”在距月球表面高度为 h 的圆形轨道上运行，周期为 T，月球的半径为 R，试根据上述已知量求月球的质量。

第 3 章　力的时空积累效应

上一章学习了牛顿运动定律，其中牛顿第二定律给出了物体所受外力与加速度的定量关系，这是一个瞬时关系，即物体受外力作用的同时，产生相应的加速度。事实上，物体所受的外力通常会持续作用一段时间或空间，那么力在时空上的积累效应又是怎样的呢？本章所学习的动量定理、角动量定理以及动能定理将深刻诠释力（或力矩）在时间或空间上的积累效应，并由此进一步给出相应的守恒定律，即动量守恒定律、角动量守恒定律和机械能守恒定律。

3.1　动量定理和动量守恒定律

3.1.1　质点的动量定理

在力学中用**冲量**描述力对物体持续作用一段时间所产生的积累效应。若物体所受合外力为 $\boldsymbol{F}$，作用时间为 $\mathrm{d}t$，则 $\boldsymbol{F}$ 在 $\mathrm{d}t$ 时间内的**元冲量**定义为 $\boldsymbol{F}\mathrm{d}t$。冲量是矢量，元冲量的方向总与力的方向相同。在国际单位制中，冲量的单位是牛秒（N · s）。因冲量定义为力在时间上的积累，故为过程量。

由牛顿第二定律，即式（2.2），有

$$\boldsymbol{F}\mathrm{d}t = \mathrm{d}\boldsymbol{p} \tag{3.1}$$

该式表明，在 $\mathrm{d}t$ 时间内质点所受合外力 $\boldsymbol{F}$ 的元冲量等于质点在同一时间内的动量的增量，该结论称为**质点的动量定理**。式（3.1）为动量定理的微分形式，反映出 $\boldsymbol{F}$ 在极短时间 $\mathrm{d}t$ 内的积累效应。欲求 $\boldsymbol{F}$ 在 $t_1 \to t_2$ 这段有限时间内的积累效应，可对式（3.1）进行积分，得

$$\int_{t_1}^{t_2} \boldsymbol{F}\mathrm{d}t = \int_{p_1}^{p_2} \mathrm{d}\boldsymbol{p} = \boldsymbol{p}_2 - \boldsymbol{p}_1 \tag{3.2}$$

式中，$\int_{t_1}^{t_2} \boldsymbol{F}\mathrm{d}t$ 表示合外力 $\boldsymbol{F}$ 在 $t_1 \to t_2$ 时间内的冲量，用 $\boldsymbol{I}$ 表示。由此，式（3.2）可写成

$$\boldsymbol{I} = \int_{t_1}^{t_2} \boldsymbol{F}\mathrm{d}t = \boldsymbol{p}_2 - \boldsymbol{p}_1 = m\boldsymbol{v}_2 - m\boldsymbol{v}_1 \tag{3.3}$$

式（3.2）或式（3.3）为动量定理的积分形式。为方便计算，可建立适当的坐标系，将上述矢量式写成分量式，如在笛卡儿直角坐标系中，有

$$\begin{cases} I_x = \int_{t_1}^{t_2} F_x \mathrm{d}t = m v_{2x} - m v_{1x} \\ I_y = \int_{t_1}^{t_2} F_y \mathrm{d}t = m v_{2y} - m v_{1y} \\ I_z = \int_{t_1}^{t_2} F_z \mathrm{d}t = m v_{2z} - m v_{1z} \end{cases} \tag{3.4}$$

上式表明，作用于质点的合外力的冲量在某一方向上的分量等于同一时间内质点动量在该方向上分量的增量。

在碰撞、打击等物理过程中，相互作用力通常较大，且随时间不断变化，这种力称为**冲力**。

因冲力瞬息万变，甚为复杂，故常引入**平均冲力**的概念，用 $\overline{\boldsymbol{F}}$ 表示，有

$$\overline{\boldsymbol{F}}(t_2 - t_1) = \overline{\boldsymbol{F}}\Delta t = \int_{t_1}^{t_2}\boldsymbol{F}\mathrm{d}t = \boldsymbol{p}_2 - \boldsymbol{p}_1 \tag{3.5}$$

因此

$$\overline{\boldsymbol{F}} = \frac{\boldsymbol{p}_2 - \boldsymbol{p}_1}{\Delta t} \tag{3.6}$$

例 3.1　一质量为 m 的质点自静止在竖直方向上运动，在运动过程中受到一竖直向上的力 F_{f}，以初始时刻为计时起点，该力与时间的函数关系为 $F_{\mathrm{f}} = mg(1 - \mathrm{e}^{-\frac{k}{m}t})$，其中 k 为一正的常数。求：

（1）在 $0 \sim t_0$ 时间间隔内质点所受的合外力的冲量；

（2）t_0 时刻质点的动量。

解　（1）以质点为研究对象，根据题意，其受力情况如图 3.1 所示。以向下为 x 轴正方向，质点所受的合外力为

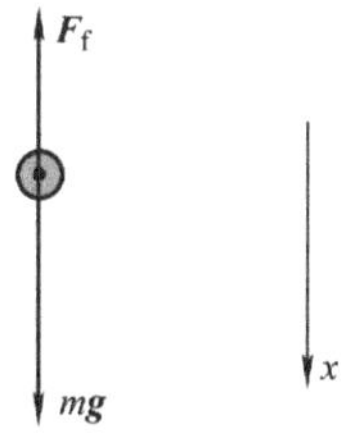

图 3.1　例 3.1 用图

$$F = mg - mg(1 - \mathrm{e}^{-\frac{k}{m}t}) \tag{1}$$

合外力的冲量为

$$I = \int_0^{t_0} F\mathrm{d}t \tag{2}$$

将式（1）代入式（2）可得

$$I = \int_0^{t_0}[mg - mg(1 - \mathrm{e}^{-\frac{k}{m}t})]\mathrm{d}t = \frac{m^2 g}{k}(1 - \mathrm{e}^{-\frac{k}{m}t_0}) \tag{3}$$

其方向为竖直向下。

（2）根据质点的动量定理，在竖直方向上有

$$I = mv - 0 \tag{4}$$

因此，t_0 时刻质点的动量为 $\frac{m^2 g}{k}(1 - \mathrm{e}^{-\frac{k}{m}t_0})$，方向竖直向下。

例 3.2　高压水枪喷出的水流垂直地冲击墙面，水的射出速度为 v，冲击后水流无初速地沿墙壁流下。设水枪喷口的面积为 S，水的密度为 ρ，求墙受到水流的冲击力。

解　设 $\mathrm{d}t$ 时间内喷射到墙面的水的质量为 $\mathrm{d}m$，有

$$\mathrm{d}m = \rho v \mathrm{d}tS \tag{1}$$

以 $\mathrm{d}m$ 为研究对象，设墙施与水流的冲击力为 F，根据动量定理，有

$$F\mathrm{d}t = \mathrm{d}mv \tag{2}$$

将式（1）代入式（2），有

$$F\mathrm{d}t = \rho \mathrm{d}tSv^2 \tag{3}$$

$$F = \rho Sv^2 \tag{4}$$

根据牛顿第三定律，墙受到水流的冲击力为 ρSv^2。

3.1.2　质点系的动量定理

很多实际力学问题会涉及若干个物体，若以多个物体的总体为研究对象，则涉及质点系的力学问题。通常将若干个质点所构成的系统称为**质点系**。质点系内各质点之间的相互作用力称为**内力**，质点系以外的物体对系统内任意质点的作用力称为**外力**。

以两个质点所构成的质点系为例，如图 3.2 所示，设 m_1 受到 m_2 的作用力为 $\boldsymbol{f}_{12}$，m_2 受到 m_1 的作用力为 $\boldsymbol{f}_{21}$，显然 $\boldsymbol{f}_{12}$ 与 $\boldsymbol{f}_{21}$ 为内力。设 m_1 受到的外力为 $\boldsymbol{F}_1$，m_2 受到的外力为 $\boldsymbol{F}_2$。对 m_1 和 m_2

分别应用动量定理，有

$$(\boldsymbol{F}_1+\boldsymbol{f}_{12})\mathrm{d}t=\mathrm{d}(m_1\boldsymbol{v}_1) \tag{3.7}$$

$$(\boldsymbol{F}_2+\boldsymbol{f}_{21})\mathrm{d}t=\mathrm{d}(m_2\boldsymbol{v}_2) \tag{3.8}$$

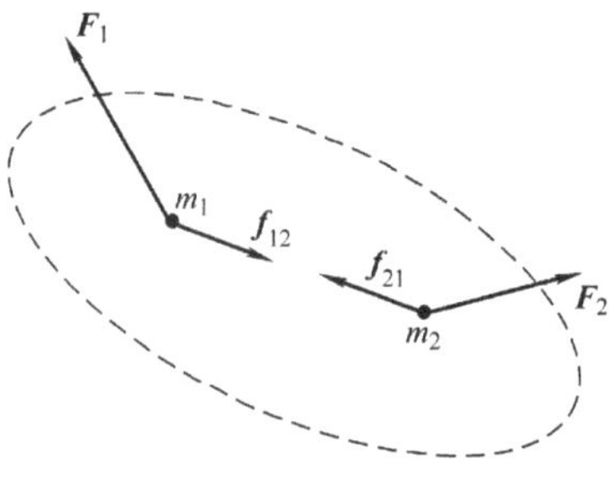

图 3.2 质点系动量定理

上述两式相加，有

$$(\boldsymbol{F}_1+\boldsymbol{f}_{12}+\boldsymbol{F}_2+\boldsymbol{f}_{21})\mathrm{d}t=\mathrm{d}(m_1\boldsymbol{v}_1+m_2\boldsymbol{v}_2)$$

由牛顿第三定律 $\boldsymbol{f}_{12}=-\boldsymbol{f}_{21}$，上式化简为

$$\sum \boldsymbol{F}_i\mathrm{d}t=\mathrm{d}\sum \boldsymbol{p}_i \tag{3.9}$$

设 $\sum \boldsymbol{p}_i=\boldsymbol{p}$，$\sum \boldsymbol{F}_i=\boldsymbol{F}$，有

$$\boldsymbol{F}\mathrm{d}t=\mathrm{d}\boldsymbol{P} \tag{3.10}$$

根据牛顿第三定律，即便质点系由两个以上的质点构成，因内力总是成对出现，且大小相等、方向相反，故内力矢量和总为零。因此，式（3.10）适用于由任意多个质点构成的质点系。该式表明，质点系所受的合外力在 dt 时间内的元冲量等于质点系在同一时间内总动量的增量，这就是**质点系的动量定理的微分形式**。对式（3.10）进行积分，可得

中国古代先贤对“内力与外力”的思考

$$\boldsymbol{I}=\int_{t_1}^{t_2}\boldsymbol{F}\mathrm{d}t=\boldsymbol{p}_2-\boldsymbol{p}_1=\sum_i m_i\boldsymbol{v}_{i2}-\sum_i m_i\boldsymbol{v}_{i1} \tag{3.11}$$

式（3.11）表明，在 $t_1\to t_2$ 时间内，作用于质点系的合外力的冲量等于在同一时间内质点系总动量的增量。

3.1.3 质点系的动量守恒定律

若质点系所受的合外力为零，即 $\sum \boldsymbol{F}_i=\boldsymbol{0}$，则由式（3.11），有

$$\boldsymbol{p}_2=\boldsymbol{p}_1=\text{常矢量} \tag{3.12}$$

上式表明，系统所受合外力为零时，该系统的总动量保持不变，此结论即为**质点系的动量守恒定律**。其在直角坐标系的分量表达式为

$$\begin{cases}F_x=0,\ p_x=\text{常量}\\F_y=0,\ p_y=\text{常量}\\F_z=0,\ p_z=\text{常量}\end{cases} \tag{3.13}$$

牛顿摆球

有关质点系的动量守恒定律，做如下几点说明：

（1）动量守恒定律是牛顿定律的推论，故仅适用于惯性系。

（2）若在某个方向上系统所受的合外力为零，则在该方向上动量守恒，尽管总动量可能并不守恒。

（3）在诸如碰撞等问题中，因外力远小于内力，且作用时间极短，故可近似认为系统的动量守恒。

（4）近代物理学理论和实验证明，更普遍的动量守恒定律并不依赖于牛顿定律，其适用范围更广泛，动量守恒定律是关于自然界一切物理过程的一条基本规律。

（5）应用动量守恒定律时，应注意分析系统、过程和适用条件。

例 3.3 质量为 m_2、长度为 L 的小车停在光滑路面上，车头上站立一质量为 m_1 的人。在人从车头走到车尾的过程中，车与人相对于地面的位移各为多少？

解 以小车和人所构成的系统为研究对象。建立水平方向的 x 轴，并以向左为正向，如图 3.3 所示。因系统所受合外力为零，故动量守恒。设任意状态人的速度为 $\boldsymbol{v}_1$，车的速度为 $\boldsymbol{v}_2$，有

$$\mathbf{0} = m_1\boldsymbol{v}_1 + m_2\boldsymbol{v}_2 \tag{1}$$

在 x 轴上的分量表达式为

$$0 = m_1v_1 - m_2v_2 \tag{2}$$

对上式进行积分

$$0 = m_1\int_0^t v_1\mathrm{d}t - m_2\int_0^t v_2\mathrm{d}t \tag{3}$$

式中，$x_1 = \int_0^t v_1\mathrm{d}t$，$x_2 = \int_0^t v_2\mathrm{d}t$，所以

$$m_1x_1 = m_2x_2 \tag{4}$$

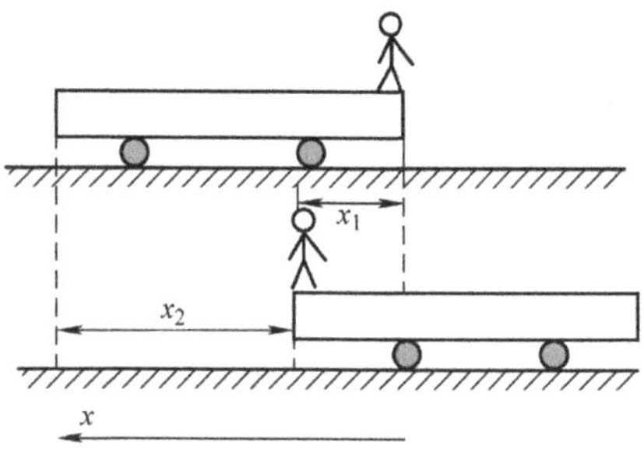

图3.3 例3.3用图

根据相对运动关系，有

$$x_1 + x_2 = L \tag{5}$$

联立式（4）、式（5），可得

$$\begin{cases} x_1 = \dfrac{m_2}{m_1+m_2}L \\ x_2 = \dfrac{m_1}{m_1+m_2}L \end{cases}$$

例3.4 假设火箭在自由空间中飞行，通过连续向后喷出燃料燃烧后的气体而不断使箭体速度增加，设气体相对火箭的喷出速度为 u，初始时刻火箭的总质量为 m_0，最终火箭的质量减小到 m_f，求火箭所获得的速度的增加量。

解 设 t 时刻火箭的速度为 v，质量为 m，在 $t\to t+\mathrm{d}t$ 时间内火箭向后喷出了质量为 $\mathrm{d}m'$ 的气体，同一时间内火箭质量的变化量为 $\mathrm{d}m$，有

$$\mathrm{d}m' = -\mathrm{d}m \tag{1}$$

以火箭和气体构成的系统为研究对象，因系统不受外力，故动量守恒。设在 $\mathrm{d}t$ 时间内火箭所获得的速度的增量为 $\mathrm{d}v$，有

$$mv = \mathrm{d}m'(v-u) + (m-\mathrm{d}m')(v+\mathrm{d}v) \tag{2}$$

将式（1）代入式（2），化简并忽略二阶无穷小量，有

$$\mathrm{d}mu + m\mathrm{d}v = 0 \tag{3}$$

$$\mathrm{d}v = -\frac{\mathrm{d}m}{m}u \tag{4}$$

式（4）两边积分，得

$$\int_{v_0}^{v_f}\mathrm{d}v = \int_{m_0}^{m_f} -\frac{\mathrm{d}m}{m}u \tag{5}$$

火箭所获得的速度的增量为

$$\Delta v = v_f - v_0 = -u\ln\frac{m_f}{m_0} \tag{6}$$

3.1.4 质心和质心运动定理

为便于研究质点系的运动，常引入质心的概念。由 n 个质点构成的质点系如图3.4所示，其质心的位置矢量 $\boldsymbol{r}_C$ 定义如下

$$\boldsymbol{r}_C = \frac{\sum_i m_i\boldsymbol{r}_i}{m} \tag{3.14}$$

式中，m_i 和 $\boldsymbol{r}_i$ 分别为第 i 个质点的质量和位矢，m 为质点系的总质量

$$m = \sum_i m_i$$

由上述 $\boldsymbol{r}_C$ 的定义式不难看出，质心位置实际上是质点位置以质量为权重的平均值。

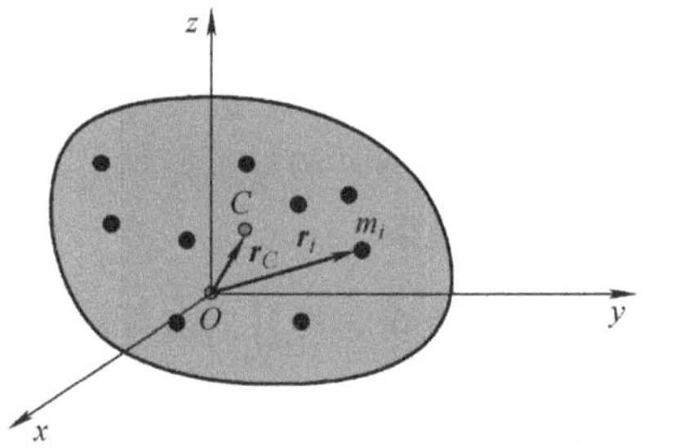

图 3.4 质点系的质心

将式（3.14）在直角坐标系中进行分解，有

$$\begin{cases} x_C = \dfrac{\sum_i m_i x_i}{m} \\ y_C = \dfrac{\sum_i m_i y_i}{m} \\ z_C = \dfrac{\sum_i m_i z_i}{m} \end{cases} \tag{3.15}$$

对于质量连续分布的物体而言，可将其视作由许多质元组成。设其中任一质元的质量为 $\mathrm{d}m$，位矢为 $\boldsymbol{r}$，则物体质心的位矢 $\boldsymbol{r}_C$ 为

$$\boldsymbol{r}_C = \frac{\int \boldsymbol{r}\mathrm{d}m}{m} \tag{3.16}$$

$\boldsymbol{r}_C$ 沿各坐标轴的分量式为

$$x_C = \frac{\int x\mathrm{d}m}{m}$$
$$y_C = \frac{\int y\mathrm{d}m}{m} \tag{3.17}$$
$$z_C = \frac{\int z\mathrm{d}m}{m}$$

需要注意的是坐标系的选择会影响到质心的位矢，但质心对质点系内各质点的相对位置不随坐标系的选择而变化。

在力学中还常涉及物体重心的概念，所谓**重心**是指物体各部分所受重力的合力的作用点。在地球表面附近的均质物体，若体积较小，则可证明其质心和重心的位置是重合的。事实上，质心比重心的应用更为普遍，因为物体重心的概念只有在重力场中才有意义。若脱离了重力场，如物体在自由空间中运动，重心的概念便不存在了，而质心依然有意义。

椎体上滚演示

将式（3.14）式变形后，有

$$m\boldsymbol{r}_C = \sum_i m_i \boldsymbol{r}_i \tag{3.18}$$

将上式对时间 t 求导，有

$$m\boldsymbol{v}_C = \sum_i m_i \boldsymbol{v}_i$$

上式右端为系统的总动量 $\boldsymbol{p}$，可用系统的总质量与质心速度之积表示，即

$$\boldsymbol{p} = m\boldsymbol{v}_C \tag{3.19}$$

将式（3.19）对时间 t 求导，得

$$\frac{\mathrm{d}\boldsymbol{p}}{\mathrm{d}t} = m\frac{\mathrm{d}\boldsymbol{v}_C}{\mathrm{d}t}$$

根据质点系的动量定理$\frac{\mathrm{d}\boldsymbol{p}}{\mathrm{d}t}=\boldsymbol{F}$，上式可化简为

$$\boldsymbol{F} = m\boldsymbol{a}_C \tag{3.20}$$

上式表明，质点系所受的合外力等于质点系的质量乘以质心的加速度，此结论称为**质心运动定理**。该定理说明质点系的内力不会影响质心的运动状态。若质点系所受合外力为零，则质心保持静止或匀速直线运动状态；若质点系所受外合力不为零，则质心的加速度与把全部质量集中到质心处的质点的加速度相同。例如，炮弹从大炮中射出，并在空中爆炸，无论爆炸后的碎片如何运动，炮弹的质心做抛体运动。

在力学中，还经常在**质心参考系**（简称**质心系**）中分析问题。质心系是指固结在质心上的平动参考系，不一定是惯性系。由式（3.19），在质心参考系中，质点系的总动量 $\boldsymbol{p}'$ 应等于质点系的质量乘以质心的速度，即

$$\boldsymbol{p}' = \sum_i m_i \boldsymbol{v}'_i = m\boldsymbol{v}'_C$$

因质心相对于质心系的速度$\boldsymbol{v}'_C=\boldsymbol{0}$，故 $\boldsymbol{p}'=\boldsymbol{0}$，质心参考系又称**零动量参考系**。若质点系由两个质点构成，则在其质心参考系中观察，两质点的动量总是等值反向的。

3.2 动能定理和机械能守恒定律

上一节学习了力在时间上的积累效应，本节继续探讨力在空间上的积累——功。对物体做功意味着物体能量的改变。能量的概念在物理学中极为重要，人类对其认识经历了漫长而曲折的过程。本节从功的概念出发，讨论动能、势能以及它们之间的转化和守恒问题。

3.2.1 功和功率

如图 3.5 所示，质点在力 $\boldsymbol{F}$ 作用下沿路径 L 运动，$\boldsymbol{F}$ 为变力。为求 $\boldsymbol{F}$ 在空间上的积累，可将路径 L 分割成许多小段（无穷小），每一小段可以看成是方向不变的元位移，在此元位移上力 $\boldsymbol{F}$ 可视为恒定。$\boldsymbol{F}$ 在元位移 $\mathrm{d}\boldsymbol{r}$ 上的空间积累可表示为

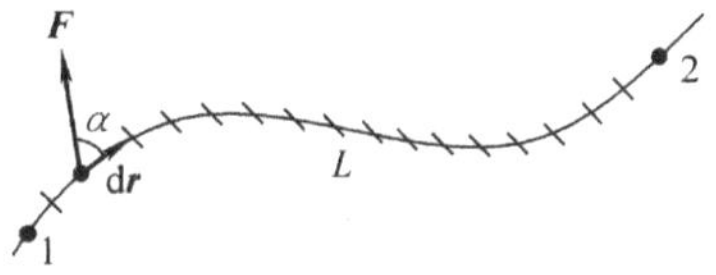

图 3.5　力的功

$$\mathrm{d}A = F\,|\mathrm{d}\boldsymbol{r}|\cos\alpha = F_t\,|\mathrm{d}\boldsymbol{r}| = \boldsymbol{F}\cdot\mathrm{d}\boldsymbol{r} \tag{3.21}$$

式中，$\mathrm{d}A$ 称为 $\boldsymbol{F}$ 对质点做的**元功**。在质点由位置 1 运动到位置 2 的过程中，$\boldsymbol{F}$ 对质点做的总功为

$$A_{12} = {}_L\int_{(1)}^{(2)}\mathrm{d}A = {}_L\int_{(1)}^{(2)}\boldsymbol{F}\cdot\mathrm{d}\boldsymbol{r} \tag{3.22}$$

功是标量，没有方向，但有正负。由式（3.21），当$0\leqslant\alpha<90°$时，$\mathrm{d}A>0$；当 $\alpha=90°$时，$\mathrm{d}A=0$；当$90<\alpha\leqslant180°$时，$\mathrm{d}A<0$。功的国际单位是焦耳，用 J 表示，且

$$1\mathrm{J} = 1\mathrm{N}\cdot\mathrm{m}$$

若一质点受到 $\boldsymbol{F}_1$，$\boldsymbol{F}_2$，…，$\boldsymbol{F}_n$ 等多个力的作用，则式（3.22）可写成

$$A_{12} = {}_L\int_{(1)}^{(2)}\left(\sum_i \boldsymbol{F}_i\right)\cdot\mathrm{d}\boldsymbol{r} = \sum_i {}_L\int_{(1)}^{(2)}\boldsymbol{F}_i\cdot\mathrm{d}\boldsymbol{r} = \sum_i A_i \tag{3.23}$$

上式表明，质点所受合力的功等于各分力所做功的代数和。

设 Δt 时间内力所做的功为 ΔA，则此时间间隔内的平均功率定义为

$$\overline{P}=\frac{\Delta A}{\Delta t} \tag{3.24}$$

当 Δt 趋于零时，得到瞬时功率

$$P=\lim_{\Delta t\to 0}\frac{\Delta A}{\Delta t}=\frac{\mathrm{d}A}{\mathrm{d}t}=\frac{\boldsymbol{F}\cdot\mathrm{d}\boldsymbol{r}}{\mathrm{d}t}=\boldsymbol{F}\cdot\boldsymbol{v} \tag{3.25}$$

例 3.5 如图 3.6 所示，一质点在 xOy 平面内做半径为 1m 的圆周运动，其受力的表达式为 $\boldsymbol{F}=2(x\boldsymbol{i}+y\boldsymbol{j})$(SI)。求在质点从坐标原点沿圆周第一次运动到 y 轴的过程中，力 $\boldsymbol{F}$ 所做的功。

解 质点从坐标原点沿圆周第一次运动到 y 轴的位置为 (0，2)，根据功的定义，有

$$A=\int\boldsymbol{F}\cdot\mathrm{d}\boldsymbol{r}=\int_0^0F_x\mathrm{d}x+\int_0^2F_y\mathrm{d}y=\int_0^0 2x\mathrm{d}x+\int_0^2 2y\mathrm{d}y=4\mathrm{J}$$

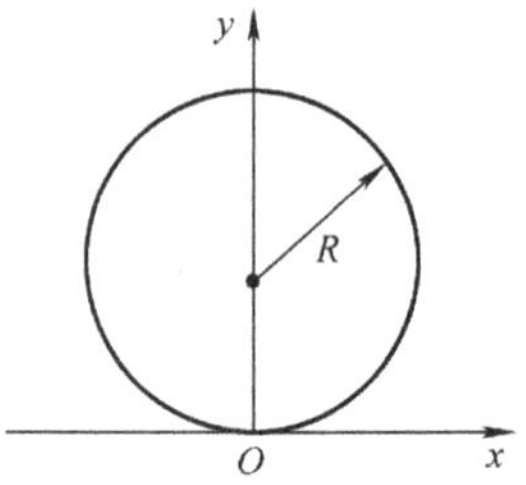

图 3.6 例 3.5 用图

例 3.6 如图 3.7 所示，一水平放置的轻质弹簧的劲度系数为 k，原长为 l_0，其一端固定，另一端系一质量为 m 的小球。求弹簧的伸长量由 x_1 变化到 x_2 的过程中弹簧的弹力对小球所做的功。

解 以弹簧原长处为原点，建立水平向右的 x 轴，小球在任意位置 x 处所受的弹力为

$$F=-kx \tag{1}$$

弹力做的功为

$$A_{12}=\int_{(1)}^{(2)}\mathrm{d}A=\int_{x_1}^{x_2}-kx\mathrm{d}x \tag{2}$$

解得 $A_{12}=\frac{1}{2}kx_1^2-\frac{1}{2}kx_2^2$。

上述结果表明弹簧弹力的功只与弹簧的始末形变有关，与伸长的中间过程无关。

例 3.7 一质量为 m 的质点固定于 O 点，另一质量为 m' 的质点在 m 的万有引力作用下，由 P_1 点沿路径 L 运动到 P_2 点，如图 3.8 所示。已知 P_1 点和 P_2 点与 O 点的距离分别为 r_1 和 r_2，求此过程中万有引力所做的功。

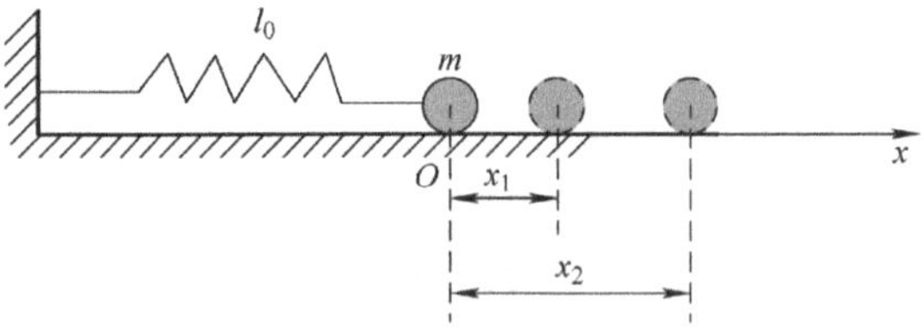

图 3.7 例 3.6 用图

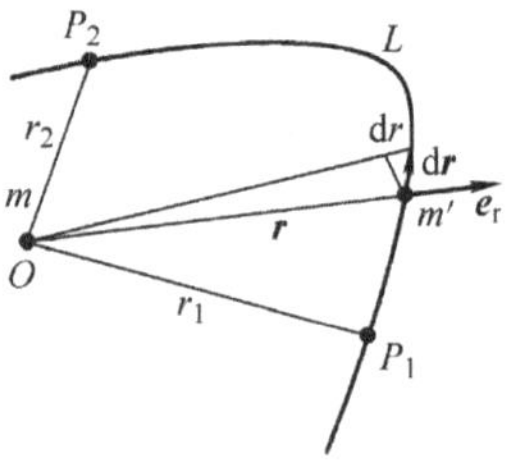

图 3.8 例 3.7 用图

解 在任意位置 r 处，m' 受到的万有引力的表达式为

$$\boldsymbol{F}=-G\frac{mm'}{r^2}\boldsymbol{e}_r \tag{1}$$

万有引力所做的功为

$$A_{12}={}_L\int_{(P_1)}^{(P_2)}\mathrm{d}A={}_L\int_{(P_1)}^{(P_2)}\boldsymbol{F}\cdot\mathrm{d}\boldsymbol{r}={}_L\int_{(P_1)}^{(P_2)}-G\frac{mm'}{r^2}\boldsymbol{e}_r\cdot\mathrm{d}\boldsymbol{r} \tag{2}$$

由图 3.8，可得

$$\boldsymbol{e}_r\cdot\mathrm{d}\boldsymbol{r}=\mathrm{d}r \tag{3}$$

将式（3）代入式（2），有

$$A_{12} = \int_{r_1}^{r_2} -G\frac{mm'}{r^2}\mathrm{d}r = \frac{Gmm'}{r_2} - \frac{Gmm'}{r_1} \tag{4}$$

上述结果表明，万有引力的功与质点移动的路径 L 无关，只和 m' 与 m 的始末相对位置有关。

3.2.2　质点的动能定理

将 $F_t = ma_t$ 代入功的定义中，有

$$\mathrm{d}A = \boldsymbol{F}\cdot\mathrm{d}\boldsymbol{r} = F|\mathrm{d}\boldsymbol{r}|\cos\alpha = F_t|\mathrm{d}\boldsymbol{r}| = ma_t|\mathrm{d}\boldsymbol{r}| \tag{3.26}$$

将运动学关系

$$a_t = \frac{\mathrm{d}v}{\mathrm{d}t},\quad |\mathrm{d}\boldsymbol{r}| = v\mathrm{d}t$$

代入式（3.26）并化简，有

$$\mathrm{d}A = mv\mathrm{d}v = \mathrm{d}\left(\frac{1}{2}mv^2\right) \tag{3.27}$$

设质点在初状态的速度为 v_1，末状态的速度为 v_2，则整个过程中合外力 $\boldsymbol{F}$ 对质点所做的功为

$$A = \int_{(1)}^{(2)}\mathrm{d}A = \int_{v_1}^{v_2} mv\mathrm{d}v = \frac{1}{2}mv_2^2 - \frac{1}{2}mv_1^2 \tag{3.28}$$

定义**质点的动能**，用 E_k 表示

$$E_k = \frac{1}{2}mv^2$$

则式（3.28）可表示为

$$A = E_{k2} - E_{k1} = \frac{1}{2}mv_2^2 - \frac{1}{2}mv_1^2 \tag{3.29}$$

上式表明，合外力对质点所做的功等于质点动能的增量，该结论称为**质点的动能定理**。需要指出的是，因质点的动能定理由牛顿第二定律推导而来，故该定理仅适用于惯性参考系。

例3.8　一质量为2.0kg的质点仅受到一沿 x 轴方向的作用力 $\boldsymbol{F}$，该质点的运动学方程为 $x = 5t + t^3$(SI)，求最初2s内力 $\boldsymbol{F}$ 对质点所做的功。

解　由质点的运动学方程，任意时刻的速度表达式为

$$v = \frac{\mathrm{d}x}{\mathrm{d}t} = 5 + 3t^2 \tag{1}$$

将 $t = 0$s 和 $t = 2$s 代入式（1）中，可得

$$v_0 = 5\mathrm{m/s},\ v_2 = 17\mathrm{m/s} \tag{2}$$

利用质点的动能定理，最初2s内力 $\boldsymbol{F}$ 对质点所做的功为

$$A = \frac{1}{2}mv_2^2 - \frac{1}{2}mv_0^2 \tag{3}$$

代入数据后，得

$$A = 264\mathrm{J}$$

3.2.3　质点系的动能定理

设质点系由 m_1，m_2，…，m_n 等 n 个质点构成，对任意一个质点应用动能定理，有

$$A_i = \frac{1}{2}m_iv_{i2}^2 - \frac{1}{2}m_iv_{i1}^2 \tag{3.30}$$

式中，A_i 是 m_i 所受的合外力做的功。对 m_i 个体而言，合外力应为质点系以外的物体以及质点系内其他质点所施与的作用力的矢量和。$\frac{1}{2}m_iv_{i1}^2$ 和 $\frac{1}{2}m_iv_{i2}^2$ 分别为 m_i 初、末状态的动能。将式 (3.30) 应用于质点系内所有质点，并把所有方程相加，得

$$\sum_i A_i = \sum_i \frac{1}{2}m_iv_{i2}^2 - \sum_i \frac{1}{2}m_iv_{i1}^2 = E_{k2} - E_{k1} \tag{3.31}$$

式中，$\sum_i A_i$ 为作用于质点系内各质点的所有力的功，既包括外力的功，也包括内力的功。尽管内力是成对出现的，且每一对内力满足牛顿第三定律，但内力的功之和一般并不为零。$\sum_i \frac{1}{2}m_iv_{i2}^2$ 是质点系在末状态的总动能，用 E_{k2} 表示；$\sum_i \frac{1}{2}m_iv_{i1}^2$ 是质点系在初状态的总动能，用 E_{k1} 表示。

式 (3.31) 表明，作用于质点系的所有力的功之和等于质点系总动能的增量，该结论称为**质点系的动能定理**。

3.2.4 质点系的势能

根据力对质点做功的性质，可将力分为保守力和非保守力。例 3.6 和例 3.7 的结果表明，弹簧的弹力以及万有引力的功与质点移动的路径无关，只由质点的始末位置决定，这种力称为**保守力**。做功与路径有关的力，如摩擦力，称为**非保守力**。

对于受到保守力作用的质点，只要其始末位置确定了，则保守力的功便唯一确定了。因此，可以定义一个位置函数，使其在始末位置的变化量恰好由质点自初位置沿任意路径移动到末位置过程中保守力做的功决定，该函数即为**势能函数**，用 E_p 表示。势能属于施与保守力的物体和受力物体所组成的系统。设 E_{p1} 和 E_{p2} 分别表示质点在始、末位置时系统的势能，则定义如下关系式

$$A_{保} = E_{p1} - E_{p2} = -\Delta E_p \tag{3.32}$$

式中，$A_{保}$ 为质点自初位置移动到末位置过程中保守力的功。上述定义式表明，保守力的功等于与其相对应的势能的减少。当 $A_{保} > 0$ 时，$E_{p1} > E_{p2}$，势能减小；当 $A_{保} < 0$ 时，$E_{p1} < E_{p2}$，势能增大。

式 (3.32) 只定义了势能的变化量，为获得各点势能的具体数值，通常任意选定一个参考点作为势能零点。若规定 P_0 点为势能零点，即 $E_{p0} = 0$，则某 P 点位置的势能为

$$E_p - E_{P_0} = E_p = \int_P^{P_0} \boldsymbol{F}_{保} \cdot \mathrm{d}\boldsymbol{r} = A_{保} \tag{3.33}$$

1. 重力势能

如图 3.9 所示，质量为 m 的物体在地球表面附近，选 P_0 点为势能零点，根据式 (3.33)，P 点的势能为

$$E_p = \int_P^{P_0} m\boldsymbol{g} \cdot \mathrm{d}\boldsymbol{r} = mgh \tag{3.34}$$

式中，h 为 P 点与 P_0 点的高度差。

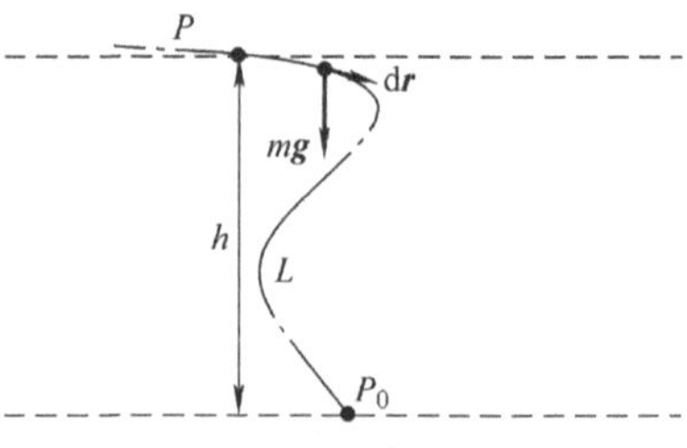

图 3.9 重力势能

2. 万有引力势能

参考例题 3.7，对于由 m 和 m' 所构成的系统，若规定两质点相距无穷远时为万有引力势能零点，则由式 (3.33) 可得两质点相距 r 时的万有引力势能为

$$E_p = \int_r^{\infty} -G\frac{mm'}{r^2}\boldsymbol{e}_r \cdot \mathrm{d}\boldsymbol{r} = -\frac{Gmm'}{r} \tag{3.35}$$

3. 弹性势能

参考例题3.6，对于由劲度系数为 k 的轻质弹簧和质量为 m 的质点所构成的系统，若规定弹簧无形变时，弹性势能为零，则由式（3.33）可得弹簧形变量为 x 时的弹性势能为

$$E_p = \int_x^0 -kx\mathrm{d}x = \frac{1}{2}kx^2 \tag{3.36}$$

关于势能，需要强调以下两点。第一，势能零点的选取是任意的，势能零点改变，各点势能的具体数值将会随之改变，但任意两点的势能之差不变；第二，势能属于以保守力相互作用的系统，不属于单个质点。如重力势能属于地球和受重力的物体所组成的系统。

3.2.5　质点系的功能原理和机械能守恒定律

式（3.31）中的 $\sum_i A_i$ 可表示为

$$\sum_i A_i = A_{外} + A_{内} \tag{3.37}$$

式中，$A_{外}$ 表示外力的功；$A_{内}$ 表示内力的功。内力可分为保守内力和非保守内力，故

$$A_{内} = A_{内保} + A_{内非} \tag{3.38}$$

将式（3.37）和式（3.38）代入式（3.31），有

$$A_{外} + A_{内保} + A_{内非} = E_{k2} - E_{k1} \tag{3.39}$$

因 $A_{内保} = E_{p1} - E_{p2}$，所以

$$A_{外} + A_{内非} = (E_{k2} + E_{p2}) - (E_{k1} + E_{p1}) \tag{3.40}$$

把质点系的动能与势能之和称为机械能，用 E 表示，即

$$E = E_k + E_p$$

代入式（3.40），有

$$A_{外} + A_{内非} = E_2 - E_1 \tag{3.41}$$

上式表明，质点系内各质点所受的一切外力和非保守内力做功的代数和等于系统的机械能的增量，该结论称为**质点系的功能原理**，其微分形式为

$$\mathrm{d}A_{外} + \mathrm{d}A_{内非} = \mathrm{d}E \tag{3.42}$$

在式（3.42）中，若 $\mathrm{d}A_{外} = 0$ 且 $\mathrm{d}A_{内非} = 0$，则

$$\mathrm{d}E = 0，即 E = 恒量 \tag{3.43}$$

此结论称为**机械能守恒定律**，即：当外力和非保守内力都不做功时，系统的机械能保持不变。也就是说当系统只有保守内力做功时，势能和动能相互转化，其总和保持恒定。

若一个系统内有非保守内力做功，则系统的机械能将不再守恒。例如，重物沿粗糙斜面下滑的过程中，需要克服摩擦力做功，因此机械能减少。那么减少的这部分能量就凭空消失了吗？不是的，研究发现，在机械能减小的同时，斜面和重物的温度都升高了，也就是说损失的这部分机械能转化为热能了。事实上，自然界中存在多种形式的能量，除了机械能和热能外，还有电磁能、化学能、核能等。大量的实验证明：能量可以从一种形式转换为另一种形式，也可以从一个物体传递给另一个物体，但其总和保持不变；能量既不会消失，也不能创造，这就是普遍的能量守恒定律。它是自然界的普遍规律之一。机械能守恒定律是普遍的能量守恒定律在机械运动范围内的体现。

例 3.9　如图 3.10 所示，一劲度系数为 k 的轻质弹簧水平放置，其一端固定，另一端与一

质量为 m 的木块发生碰撞，碰撞后弹簧由原长压缩了 l，设木块与水平面间的动摩擦因数为 μ_k，求将要发生碰撞时木块的速率。

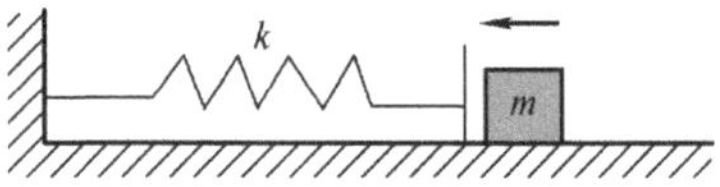

图 3.10　例题 3.9 用图

解　以木块和弹簧所构成的系统为研究对象，根据功能原理，摩擦力所做的功等于系统机械能的增量，有

$$-F_f l = \frac{1}{2}kl^2 - \frac{1}{2}mv^2 \tag{1}$$

其中

$$F_f = \mu_k mg$$

求得将要发生碰撞时木块的速率为

$$v = \sqrt{2\mu_k gl + \frac{kl^2}{m}} \tag{2}$$

例 3.10　地球绕太阳运动的轨道为椭圆，太阳的质量用 m 表示，地球的质量用 m' 表示。设地球在近日点时与太阳之间的距离为 r_1，在远日点时与太阳之间的距离为 r_2。求地球在近日点与远日点的动能之差。

解　以地球和太阳所构成的系统为研究对象，因系统只有保守内力做功，所以系统的机械能守恒。设地球在近日点的动能为 E_{k1}，在远日点的动能为 E_{k2}，有

$$E_{k1} - G\frac{mm'}{r_1} = E_{k2} - G\frac{mm'}{r_2} \tag{1}$$

则地球在近日点与远日点的动能之差为

$$E_{k1} - E_{k2} = G\frac{mm'}{r_1} - G\frac{mm'}{r_2} \tag{2}$$

3.3　角动量定理和角动量守恒定律

前面学习了力在时间和空间上的积累效应，本节继续探讨力矩在时间上的积累——角动量定理，并由此进一步给出角动量守恒定律。

3.3.1　质点的角动量

角动量概念的引入在物理学中是十分必要的，下面通过几个例子来说明这一点。

首先，考虑行星围绕太阳的运动。开普勒第二定律表明，行星沿平面轨道运行，若以太阳中心为参考点，则行星的位置矢量在相等的时间内扫过相等的面积。

如图 3.11 所示，用 $\mathrm{d}S$ 表示 $\mathrm{d}t$ 时间内位矢 $\boldsymbol{r}$ 扫过的面积，有

$$\mathrm{d}S = r\frac{v\mathrm{d}t}{2}\sin\theta \tag{3.44}$$

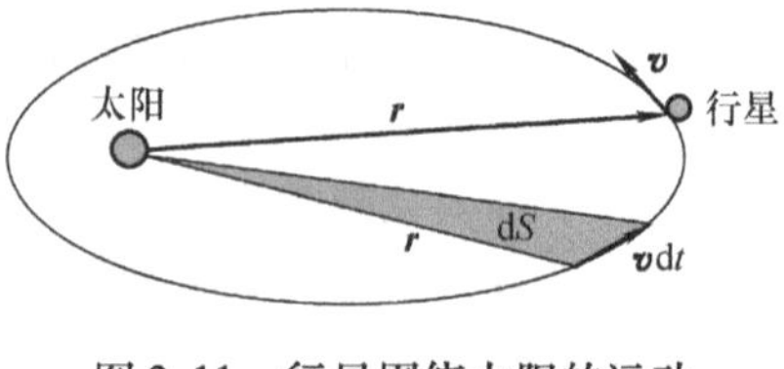

图 3.11　行星围绕太阳的运动

上式可进一步表示为

$$\mathrm{d}S = \left|\boldsymbol{r} \times \frac{\boldsymbol{v}\mathrm{d}t}{2}\right| \tag{3.45}$$

则位矢在单位时间内扫过的面积，即掠面速度为 $\left|\boldsymbol{r} \times \frac{\boldsymbol{v}}{2}\right|$。

根据开普勒第二定律，有

$$\left|\boldsymbol{r} \times \frac{\boldsymbol{v}}{2}\right| = 常量 \tag{3.46}$$

然后，考察如图3.12所示的运动，将质量为 m 的小球用绳系于一端，在光滑的水平面上做圆周运动。缓慢地拉动绳的另一端，使圆周的半径减小。实验发现，越靠近圆心，速度越大。若以圆心为参考点，小球的掠面速度也保持恒定。

最后分析质点的匀速直线运动，如图3.13所示。若以 O 点为参考点，很容易证明质点的掠面速度亦为一恒量。

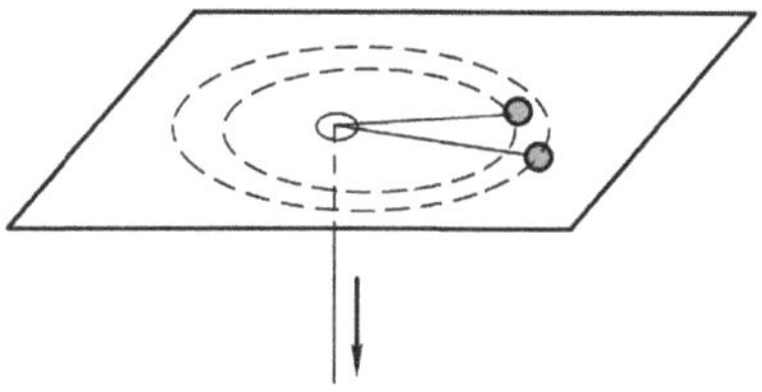

图3.12 小球的运动

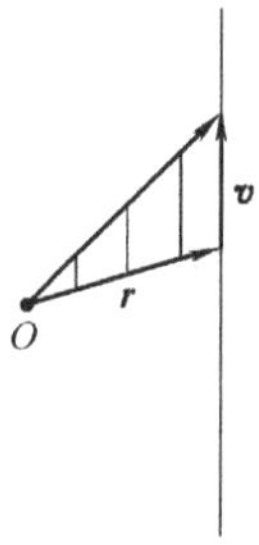

图3.13 质点做匀速直线运动

上述三种运动能否用一个物理量对其进行统一的动力学描述呢？显然，对于第一个例子，行星的动量和动能均发生变化，系统的机械能不变。第二个例子中小球的动量、动能、机械能都变化。而第三个例子中质点的动量、动能、机械能均不变。显然，这些物理量难以对上述力学现象做出统一描述。刚才已证明在这几个运动中质点对某参考点的"掠面速度"保持不变，故"掠面速度"中必隐含着某个非常重要的物理量，并服从守恒定律。该物理量就是**角动量**，也称**动量矩**，其定义如下：

质点对惯性系中某固定参考点的角动量等于其对参考点的位矢 $\boldsymbol{r}$ 与其动量 $\boldsymbol{p}$ 的矢积，用 $\boldsymbol{L}$ 表示，即

$$\boldsymbol{L}=\boldsymbol{r}\times\boldsymbol{p}=\boldsymbol{r}\times m\boldsymbol{v} \tag{3.47}$$

角动量是矢量。如图3.14所示，其大小为

$$L=rp\sin\theta=rmv\sin\theta \tag{3.48}$$

式中，θ 为 $\boldsymbol{r}$ 与 $\boldsymbol{p}$ 之间的夹角。$\boldsymbol{L}$ 的方向可用右手螺旋法则判断，即右手四指从 $\boldsymbol{r}$ 经小于 π 的角转向 $\boldsymbol{p}$，则拇指的指向为 $\boldsymbol{L}$ 的方向。$\boldsymbol{L}$ 的方向垂直于由 $\boldsymbol{r}$ 与 $\boldsymbol{p}$ 所决定的平面。

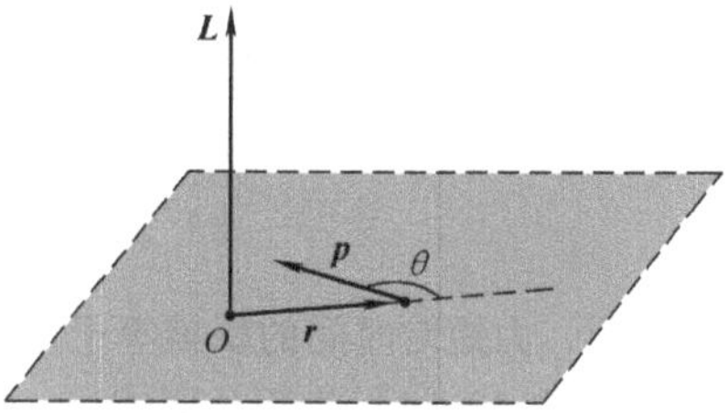

图3.14 质点对固定点的角动量

在经典物理学中质量保持不变，因此掠面速度不变，就意味着角动量不变，即角动量守恒。任何一个服从守恒定律的物理量在物理学中都具有极其重要的地位。

在国际单位制中，角动量的单位是千克二次方米每秒，符号为 $kg\cdot m^2/s$，也可写作 $J\cdot s$。

3.3.2 质点对参考点的角动量定理和角动量守恒定律

质点动量随时间的变化率取决于其所受的合外力，那么质点的角动量即动量矩随时间的变化率由什么决定呢？为研究这个问题，需引入力矩的概念。对于一个矢量，常可研究其对某参考点的"矩"，如动量矩。故通过类比的方法不难理解力矩的定义：作用力 $\boldsymbol{F}$ 对某固定参考点的**力矩**等于受力质点对参考点的位矢 $\boldsymbol{r}$ 与力 $\boldsymbol{F}$ 的矢积，用 $\boldsymbol{M}$ 表示，即

$$\boldsymbol{M}=\boldsymbol{r}\times\boldsymbol{F} \tag{3.49}$$

力矩是矢量，如图3.15所示，其大小为

$$M = r\sin\alpha F \qquad (3.50)$$

式中，α 为 $\boldsymbol{r}$ 与 $\boldsymbol{F}$ 之间的夹角。$r\sin\alpha$ 为参考点到力的作用线的垂直距离，称为**力臂**，用 $r_\perp$ 表示。可见 $\boldsymbol{M}$ 的大小可用力与力臂的乘积表示。$\boldsymbol{M}$ 的方向用右手螺旋法则判断，即右手四指由 $\boldsymbol{r}$ 经小于 π 的角转向 $\boldsymbol{F}$，则拇指的指向为 $\boldsymbol{M}$ 的方向。

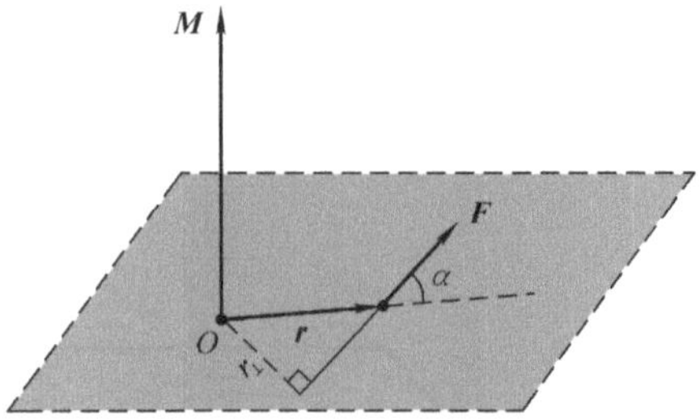

图 3.15　作用力 $\boldsymbol{F}$ 对某固定参考点的力矩

在国际单位制中，力矩的单位是牛米，符号为N · m。

下面求角动量随时间的变化率：

$$\frac{\mathrm{d}\boldsymbol{L}}{\mathrm{d}t} = \frac{\mathrm{d}}{\mathrm{d}t}(\boldsymbol{r}\times\boldsymbol{p}) = \boldsymbol{r}\times\frac{\mathrm{d}\boldsymbol{p}}{\mathrm{d}t} + \frac{\mathrm{d}\boldsymbol{r}}{\mathrm{d}t}\times\boldsymbol{p}$$

因$\frac{\mathrm{d}\boldsymbol{p}}{\mathrm{d}t} = \boldsymbol{F}$，$\frac{\mathrm{d}\boldsymbol{r}}{\mathrm{d}t} = \boldsymbol{v}$，而$\boldsymbol{v}\times\boldsymbol{p} = \boldsymbol{v}\times m\boldsymbol{v} = \boldsymbol{0}$，上式化简为

$$\frac{\mathrm{d}\boldsymbol{L}}{\mathrm{d}t} = \boldsymbol{r}\times\boldsymbol{F} \qquad (3.51)$$

将力矩的定义代入，有

$$\boldsymbol{M} = \frac{\mathrm{d}\boldsymbol{L}}{\mathrm{d}t} \qquad (3.52)$$

上式表明，质点相对惯性系中某一固定参考点的角动量对时间的变化率等于质点所受合外力对该点的力矩，该结论称为**质点的角动量定理**。

角动量定理可写成如下形式

$$\boldsymbol{M}\mathrm{d}t = \mathrm{d}\boldsymbol{L} \qquad (3.53)$$

式中，$\boldsymbol{M}\mathrm{d}t$ 为质点运动元过程中力矩对时间的积累，因 $\boldsymbol{M}\mathrm{d}t = \boldsymbol{r}\times\boldsymbol{F}\mathrm{d}t$，故称为**冲量矩**。

对式（3.53）积分，得

$$\int_{t_1}^{t_2}\boldsymbol{M}\mathrm{d}t = \boldsymbol{L}_2 - \boldsymbol{L}_1 \qquad (3.54)$$

上式表明，力矩对时间的积累等于角动量的增量。式（3.52）和式（3.53）为角动量定理的微分形式，式（3.54）为积分形式。

由式（3.53），当 $\boldsymbol{M} = \boldsymbol{0}$ 时，$\boldsymbol{L}$ = 常矢量，这就是**角动量守恒定律**。即：对某固定参考点，若质点所受合外力矩为零，则质点对该参考点的角动量为一恒矢量。

合外力矩 $\boldsymbol{M} = \boldsymbol{0}$ 通常包括两种情况。第一，合外力 $\boldsymbol{F} = \boldsymbol{0}$，质点做匀速直线运动或者保持静止，对任意固定参考点的角动量守恒。第二，由 $\boldsymbol{M} = \boldsymbol{r}\times\boldsymbol{F}$，当 $\boldsymbol{F}$ 的作用线过参考点时，$\boldsymbol{M} = \boldsymbol{0}$，此时质点受到中心力的作用。如行星围绕太阳的轨道运动，以太阳为参考点时，行星的角动量守恒。

$\boldsymbol{L} = \boldsymbol{r}\times(m\boldsymbol{v})$ = 常矢量，意味着 $\boldsymbol{L}$ 的大小即 $rmv\sin\alpha$ 为常量，同时也意味着 $\boldsymbol{L}$ 的方向不变，方向不变表明质点的运动轨道在同一平面内。

角动量守恒定律是物理学的基本定律之一，无论是对低速运动还是高速运动、宏观体系还是微观体系都适用。

例 3.11　一人造地球卫星绕地球做椭圆运动，在近地点时与地球之间的距离为 r_1，在远地点时与地球之间的距离为 r_2，地球的质量用 m 表示，求人造地球卫星在近地点和远地点的速率。

解　以地球为参考点，人造地球卫星所受的合外力矩为零，故角动量守恒。设卫星质量为 m'，在近地点的速率为 v_1，在远地点的速率为 v_2，则

$$m'v_1r_1 = m'v_2r_2 \tag{1}$$

以地球和卫星所构成的系统为研究对象，因只有保守内力做功，故系统的机械能守恒，即

$$\frac{1}{2}m'v_1^2 - G\frac{mm'}{r_1} = \frac{1}{2}m'v_2^2 - G\frac{mm'}{r_2} \tag{2}$$

联立式（1）、式（2），可得

$$\begin{cases} v_1 = \sqrt{\dfrac{2Gmr_2}{r_1(r_1+r_2)}} \\ v_2 = \sqrt{\dfrac{2Gmr_1}{r_2(r_1+r_2)}} \end{cases}$$

例3.12　一质点的质量为1kg，其运动学函数为 $\boldsymbol{r} = 5\boldsymbol{i} + 3t\boldsymbol{j}$，求该质点相对坐标原点的角动量。

解　根据角动量定义，有

$$\boldsymbol{L} = \boldsymbol{r} \times m\boldsymbol{v} \tag{1}$$

其中，$\boldsymbol{v} = \frac{\mathrm{d}r}{\mathrm{d}t} = 3\boldsymbol{j}$，代入式（1），有

$$\boldsymbol{L} = (5\boldsymbol{i} + 3t\boldsymbol{j}) \times 3\boldsymbol{j} = 15\boldsymbol{k}$$

因此，质点的角动量的大小为 $15\mathrm{kg\cdot m^2/s}$，方向沿着 z 轴正向。

例3.13　在平面直角坐标系中质点的运动学函数为

$$\begin{cases} x = A\cos\omega t \\ y = A\sin\omega t \end{cases}$$

其中，A 和 ω 为正的常数。求证：该质点相对坐标原点的角动量守恒。

证明　方法一：由题意，质点相对于坐标原点的位矢可表示为

$$\boldsymbol{r} = A(\cos\omega t\boldsymbol{i} + \sin\omega t\boldsymbol{j}) \tag{1}$$

则加速度为

$$\boldsymbol{a} = \frac{\mathrm{d}^2\boldsymbol{r}}{\mathrm{d}t^2} = -A\omega^2(\cos\omega t\boldsymbol{i} + \sin\omega t\boldsymbol{j}) \tag{2}$$

设质点质量为 m，由牛顿第二定律，质点所受合外力为

$$\boldsymbol{F} = m\boldsymbol{a} = m\frac{\mathrm{d}^2\boldsymbol{r}}{\mathrm{d}t^2} = -mA\omega^2(\cos\omega t\boldsymbol{i} + \sin\omega t\boldsymbol{j}) \tag{3}$$

比较式（1）和式（3），有

$$\boldsymbol{F} = -m\omega^2\boldsymbol{r} \tag{4}$$

$\boldsymbol{F}$ 与 $\boldsymbol{r}$ 之间的夹角为 π，即质点所受的力为中心力，因此对原点的合外力矩为零，故角动量守恒。

方法二：质点相对于坐标原点的位矢为

$$\boldsymbol{r} = A(\cos\omega t\boldsymbol{i} + \sin\omega t\boldsymbol{j}) \tag{5}$$

则速度为

$$\boldsymbol{v} = A\omega(-\sin\omega t\boldsymbol{i} + \cos\omega t\boldsymbol{j}) \tag{6}$$

设质点质量为 m，则由角动量定义，有

$$\begin{aligned} \boldsymbol{L} &= \boldsymbol{r} \times m\boldsymbol{v} \\ &= A(\cos\omega t\boldsymbol{i} + \sin\omega t\boldsymbol{j}) \times mA\omega(-\sin\omega t\boldsymbol{i} + \cos\omega t\boldsymbol{j}) \\ &= mA^2\omega\boldsymbol{k} \end{aligned} \tag{7}$$

上式表明角动量为一恒矢量。

3.3.3 质点对轴的角动量定理和角动量守恒定律

前面学习了质点对参考点的角动量定理和守恒定律，下面学习质点对轴的角动量动理及角动量守恒定律。过参考点建立 z 轴，如图 3.16 所示。将 $\boldsymbol{F}$ 与 $\boldsymbol{r}$ 分解为垂直于轴的分量和平行于轴的分量，即

$$\boldsymbol{F}=\boldsymbol{F}_{/\!/}+\boldsymbol{F}_{\perp},\quad \boldsymbol{r}=\boldsymbol{r}_{/\!/}+\boldsymbol{r}_{\perp}$$

则对参考点的力矩在 z 轴上的投影为

$$\begin{aligned}M_z&=\boldsymbol{M}\cdot\boldsymbol{k}=(\boldsymbol{r}\times\boldsymbol{F})\cdot\boldsymbol{k}\\&=[(\boldsymbol{r}_{/\!/}+\boldsymbol{r}_{\perp})\times(\boldsymbol{F}_{/\!/}+\boldsymbol{F}_{\perp})]\cdot\boldsymbol{k}\\&=F_{\perp}r_{\perp}\sin\alpha\end{aligned}\tag{3.55}$$

式中，M_z 为力对 z 轴的力矩；$F_{\perp}$ 为力在垂直于 z 轴的平面上的分力；$r_{\perp}$ 为质点到轴的垂直距离；α 为 $F_{\perp}$ 与 $r_{\perp}$ 之间的夹角。

同理，如图 3.17 所示，对参考点的角动量在 z 轴上的投影为

$$L_z=(\boldsymbol{r}\times\boldsymbol{p})\cdot\boldsymbol{k}=p_{\perp}r_{\perp}\sin\beta\tag{3.56}$$

式中，L_z 为质点对 z 轴的角动量；$p_{\perp}$ 为动量在垂直于 z 轴的平面上的分量；$r_{\perp}$ 为质点到轴的垂直距离；β 为 $\boldsymbol{p}_{\perp}$ 与 $\boldsymbol{r}_{\perp}$ 之间的夹角。

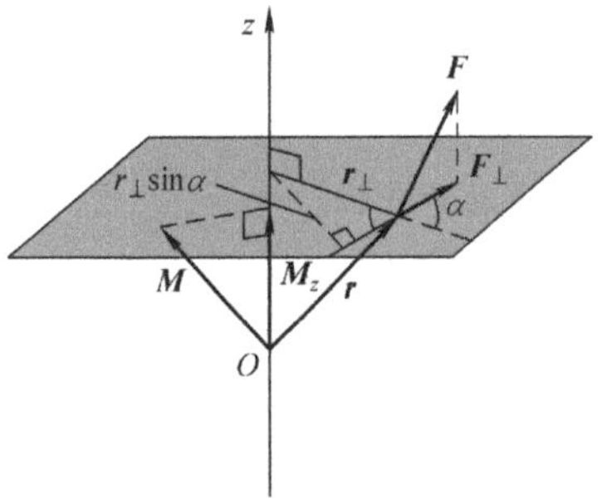

图 3.16　对参考点的力矩在 z 轴上的投影

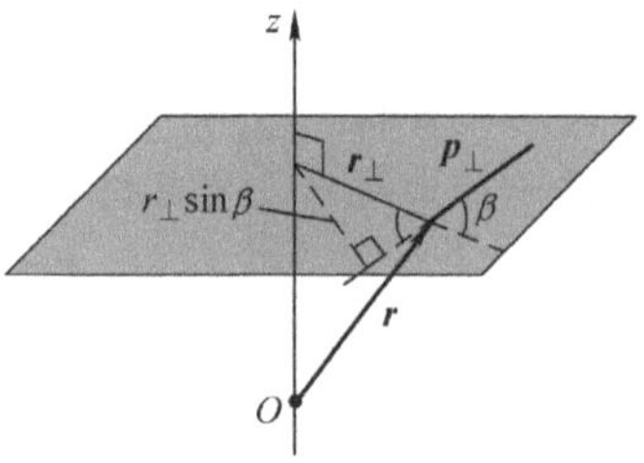

图 3.17　对参考点的角动量在 z 轴上的投影

由角动量定理，有

$$\boldsymbol{M}\cdot\boldsymbol{k}=\frac{\mathrm{d}\boldsymbol{L}}{\mathrm{d}t}\cdot\boldsymbol{k}=\frac{\mathrm{d}}{\mathrm{d}t}(\boldsymbol{L}\cdot\boldsymbol{k})$$

即

$$M_z=\frac{\mathrm{d}L_z}{\mathrm{d}t}\tag{3.57}$$

上式表明，质点对轴的力矩等于其对该轴的角动量对时间的变化率，该结论称为质点对轴的角动量定理。由式（3.57），若 $M_z=0$，则 $L_z=$ 恒量，称为**质点对轴的角动量守恒定律**。

3.3.4 质点系对参考点的角动量定理和角动量守恒定律

质点系内各质点对同一固定点 O 的角动量之矢量和称为质点系对点 O 的角动量，即

$$\boldsymbol{L}=\sum_i\boldsymbol{L}_i=\sum_i\boldsymbol{r}_i\times m_i\boldsymbol{v}_i\tag{3.58}$$

对其中任意质点 i 应用角动量定理，有

$$\frac{\mathrm{d}\boldsymbol{L}_i}{\mathrm{d}t}=\boldsymbol{r}_i\times(\boldsymbol{F}_i+\sum_{j\neq i}\boldsymbol{f}_{ij})$$

式中，$\boldsymbol{F}_i$ 为质点 i 所受的外力；$\boldsymbol{f}_{ij}$为质点系内第 j 个质点施予质点 i 的作用力，对于质点系而言，$\boldsymbol{f}_{ij}$为内力。

$$\frac{\mathrm{d}\boldsymbol{L}}{\mathrm{d}t}=\sum_i\boldsymbol{r}_i\times(\boldsymbol{F}_i+\sum_{j\neq i}\boldsymbol{f}_{ij})=\sum_i\boldsymbol{r}_i\times\boldsymbol{F}_i+\sum_i(\boldsymbol{r}_i\times\sum_{j\neq i}\boldsymbol{f}_{ij})\tag{3.59}$$

$$\sum_i\boldsymbol{r}_i\times\boldsymbol{F}_i=\boldsymbol{M}_{外}$$

$$\sum_i(\boldsymbol{r}_i\times\sum_{j\neq i}\boldsymbol{f}_{ij})=\boldsymbol{M}_{内}$$

如图3.18所示，质点 i 和质点 j 之间的相互作用力满足牛顿第三定律，有$\boldsymbol{f}_{ij}=-\boldsymbol{f}_{ji}$，且在一条直线上，故两个力的作用线到固定参考点 O 的垂直距离，即力臂相等。根据力矩的定义可知，$\boldsymbol{f}_{ij}$与$\boldsymbol{f}_{ji}$对 O 点的力矩大小相等、方向相反，矢量和为零。因内力总是成对出现的，所以对整个质点系而言，有

$$\boldsymbol{M}_{内}=\boldsymbol{0}$$

代入式（3.59），得

$$\frac{\mathrm{d}\boldsymbol{L}}{\mathrm{d}t}=\boldsymbol{M}_{外}\tag{3.60}$$

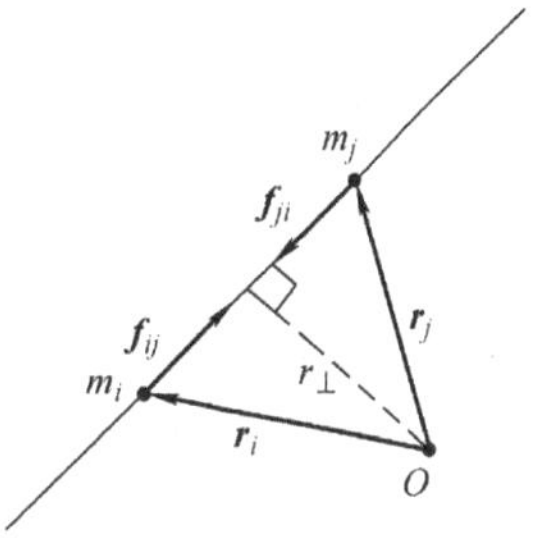

图3.18　一对内力对固定点的力矩

上式表明，质点系相对固定参考点的角动量对时间的变化率等于对该点的合外力矩。该结论称为**质点系的角动量定理**。也可用如下形式表示

$$\boldsymbol{M}_{外}\,\mathrm{d}t=\mathrm{d}\boldsymbol{L}\tag{3.61}$$

对上式积分，有

$$\int_{t_1}^{t_2}\boldsymbol{M}_{外}\,\mathrm{d}t=\boldsymbol{L}_2-\boldsymbol{L}_1\tag{3.62}$$

由式（3.61），若$\boldsymbol{M}_{外}=\boldsymbol{0}$，则$\boldsymbol{L}=$常矢量，表明质点系相对某一固定参考点的合外力矩为零时，质点系对该点的角动量保持不变。该结论称为**质点系的角动量守恒定律**。

质点系角动量守恒定律例题

3.3.5　质点系对轴的角动量定理和角动量守恒定律

过固定参考点建立 z 轴，则质点系对参考点的角动量定理在 z 轴上的分量表达式为

$$\frac{\mathrm{d}\boldsymbol{L}\cdot\boldsymbol{k}}{\mathrm{d}t}=\boldsymbol{M}_{外}\cdot\boldsymbol{k}$$

即

$$\frac{\mathrm{d}L_z}{\mathrm{d}t}=M_{外z}\tag{3.63}$$

上式表明，质点系关于 z 轴的角动量对时间的变化率等于合外力对 z 轴的力矩。这就是质点系对轴的角动量定理。式中，$L_z=\sum_i L_{iz}$，根据式（3.56），质点 i 相对于 z 轴的角动量为

$$L_{iz}=p_\perp r_\perp\sin\beta=m_iv_{i\perp}r_{i\perp}\sin\beta\tag{3.64}$$

式中，$m_iv_{i\perp}$为质点 i 的动量在垂直于 z 轴的平面上的分量；$r_{i\perp}$为质点 i 到轴的垂直距离；β 为

$m_i v_{i\perp}$ 与 $r_{i\perp}$ 之间的夹角。式（3.63）可表示为

$$\frac{\mathrm{d}L_z}{\mathrm{d}t} = \frac{\mathrm{d}}{\mathrm{d}t}\left(\sum_i m_i v_{i\perp} r_{i\perp} \sin\beta\right) = M_{外z} \tag{3.65}$$

根据式（3.55），质点系对 z 轴的合外力矩为

$$M_z = \sum_i F_{i\perp} r_{i\perp} \sin\alpha_i \tag{3.66}$$

式中，$F_{i\perp}$ 是质点 i 所受的合外力在垂直于 z 轴平面上的分量；α_i 为 $r_{i\perp}$ 与 $F_{i\perp}$ 之间的夹角。

由式（3.63），若 $M_{外z}=0$，则 L_z = 恒量，该结论即为**质点系对轴的角动量守恒定律**。

3.4 守恒定律与对称性

前面学习了动量守恒定律、角动量守恒定律以及机械能守恒定律。在物理学大厦中，守恒定律具有极其重要的地位。1918 年，德国女数学家艾米·诺特（Emmy Noether，1882—1935）发表了物理学上最伟大的定理之一：诺特定理。诺特定理将守恒定律与自然界中的对称性联系在一起，即自然界的每一对称性都可找到与之相对应的守恒量，反之亦然。

我们对对称性的概念并不陌生，它在日常生活中随处可见。例如，人体是左右对称的，美丽的花瓣、雪花、树叶等都具有对称性。对称性给人以美感，建筑设计师经常利用对称性增加建筑的优美、庄严感，如故宫的每座宫殿都是左右对称的。

对称性的严格定义是由德国数学家魏尔（H. Weyl，1885—1955）给出的：对一个事物进行一次变动或操作，如果经过此操作后，该事物完全复原，则称该事物所经历的操作是**对称的**，该操作称为**对称操作**。

常见的图形对称性包括镜像对称、转动对称和平移对称。若一个图形经过镜面反射操作后完全复原，则称该图形具有**镜像对称性**。若一个图形绕某一定轴转动一个角度后复原，则称该图形具有**转动对称性**。例如，正六边形绕垂直于其平面且通过中心的轴转动 $\frac{\pi}{3}$ 后复原，说明正六边形具有转动对称。若一个图形发生平移后和原来完全一样，则称该图形具有**平移对称性**。例如，晶体就具有平移对称性。

在物理学中，对称性概念的适用对象不仅是图形，还包括物理量或物理规律。物理规律的对称性是指经过一定的操作后，其形式保持不变。这个操作可以是参考系的改变、尺度的放大或缩小，等等。例如，伽利略变换可视作一个操作，加速度这一物理量经过伽利略变换后保持不变。由 $\boldsymbol{F}=m\boldsymbol{a}$，因为在经典力学中质量恒定，所以说明牛顿第二定律对伽利略变换具有对称性。

我们做物理实验时，若将实验装置整体平移到空间的另一处，只要实验条件完全一样，则实验会以完全相同的方式进行，不会因为空间的平移而发生变化，这说明物理规律在空间各处都是一样的，这就是**空间平移对称性**，亦称**空间的均匀性**。同理，若将实验装置转一个角度，实验条件完全一样，则实验也会以完全相同的方式进行，这说明物理规律在空间的各个方向上都是一样的，称为**空间转动对称性**，也称**空间的各向同性**。若将实验推迟或者提前一段时间做，只要实验条件完全一样，则实验仍会以完全相同的方式进行，这说明不同时刻对物理规律都是一样的，这叫**时间平移对称性**，又称**时间均匀性**。

可以证明，动量守恒定律是空间平移对称性的表现；角动量守恒定律是空间转动对称性的

反映；能量守恒定律是时间平移对称性的体现。

本章思维导图

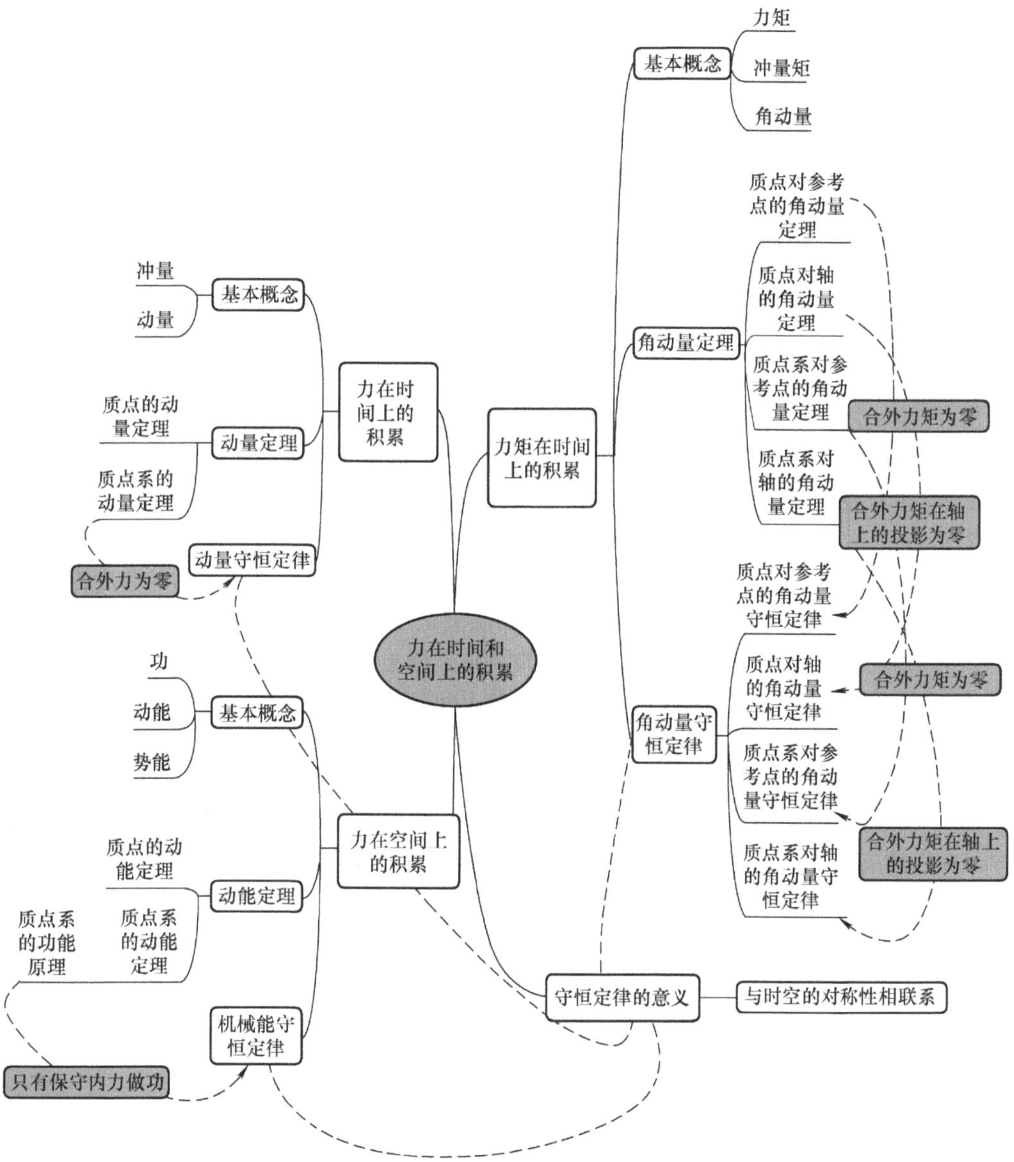

思　考　题

3.1　“古之多力者，身能负荷千钧，手能决角伸钩，使之自举，不能离地。”出自王充《论衡·效力篇》，其中蕴含了怎样的物理思想？

3.2　在何种情况下，力的冲量与力的方向相同？

3.3　当游船靠近河岸时，在岸边挂有轮胎，这是为什么？

3.4 力的功与参考系的选择是否有关？一对作用力与反作用力的功之和与参考系的选择是否有关？

3.5 一对滑动摩擦力的功是否总为负值？

3.6 势能是否与参考系的选择有关？

3.7 动量守恒、角动量守恒、能量守恒分别对应于哪种对称性？

3.8 以下说法是否正确，为什么？

(1) 保守力做正功时，系统内相应的势能增加。

(2) 质点运动经一闭合路径，保守力对质点做的功为零。

(3) 作用力和反作用力大小相等、方向相反，所以两者所做的功的代数和必然为零。

3.9 质点系的内力之和是否为零？内力的功之和是否为零？内力对某固定参考点的力矩之和是否为零？

习　题

3.1 甲、乙两个质点所组成的系统不受外力的作用，初始时刻乙静止。甲的动量与时间的函数关系为 $\boldsymbol{p}_{甲}=a\boldsymbol{i}+ct\boldsymbol{j}$，其中 a 和 c 为正的常数，则乙的动量的表达式是什么？

3.2 质点在力 $\boldsymbol{F}$ 的作用下由静止开始运动，$\boldsymbol{F}=12t\boldsymbol{j}$（SI），则该质点在 3s 末的动量是多少？

3.3 甲、乙两个小球发生碰撞，碰撞前甲的速度为（$2\boldsymbol{i}+6\boldsymbol{j}$）（SI），乙的速度为（$3\boldsymbol{i}+5\boldsymbol{j}$）（SI），碰撞后甲的速度为（$\boldsymbol{i}+\boldsymbol{j}$）（SI）。若甲的质量是乙的 2 倍，那么碰撞后乙的速度为多少？

3.4 如图 3.19 所示，煤从 1.25m 高处的漏斗自静止下落至水平运动的小车上，小车的速度为 5m/s，求小车施与煤的作用力的方向（g 取 10m/s^2）。

3.5 质点在力 $\boldsymbol{F}$ 作用下移动的位移为 $\Delta\boldsymbol{r}=(3\boldsymbol{i}+\boldsymbol{j}+2\boldsymbol{k})$(SI)，$\boldsymbol{F}=(\boldsymbol{i}+6\boldsymbol{j}+2\boldsymbol{k})$（SI），求力 $\boldsymbol{F}$ 对该质点所做的功。

3.6 如图 3.20 所示，有一橡皮筋，假设其弹力与伸长量的关系满足胡克定律，劲度系数为 k。今在橡皮筋下端悬挂一质量为 m 的物块，初始时物块与地接触，且橡皮筋为原长，然后用外力缓慢地拉动橡皮筋的上端，直到物块刚能脱离地面为止。求在此过程中外力所做的功。

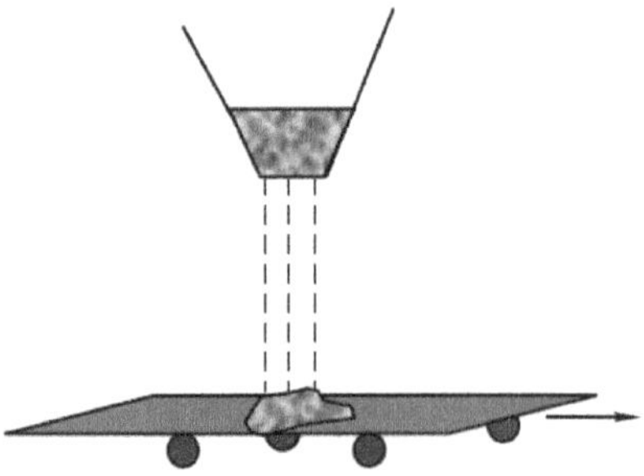

图 3.19 习题 3.4 用图

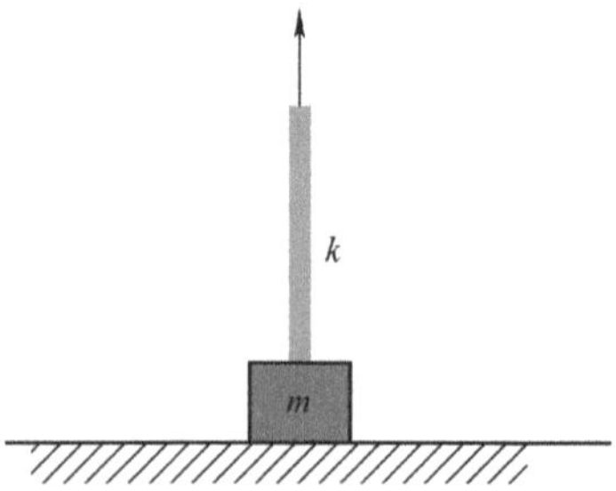

图 3.20 习题 3.6 用图

3.7 质点的质量为 2kg，其运动学函数为 $\boldsymbol{r}=(5\boldsymbol{j}+3t^2\boldsymbol{k})$(SI)，求：

(1) 质点在任意时刻 t 相对坐标原点的角动量；

(2) 质点所受的合外力对坐标原点的力矩。

3.8 如图 3.21 所示，一固定光滑轨道由半径为 R 的 1/4 圆弧和水平部分构成，质量为 m

的物块自距轨道端点正上方 h 处自由下落后沿轨道下滑，当滑至最低点时与一水平放置的轻质弹簧发生碰撞，弹簧的另一端固定，劲度系数为 k，求弹簧压缩的最大距离。

3.9　试利用角动量的概念和相关规律证明行星运动的开普勒第二定律。

3.10　一个小球质量为 m，仅受到力 $\boldsymbol{F}=\frac{3}{r^2}\boldsymbol{e}_r$ 的作用，其中，r 为质点相对于某固定点的位矢的大小；$\boldsymbol{e}_r$ 为该位矢的单位方向矢量。若质点在 $r=a$ 处被释放，由静止开始运动，那么当小球运动到距固定点无穷远时的速率为多大?

3.11　已知地球的质量为 m，地球同步卫星的质量为 m'，同步卫星的运行轨道半径为 r，以地球中心为原点建立如图3.22所示的坐标系，求同步卫星与地球所组成的系统的质心。

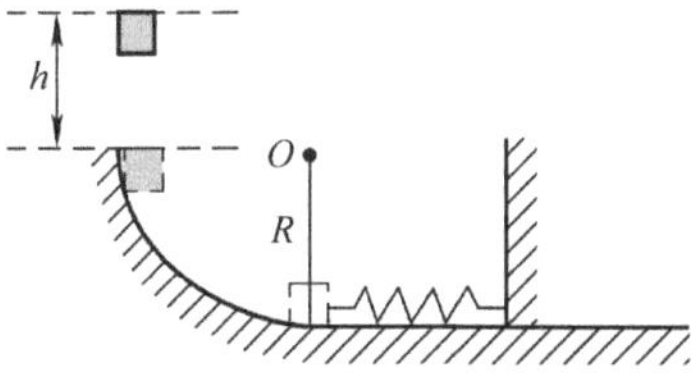

图3.21　习题3.8用图

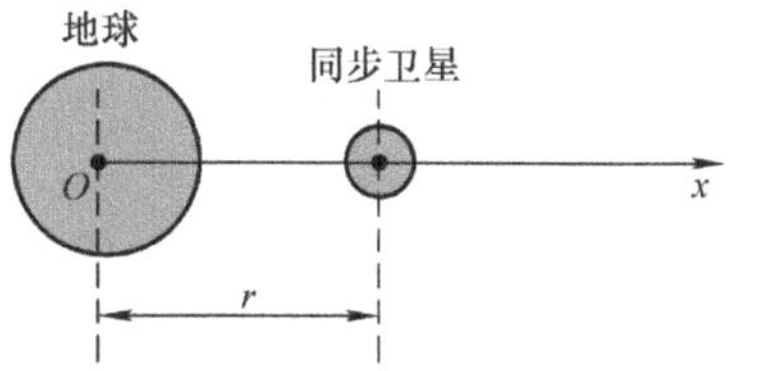

图3.22　习题3.11用图

3.12　质量为1kg的物块沿固定1/4圆弧轨道从顶端滑到底端，物块初始速度为零，圆弧半径为2.5m，到达底端时的速率为5m/s，求此过程中摩擦力所做的功以及产生的热能。

3.13　甲、乙两个小球系于轻弹簧的两端后水平放置在光滑桌面上，甲的质量为0.5kg，乙的质量为1kg，今将两个小球压近使弹簧压缩，求释放后的任意时刻两个小球的动能之比。

3.14　质点 B 固定于 O 点，另一质点 A 仅受到质点 B 的力的作用，其表达式为 $\boldsymbol{F}=\frac{-k}{r^2}\boldsymbol{e}_r$，其中，$k$ 为正的常数；r 为质点相对于 O 点的位矢的大小；$\boldsymbol{e}_r$ 为该位矢的单位方向矢量。求证：

（1）质点 A 与质点 B 所组成的系统机械能守恒；

（2）以 O 点为参考点，质点 A 的角动量守恒。

3.15　如图3.23所示，在一光滑楔形面上放置一长为 l 的均匀金属链条，初始时链条一半在斜面上，另一半下垂，斜面与水平方向的夹角为 α，求由静止释放后链条刚好全部从左侧滑出斜面时的速度。

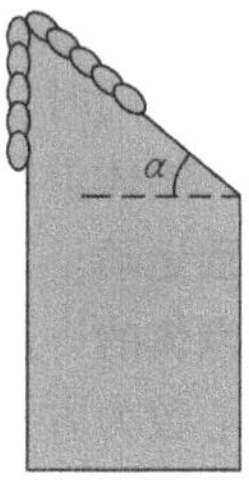

图3.23　习题3.15用图

3.16　质量为1kg的质点在水平面内做半径为2m的圆周运动，其角速度 ω 与时间 t 的函数关系为 $\omega=3t^2$，其中 k 为常数。求：

（1）$t=1$s 末质点相对于圆心的角动量；

（2）$t=2$s 末质点所受的合外力相对圆心的力矩。

第4章 刚体的定轴转动

上一章在牛顿运动定律的基础上推导出了质点或质点系的动量定理、角动量定理、动能定理以及相应的守恒定律。本章将介绍一种特殊的质点系——刚体的定轴转动规律。本章内容实际上是有关质点系力学规律的应用和拓展。

4.1 刚体运动的描述

所谓刚体就是任何情况下形状和体积都不发生变化的物体。与质点一样，刚体也是一种理想化模型。刚体可视作一种特殊的质点系，其主要特征是各质元间的相对位置永远保持不变。前面学习的有关质点系的基本物理规律均适用于刚体，并且考虑到刚体的特点，规律的表示较一般质点系而言会更为简洁。

4.1.1 刚体的运动形式

刚体的基本运动形式包括平动、转动、平面运动以及一般运动，下面一一介绍。

在运动过程中，若连接刚体内任意两点的直线在各个时刻的位置都保持彼此平行，则称该运动为**刚体的平动**。平动是刚体的基本运动形式之一，刚体做平动时，可用质心或其上任何一点的运动来代表整体的运动。

转动可分为定点转动和定轴转动。所谓**定点转动**，是指刚体上只有一点固定不动，整个刚体绕过该定点的某一瞬时轴线转动。**定轴转动**是指刚体内各质元均绕某一固定直线做圆周运动，且圆心在该直线上，该直线实际上就是转轴，其基本特征是刚体上各点具有相同的角速度。例如，开关门时，门做定轴转动。本章主要讨论刚体的定轴转动。

若刚体上各点均在平面内运动，且这些平面都平行于某一固定平面，则这种运动称为**刚体的平面运动**。其基本特征是刚体内垂直于固定平面的直线上的各点运动状况都相同。

刚体的一般运动是指不受任何限制的任意运动。通常可视作随某基点（可任选，动力学中选质心较为方便）的平动和对基点的定点转动的叠加。

4.1.2 刚体定轴转动的描述

如图4.1所示，刚体绕过O点的z轴转动，因各质元间的相对位置保持不变，因此描述各质元的角位移、角速度等角量是相同的。为方便起见，用角量描述刚体的定轴转动。考察刚体上的任意一点P点，其圆周运动的半径为$r_{\perp}$，角速度为角位移θ对时间的变化率，用$\boldsymbol{\omega}$表示。$\boldsymbol{\omega}$是矢量，其方向沿z轴，指向与转动方向成右手螺旋关系。

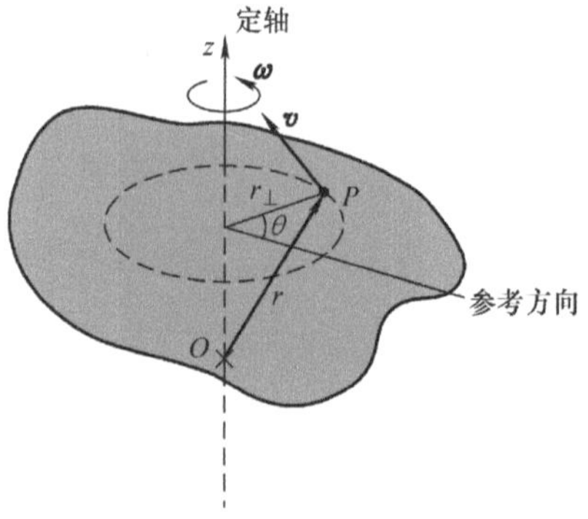

图4.1 刚体绕轴的转动

因沿转轴只能取两个方向，故$\boldsymbol{\omega}$可退化为代数量，用正负来区别其方向。如图4.1所示，若θ随时间不断增大，

则角速度的方向沿 z 轴正向，用正值表示；反之则用负值表示。角速度的大小 ω 的表达式为

$$\omega = \frac{d\theta}{dt} \tag{4.1}$$

角加速度为角速度对时间的变化率，用 α 表示，即

$$\alpha = \frac{d\omega}{dt} = \frac{d^2\theta}{dt^2} \tag{4.2}$$

事实上，角加速度也是矢量，其方向与 $d\omega$ 方向相同，因此也沿着 z 轴，只有两个方向，故 α 也可退化为代数量。

角量与线量的关系为

$$v = r_\perp \omega \tag{4.3}$$

$$a_n = r_\perp \omega^2 \tag{4.4}$$

$$a_t = \frac{dv}{dt} = r_\perp \frac{d\omega}{dt} = r_\perp \alpha \tag{4.5}$$

若 α = 恒量，刚体做匀角加速转动，则有如下运动学关系

$$\begin{cases} \omega = \omega_0 + \alpha t \\ (\theta - \theta_0) = \omega_0 t + \dfrac{1}{2}\alpha t^2 \\ \omega^2 - \omega_0^2 = 2\alpha(\theta - \theta_0) \end{cases} \tag{4.6}$$

例 4.1　如图 4.2 所示，半径 $R = 0.2\text{m}$ 的定滑轮两端用轻绳悬挂两重物，右侧重物由静止向下加速运动（左侧重物由静止向上加速运动），加速度的大小为 1m/s^2，绳子不可伸长。求：(1) 右侧重物开始下降后 1s 末滑轮的角速度；(2) 滑轮边缘加速度的大小。

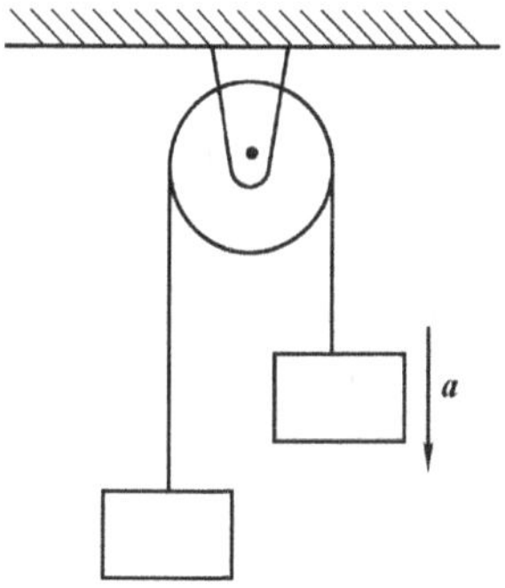

图 4.2　例 4.1 用图

解　(1) 滑轮做定轴转动，其边缘的切向加速度等于重物的加速度，根据式 (4.5)，可得

$$\alpha = \frac{a_t}{R} = 5\text{rad/s}^2$$

$$\omega = \alpha t = 5\text{rad/s}$$

(2) 1s 末的法向加速度为

$$a_n = \frac{v^2}{R} = \frac{(a_t t)^2}{0.2} = 5\text{m/s}^2$$

切向加速度为

$$a_t = 1\text{m/s}^2$$

1s 末滑轮边缘的加速度为

$$a = \sqrt{a_t^2 + a_n^2} = \sqrt{1^2 + 5^2}\text{m/s}^2 = \sqrt{26}\text{m/s}^2$$

4.2　刚体定轴转动定律

4.2.1　刚体定轴转动定律的推导

刚体是一种特殊的质点系，故质点系对轴的角动量定理也适用于刚体。由式 (3.64)，可得

刚体对轴的角动量为

$$L_z = \sum_i \Delta m_i v_{i\perp} r_{i\perp} \sin\beta \tag{4.7}$$

式中，Δm_i 为任意质元 i 的质量；$v_{i\perp}$ 为质元 i 在垂直于轴的平面上的速度；$r_{i\perp}$ 为质元到轴的垂直距离；β 为 $v_{i\perp}$ 与 $r_{i\perp}$ 之间的夹角。考虑到定轴转动刚体上的各质元均做圆周运动，因此，$v_{i\perp}$ 即为质元 i 的速度 v_i，$r_{i\perp}$ 即为质元 i 做圆周运动的半径，而 β 应为$\frac{\pi}{2}$。所以刚体的角动量可表示为

$$L_z = \sum_i \Delta m_i v_i r_{i\perp} = \sum_i \Delta m_i \omega r_{i\perp}^2 = \left(\sum_i \Delta m_i r_{i\perp}^2\right)\omega \tag{4.8}$$

式中，$\left(\sum_i \Delta m_i r_{i\perp}^2\right)$ 由各质元相对于固定转轴的分布决定，将该物理量定义为**刚体对转轴的转动惯量**，用 J_z 表示，即

$$J_z = \sum_i \Delta m_i r_{i\perp}^2 \tag{4.9}$$

刚体对固定轴的角动量可写作

$$L_z = J_z\omega \tag{4.10}$$

根据质点系对轴的角动量定理，有

$$\frac{\mathrm{d}L_z}{\mathrm{d}t} = \frac{\mathrm{d}(J_z\omega)}{\mathrm{d}t} = M_{外z} \tag{4.11}$$

因刚体对确定转轴的转动惯量 J_z 为恒量，所以上式可化简为

$$\frac{\mathrm{d}L_z}{\mathrm{d}t} = J_z\frac{\mathrm{d}\omega}{\mathrm{d}t} = J_z\alpha = M_{外z} \tag{4.12}$$

在转轴固定的情况下，可写作

$$M_{外} = J\alpha \tag{4.13}$$

上式表明，刚体所受的对某一固定转轴的合外力矩等于刚体对该轴的转动惯量与角加速度的乘积，这就是**刚体的定轴转动定律**。与牛顿第二定律 $\boldsymbol{F} = m\boldsymbol{a}$ 进行类比，力矩 M 对应于力 $\boldsymbol{F}$，它是刚体定轴转动状态变化的原因；角加速度 α 与线加速度 $\boldsymbol{a}$ 相对应；转动惯量 J 与质量 m 相对应，它是刚体定轴转动惯性大小的量度。刚体定轴转动定律反映了刚体在合外力矩作用下绕定轴转动的瞬时效应。

根据式（3.66），刚体对 z 轴的合外力矩为

$$M_{外} = \sum_i F_{i\perp} r_{i\perp} \sin\alpha_i \tag{4.14}$$

4.2.2 转动惯量的计算

刚体的质量一般是连续分布的，因此转动惯量的定义式（4.9）可写成积分形式

$$J = \int r^2 \mathrm{d}m \tag{4.15}$$

式中，$\mathrm{d}m$ 为任意质元的质量；r 为该质元到轴的垂直距离。转动惯量的国际单位为千克二次方米，符号为 $\mathrm{kg\cdot m^2}$。

转动惯量由质量对轴的分布决定，对于同一刚体，转轴位置不同，转动惯量也不同。

例 4.2 如图 4.3 所示，求长为 l、质量为 m 的均匀杆对通过下列位置的轴的转动惯量。

(1) 过杆中点且与杆垂直的轴；

(2) 过杆端点且与杆垂直的轴。

解 (1) 如图 4.3a 所示，以中心为原点，建立沿杆方向的 x 轴。取长为 $\mathrm{d}x$ 的质元，其质

量为 dm，$dm=\frac{m}{l}dx$，则

$$J=\int x^2 dm=\int_{-l/2}^{+l/2}x^2\frac{m}{l}dx=\frac{1}{12}ml^2$$

（2）如图 4.3b 所示，以端点为原点，建立沿杆方向的 x 轴，则

$$J=\int x^2 dm=\int_0^l x^2\frac{m}{l}dx=\frac{1}{3}ml^2$$

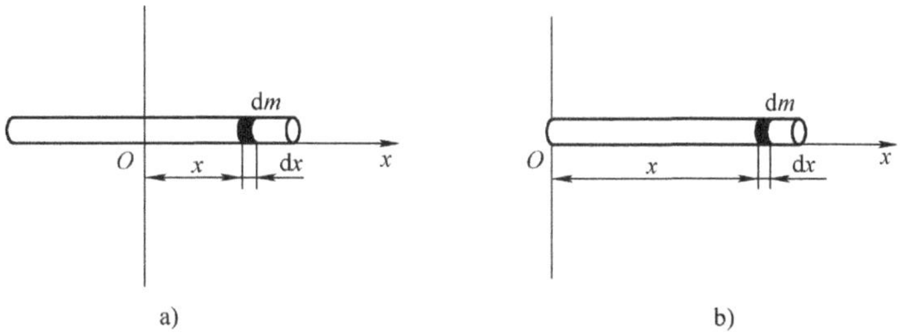

图 4.3　例 4.2 用图

例 4.3　如图 4.4 所示，求半径为 R、质量为 m 的均匀薄圆环的转动惯量，轴通过圆环中心且与圆环平面垂直。

解　如图，圆环上各质元到 O 轴的垂直距离均为 R，所以对 O 轴的转动惯量为

$$J=\int R^2 dm=mR^2$$

例 4.4　求半径为 R、质量为 m 的均匀薄圆盘对通过其中心且与盘面垂直的轴的转动惯量。

解　均匀薄圆盘可视作由许多薄圆环构成，如图 4.5 所示。由例 4.3，半径为 r、宽为 dr 的薄圆环对其中心轴的转动惯量为

$$dJ=r^2 dm$$

其中

$$dm=\frac{m}{\pi R^2}2\pi r dr$$

所以

$$J=\int dJ=\int r^2 dm=\int_0^R r^2\frac{m}{\pi R^2}2\pi r dr=\frac{1}{2}mR^2$$

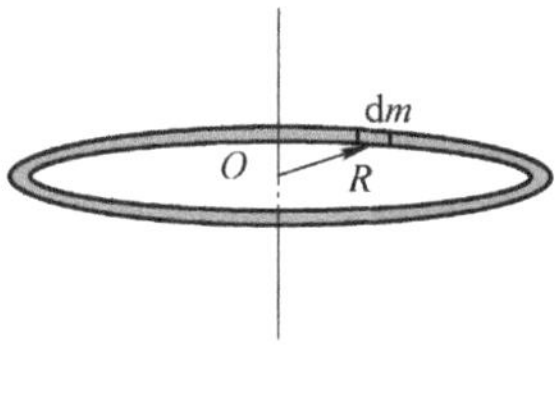

图 4.4　例 4.3 用图

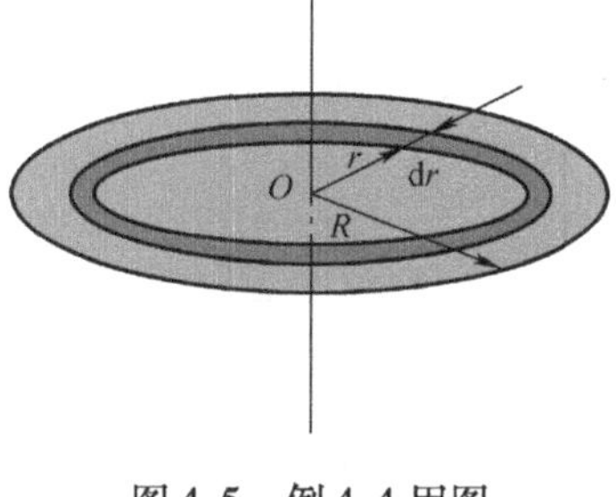

图 4.5　例 4.4 用图

转动惯量的计算遵循以下几条规律：

1）对同一轴 J 具有可叠加性，如例 4.4 就利用了这条规律。

2）平行轴定理。

如图4.6所示，有

$$J = J_C + md^2 \tag{4.16}$$

式中，J 表示对任意轴的转动惯量；J_C 表示对过质心且与上述任意轴平行的轴的转动惯量；m 为刚体质量；d 为两平行轴之间的距离。（读者可用几何方法自行证明）

3）对薄平板刚体的正交轴定理。

如图4.7所示，有

$$J_z = J_x + J_y \tag{4.17}$$

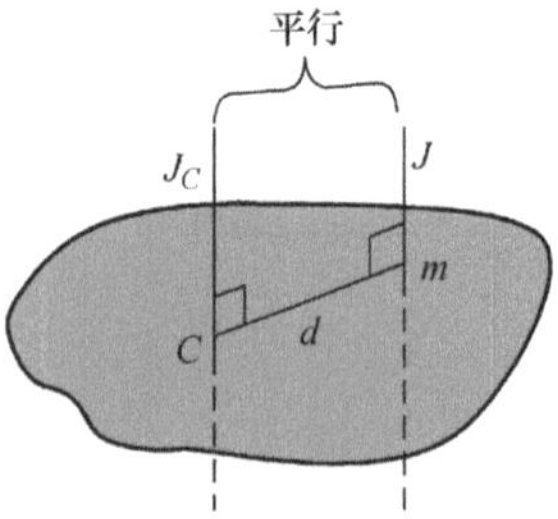

图4.6　平行轴定理

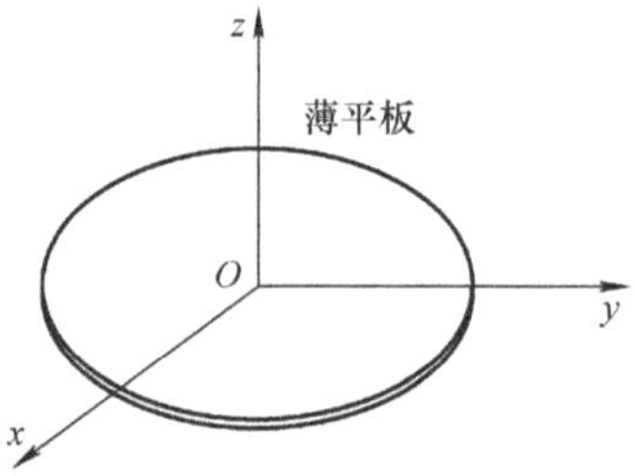

图4.7　正交轴定理

式中，J_x、J_y 和 J_z 分别表示薄平板刚体对 x 轴、y 轴和 z 轴的转动惯量。（读者自行证明）

几种常见的均匀刚体对不同转轴的转动惯量，如表4.1所示，读者解题时，可直接查用。

表4.1　几种常见的均匀刚体对不同转轴的转动惯量

描述	公式	示意图
半径为 R、质量为 m 的均匀薄圆环，轴通过中心且与圆环平面垂直	$J_O = mR^2$	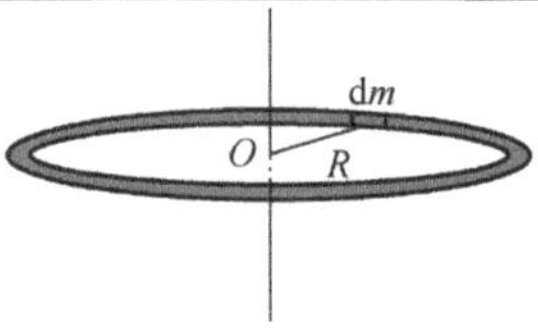
半径为 R、质量为 m 的均匀薄圆盘，轴通过中心且与圆盘平面垂直	$J_O = \frac{1}{2}mR^2$	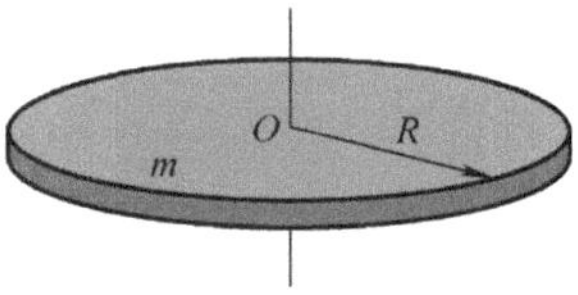
长为 l、质量为 m 的均匀杆，轴通过中心且与杆垂直	$J_C = \frac{1}{12}ml^2$	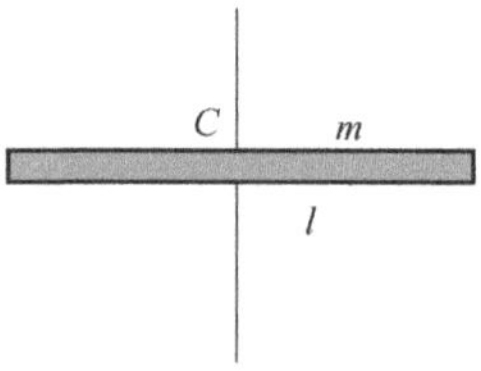
长为 l、质量为 m 的均匀杆，轴通过杆的一端且与杆垂直	$J_D = \frac{1}{3}ml^2$	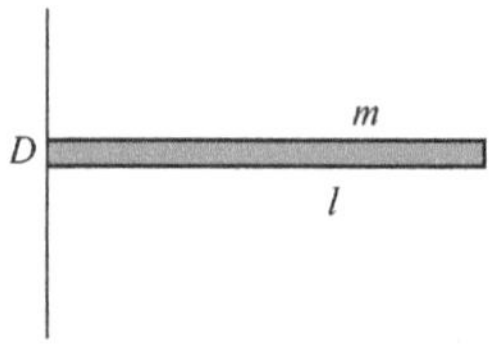

（续）

描述	公式	示意图
半径为 R、质量为 m 的均匀球体，轴为通过球心且沿直径方向	$J_O=\frac{2}{5}mR^2$	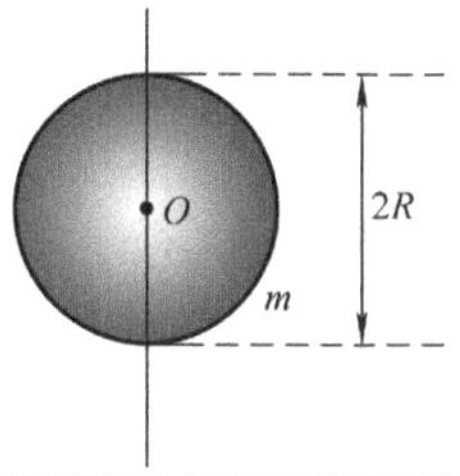

例4.5　如图4.8所示，质量为 $m_1=1\text{kg}$ 和 $m_2=2\text{kg}$ 的小球分别固定在长为1m、质量为 $m=1\text{kg}$ 的均匀直杆的两端。杆可绕通过其中心 O 且与杆垂直的水平光滑固定轴在铅直平面内转动。初始时刻杆静止，且与水平方向成一定的夹角，释放后，杆绕 O 轴转动。求当杆转到水平位置时，该系统所受的合外力矩和角加速度的大小。（g 取 10m/s^2）

解　以垂直于纸面向里为 O 轴的正方向，达到水平位置时，系统对 O 轴的合外力矩为

$$M=m_2g\frac{l}{2}-m_1g\frac{l}{2}=5\text{N}\cdot\text{m}$$

系统对 O 轴的转动惯量为

$$J=m_2\left(\frac{l}{2}\right)^2+m_1\left(\frac{l}{2}\right)^2+\frac{1}{12}ml^2=\frac{5}{6}\text{kg}\cdot\text{m}^2$$

根据定轴转动定律，角加速度为

$$\alpha=\frac{M}{J}=6\text{rad/s}^2$$

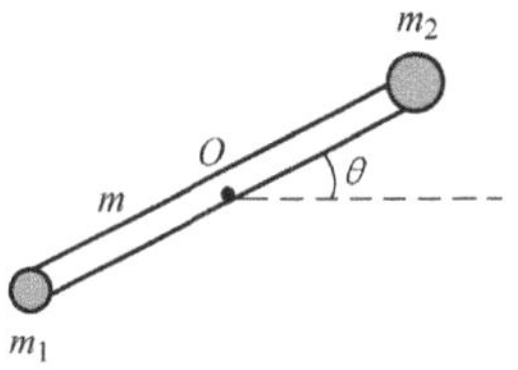

图4.8　例4.5用图

例4.6　如图4.9所示，轻绳的一端固定在定滑轮上，另一端系有一质量为 m_1 的物体，绳不可伸长。定滑轮（可视作均匀薄圆盘）的质量为 m_2，半径为 r，初角速度为 ω_0，轴的摩擦忽略不计。求定滑轮的角速度为零时，物体上升的高度。

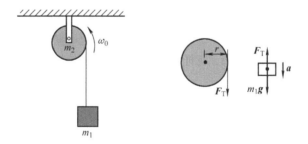

图4.9　例4.6用图

解　定滑轮的受力情况如图，根据定轴转动定律

$$F_Tr=J\alpha \tag{1}$$

定滑轮的转动惯量为

$$J=\frac{1}{2}m_2r^2 \tag{2}$$

物体的受力情况如图，根据牛顿第二定律，有

$$m_1g-F_T=m_1a \tag{3}$$

运动学关系满足

$$a = \alpha r \tag{4}$$

当 $\omega = 0$ 时，有

$$0 = \omega_0^2 - 2\alpha\theta \tag{5}$$

物体上升的高度

$$h = r\theta \tag{6}$$

联立式（1）～式（6），得

$$h = \frac{r^2\omega_0^2(2m_1 + m_2)}{4m_1 g}$$

4.3 刚体定轴转动的角动量定理和角动量守恒定律

上一节学习了刚体定轴转动的瞬时规律，本节将学习合外力矩对时间的积累效应。质点系对轴的角动量定理为

$$\frac{\mathrm{d}L_z}{\mathrm{d}t} = M_{外z}$$

对时间进行积分，有

$$\int_{t_1}^{t_2} M_{外z}\mathrm{d}t = \int_{L_{z1}}^{L_{z2}} \mathrm{d}L_z = L_{z2} - L_{z1} \tag{4.18}$$

将定轴转动刚体的角动量 $L_z = J\omega$ 代入上式，有

$$\int_{t_1}^{t_2} M_{外z}\mathrm{d}t = J\omega_2 - J\omega_1 \tag{4.19}$$

式（4.19）表明，刚体做定轴转动时，合外力矩对时间的积累等于刚体角动量的增量，这就是**刚体定轴转动的角动量定理**。

若 $M_{外z} = 0$，则 $L_z =$ 恒量，说明如果刚体所受的对某固定轴的合外力矩为零，则刚体对该轴的角动量保持不变，该结论称为**刚体定轴转动的角动量守恒定律**。

应用角动量守恒定律，一般有如下几种情况：

1）对定轴转动的单个刚体而言，因转动惯量 J 不变，故角动量守恒意味着角速度不变。

2）若物体做定轴转动，对轴的转动惯量 J 是可变的，则根据 $J\omega =$ 恒量可知，当 J 变大时，ω 变小；当 J 变小时，ω 变大。例如，花样滑冰运动员绕自身旋转时，可以通过收拢手臂，减小 J，来获得更大的角速度。

3）若几个物体所构成的系统绕同一公共轴转动，则当系统所受合外力对公共轴的力矩为零时，系统对此轴的总角动量守恒，即

$$\sum_i J_i\omega_i = 恒量 \tag{4.20}$$

例 4.7 如图 4.10 所示，一质量为 m、半径为 R 的薄圆盘可绕通过其中心的光滑竖直轴转动，其上方有一质量为 m' 的橡皮泥自由下落，与圆盘发生碰撞并与圆盘粘在一起，橡皮泥与轴的垂直距离为 d。假设碰撞前圆盘的角速度为 ω_0，求碰撞后圆盘的角速度。

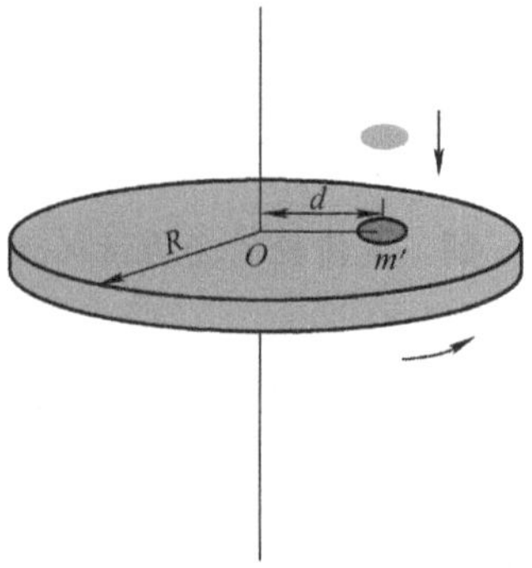

图 4.10 例 4.7 用图

解 以圆盘和橡皮泥所组成的系统为研究对象，在碰撞的过程中，系统对轴的内力矩远远大于外力矩，因此，可近似认为系统的角动量守恒。

$$J_0\omega_0 = J'\omega' \tag{1}$$

圆盘对轴的转动惯量为

$$J_0 = \frac{1}{2}mR^2 \tag{2}$$

圆盘和橡皮泥整体对轴的转动惯量为

$$J' = \frac{1}{2}mR^2 + m'd^2 \tag{3}$$

联立式（1）~式（3），可得碰撞后圆盘的角速度

$$\omega' = \frac{mR^2\omega_0}{mR^2 + 2m'd^2}$$

4.4 刚体定轴转动中的功和能

上一节学习了在刚体定轴转动中，合外力矩对时间的积累效应。本节学习合外力矩对空间的积累效应。

4.4.1 力矩的功

如图 4.11 所示，设刚体所受合外力在垂直于 z 轴平面上的分量为 $F_\perp$，合外力的元功为

$$\begin{aligned} dA &= F_\perp |d\boldsymbol{r}| \cos\alpha = F_\perp \cos\alpha (r_\perp d\theta) \\ &= (F_\perp r_\perp \cos\alpha) d\theta = \left[F_\perp r_\perp \sin\left(\frac{\pi}{2} - \alpha\right)\right] d\theta \end{aligned} \tag{4.21}$$

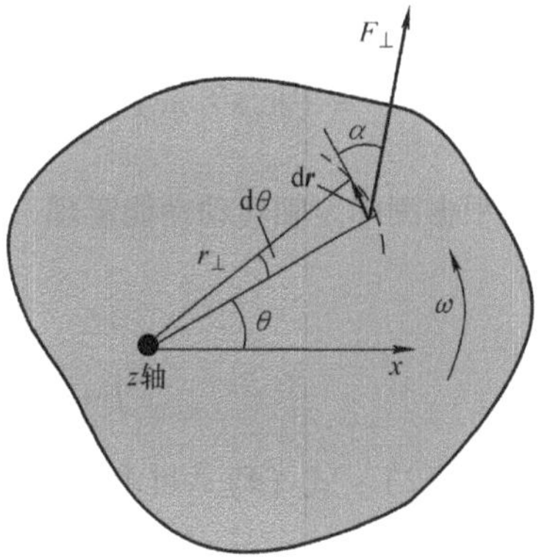

图 4.11　力矩的功

上式中 $F_\perp r_\perp \sin\left(\frac{\pi}{2} - \alpha\right)$ 为刚体所受合外力对轴的力矩，故此时合外力的功即为合外力矩的功，即

$$dA = M d\theta \tag{4.22}$$

对于有限的角位移，力矩的功为

$$A = \int_{\theta_1}^{\theta_2} M d\theta \tag{4.23}$$

式（4.22）和式（4.23）是力的功在刚体定轴转动中的特殊表示形式。

4.4.2 刚体定轴转动的动能定理

将定轴转动定律，即

$$M = J\alpha = J\frac{d\omega}{dt}$$

代入式（4.23），有

$$A = \int_{\theta_1}^{\theta_2} M d\theta = \int_{\theta_1}^{\theta_2} J\frac{d\omega}{dt} d\theta = \int_{\omega_1}^{\omega_2} J\omega d\omega = \frac{1}{2}J\omega_2^2 - \frac{1}{2}J\omega_1^2 \tag{4.24}$$

式中

$$\frac{1}{2}J\omega^2 = \frac{1}{2}\sum_i \Delta m_i r_{i\perp}^2 \omega^2 = \sum_i \frac{1}{2}\Delta m_i v_i^2$$

可见，$\frac{1}{2}J\omega^2$ 就是绕定轴转动刚体中各质元的总动能，称为**刚体转动动能**，记作

$$E_k = \frac{1}{2}J\omega^2 \tag{4.25}$$

将转动动能代入式（4.24），有

$$A = E_{k2} - E_{k1} \tag{4.26}$$

上式表明，合外力矩对定轴转动刚体所做的功等于刚体转动动能的增量。该结论称为**刚体定轴转动的动能定理**。

例 4.8 例 4.5 中，若初始时刻杆与水平方向的夹角为$\frac{\pi}{6}$，其余条件均不变，求当杆转到水平位置时，其角速度的大小。

解 如图 4.12 所示，以垂直于纸面向里为 O 轴的正方向，则当杆与水平方向的夹角为 θ 时，系统对 O 轴的合外力矩为

$$M = m_2 g\frac{l}{2}\cos\theta - m_1 g\frac{l}{2}\cos\theta \tag{1}$$

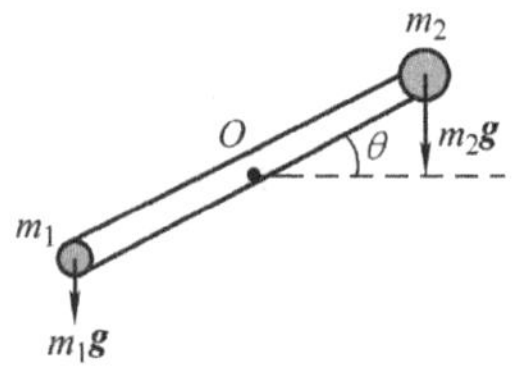

图 4.12 例 4.8 用图

在杆由初始状态转到水平位置的过程中，合外力矩的功为

$$A = \int_{\theta_1}^{\theta_2} M\mathrm{d}\theta = \int_{-\frac{\pi}{6}}^{0}\left(m_2 g\frac{l}{2}\cos\theta - m_1 g\frac{l}{2}\cos\theta\right)\mathrm{d}\theta$$

$$= (m_2 g - m_1 g)\frac{l}{2}\sin\theta\Big|_{-\frac{\pi}{6}}^{0} = \frac{5}{2}\mathrm{J} \tag{2}$$

根据刚体定轴转动动能定理，有

$$A = \frac{1}{2}J\omega^2 - 0 \tag{3}$$

式中

$$J = m_2\left(\frac{l}{2}\right)^2 + m_1\left(\frac{l}{2}\right)^2 + \frac{1}{12}ml^2 = \frac{5}{6}\mathrm{kg\cdot m^2} \tag{4}$$

联立式（2）~式（4），可求得杆转到水平位置时角速度的大小为

$$\omega = \sqrt{6}\mathrm{rad/s}$$

4.4.3 刚体的重力势能

刚体中各质元的重力势能之和即为刚体的重力势能。如图 4.13 所示，设刚体中任意质元 Δm_i 距零势能面的高度为 h_i，则该质元的重力势能为 $\Delta m_i g h_i$。若刚体不太大，其上各点的重力加速度相同，则刚体的重力势能可表示为

$$E_p = \sum_i \Delta m_i g h_i = g\sum_i \Delta m_i h_i = mg\sum_i \frac{\Delta m_i h_i}{m} \tag{4.27}$$

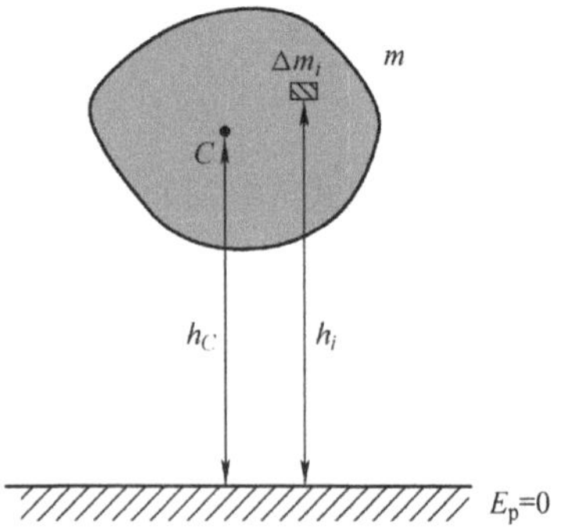

图 4.13 刚体的重力势能

式中，m 为刚体的总质量。根据质心的定义，上式中

$$\sum_i \frac{\Delta m_i h_i}{m} = h_C \tag{4.28}$$

式中，h_C 为刚体质心距重力势能零面的高度。因此，刚体的重力势能可写成

$$E_p = mgh_C \tag{4.29}$$

对于包括刚体在内的系统，功能原理和机械能守恒定律仍成立。

例4.9　如图4.14所示，均匀直杆质量为m、长为l，可绕固定在地面的光滑轴转动。开始时，杆静止且与水平方向的夹角为θ。求释放后，杆恰好转到水平位置时的瞬时角速度。

解　以杆和地球所构成的系统为研究对象，只有重力做功，所以机械能守恒。以地面为零势能面，有

$$mgh_C = \frac{1}{2}J\omega^2 \qquad (1)$$

其中

$$h_C = \frac{l}{2}\sin\theta \qquad (2)$$

$$J = \frac{1}{3}ml^2 \qquad (3)$$

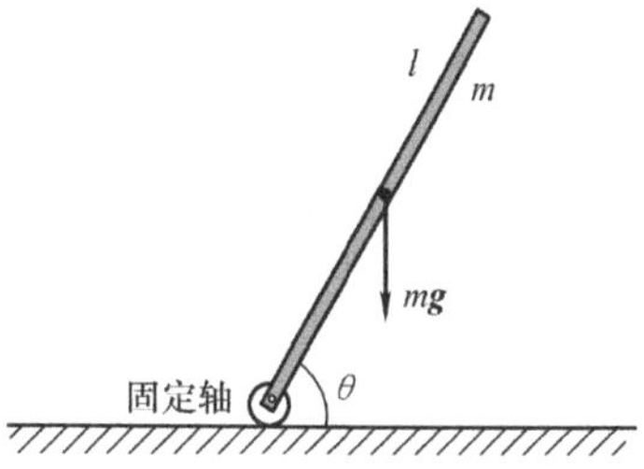

图4.14　例4.9用图

联立式（1）～式（3），可得杆恰好转到水平位置时的瞬时角速度为

$$\omega = \sqrt{\frac{3g\sin\theta}{l}}$$

4.5　进动简介*

所谓**进动**是指高速旋转的刚体，其自转轴在空间转动的现象。如图4.15a所示，一个均匀圆盘可绕通过其中心且与盘面垂直的轴转动。当圆盘不转动时，将轴放置在竖直杆顶上的凹槽内，释放后圆盘将下落。但如果圆盘绕其中心轴高速转动，则释放后，圆盘并不会下落，其自转轴将在水平面内以杆顶为中心旋转。这就是进动现象。

进动演示

利用质点系对定点的角动量定理可解释圆盘不下落的原因。由于

$$\boldsymbol{M} = \frac{\mathrm{d}\boldsymbol{L}}{\mathrm{d}t}$$

以杆顶为参考点，忽略自转轴的质量，刚体的合外力矩的大小为

$$M = mgl \qquad (4.30)$$

方向垂直纸面向外，故$\mathrm{d}\boldsymbol{L}$方向也向外。$\boldsymbol{M}$、$\boldsymbol{L}$、$\mathrm{d}\boldsymbol{L}$以及$\boldsymbol{L}+\mathrm{d}\boldsymbol{L}$的俯视图如图4.15b所示。可见自转轴的方向将不会向下倾斜，而是水平向左偏转（顺着$\boldsymbol{L}$方向看）。

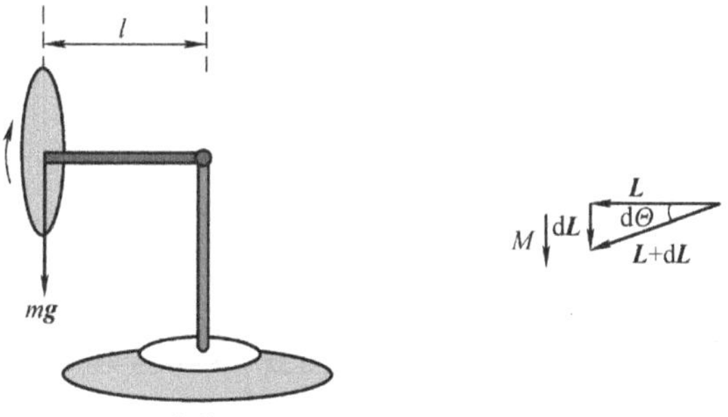

a) 实物图　　b) 分析图(俯视)

图4.15　圆盘的进动

由于圆盘所受的力矩大小不变，方向总是与L方向垂直，所以进动速度是均匀的。设$\mathrm{d}t$时间内，自旋轴转过的角度为$\mathrm{d}\Theta$，则进动角速度为

$$\Omega = \frac{\mathrm{d}\Theta}{\mathrm{d}t} \qquad (4.31)$$

由图4.15b，有

$$\mathrm{d}\Theta = \frac{|\mathrm{d}\boldsymbol{L}|}{L} = \frac{M\mathrm{d}t}{L} \qquad (4.32)$$

将式（4.32）代入式（4.31）后，有

$$\Omega=\frac{M}{L} \tag{4.33}$$

若圆盘自转的角速度不够大，则它的自转轴在进动的同时还会做上下周期性的摆动，这种摆动称为**章动**。有关章动的详细分析较为复杂，读者可自行参阅相关资料。

本章思维导图

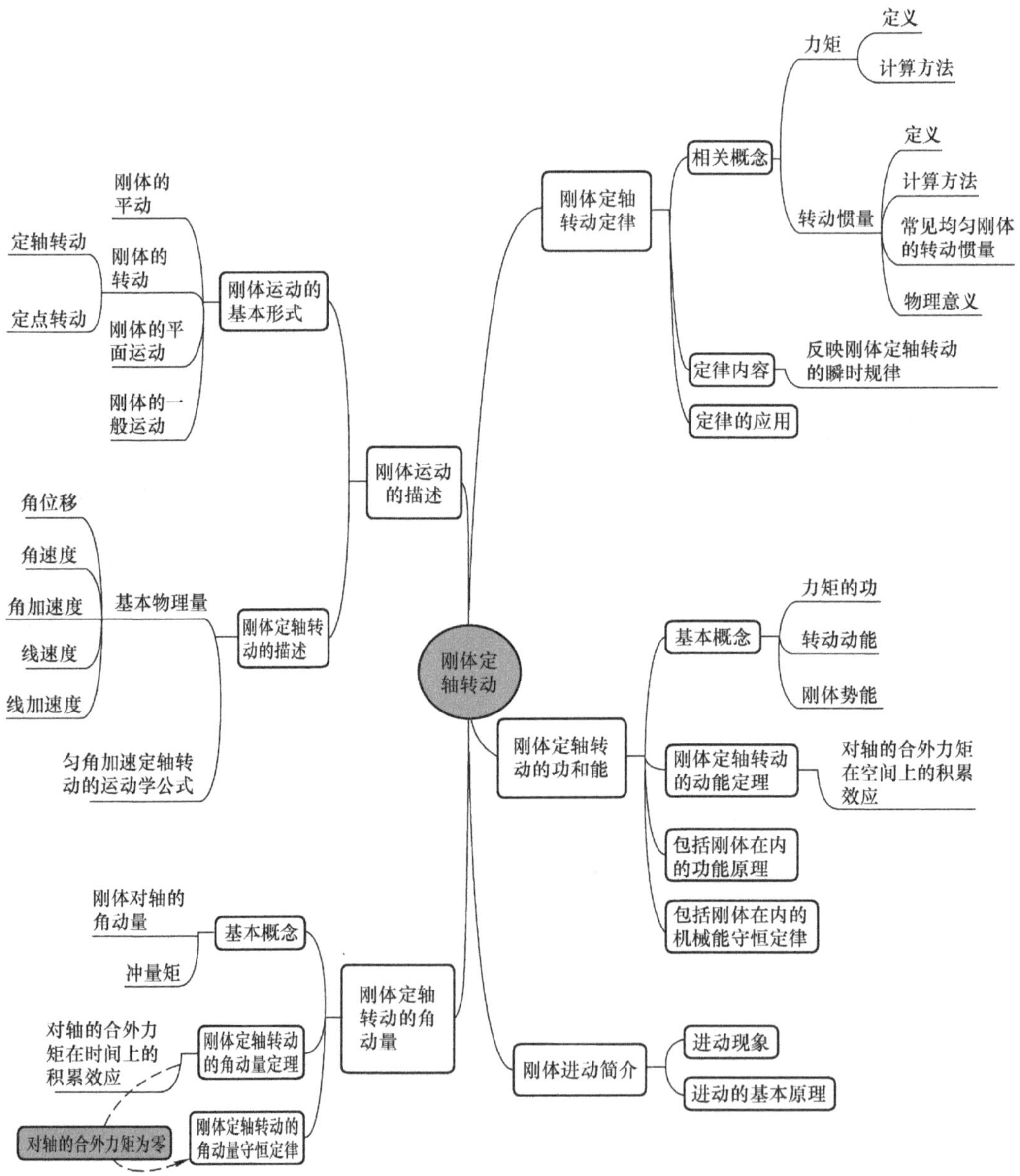

思　考　题

4.1　对做定轴转动的刚体而言，若所受的合外力为零，合外力矩是否也一定为零？

4.2　质量与厚度都相同的均匀铁盘和木盘，若用 $J_{铁}$ 和 $J_{木}$ 分别表示两盘对通过盘心、垂直于盘面轴的转动惯量，则 $J_{铁}$ 和 $J_{木}$ 的大小关系如何？

4.3　下列说法是否正确，为什么？

（1）对某个定轴而言，内力矩不会改变刚体的角动量。

（2）作用力和反作用力对同一轴的力矩之和必为零。

（3）质量相等的两个刚体做定轴转动，若两刚体所受的合外力矩相同，则它们获得的角加速度一定相等。

4.4　力矩、角速度、角加速度这几个矢量的方向是如何规定的？在讨论刚体定轴转动时为什么可以用代数量表示？

4.5　猫可以从很高的地方下落而不受伤，试解释这一现象。

4.6　人造地球卫星绕地球做椭圆轨道运动，若将人造地球卫星视作刚体，那么其椭圆轨道运动是平动还是转动？

4.7　刚体做定轴转动时，合外力的功与合外力矩的功有什么关系？试通过推导加以说明。

4.8　利用陀螺仪进行惯性导航的原理是什么？

4.9　何为地球的“岁差”？“岁差”产生的根源是什么？

习　　题

4.1　一半径为 1m 的圆盘绕通过其中心且与盘面垂直的轴做匀减速转动，在最初 2s 内其角速度由 10rad/s 减小到 2rad/s。问：

（1）1s 末圆盘的角加速度以及圆盘边缘的加速度的大小是多少？

（2）从初始时刻起，多长时间后圆盘停止转动？

（3）从初始时刻起，圆盘停止前共转多少圈？

4.2　一刚体做定轴转动，其转动的角位移随时间的变化关系为 $\theta = 5 + 50t - t^3$，求 $t = 2\text{s}$ 时刚体的角速度和角加速度的大小。

4.3　求半径为 R、质量为 m 的均匀球体对通过其球心的任意轴的转动惯量。

4.4　如图 4.16 所示，一质量为 m、长为 l 的均匀杆可绕通过其中心且与杆垂直的轴转动。在杆上距离中心 d 处固定两个质量为 m_0 的极小的圆盘，求整个装置对轴的转动惯量。

4.5　一半径为 1m、质量为 1kg 的圆盘在水平桌面上绕通过其中心且垂直板面的光滑固定轴旋转，初始时刻的角速度为 10rad/s，圆盘与水平桌面的摩擦因数为 0.3（g 取 10m/s^2）。问：

（1）圆盘的角加速度的大小是多少？

（2）转几圈后圆盘停止？

4.6　如图 4.17 所示，一轻绳跨过两个质量为 2kg、半径均为 1m 的滑轮（可视作均匀圆

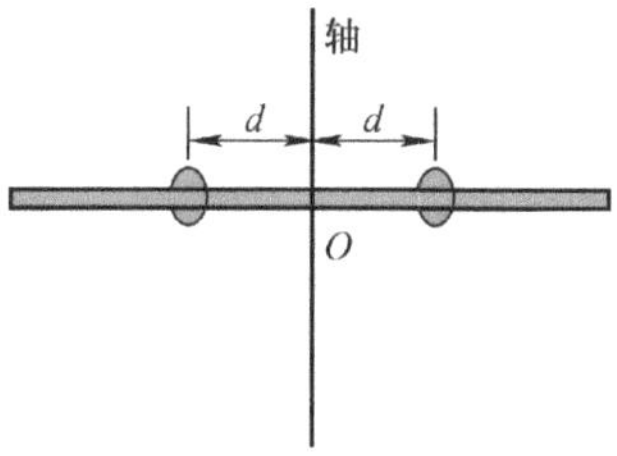

图 4.16　习题 4.4 用图

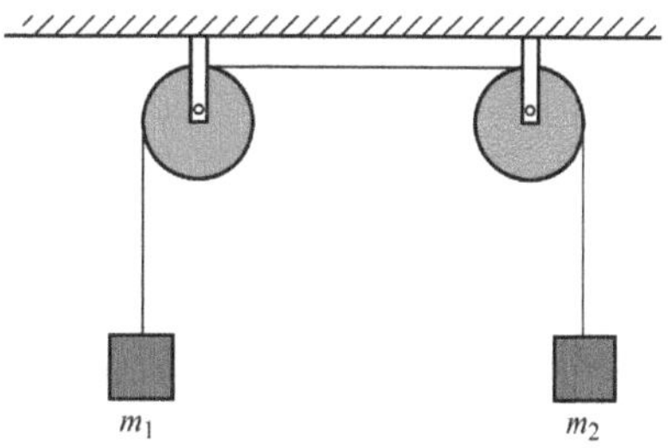

图 4.17　习题 4.6 用图

盘），绳的两端分别系着质量为 $m_1=2\text{kg}$ 和 $m_2=4\text{kg}$ 的物块，整个装置由静止释放，滑轮与绳间无相对滑动，求绳的张力及物块加速度的大小。（g 取 10m/s^2）

4.7 燃气轮机在试车时，涡轮在燃气的作用下 t(s) 内转速由 n_1(r/min) 均匀地增加至 n_2(r/min)，假设涡轮的转动惯量为 J，求燃气作用在涡轮上的力矩。

4.8 一质量为 $m_{杆}$、长为 l 的杆置于光滑水平面上，杆可绕通过其中心且与杆垂直的光滑轴转动，初始时刻杆静止。今有一质量为 m 的子弹以垂直于杆及轴的速度 v 射入杆的一端，并镶嵌于杆中，求杆所获得的角速度。

4.9 质量为 m 的人站在半径为 R、质量为 $m_{盘}$ 的水平圆盘上。圆盘可绕通过其中心且与盘面垂直的光滑固定轴转动，人与圆盘中心的距离为 d。开始时，人与圆盘均相对于地面静止。某时刻起，人开始绕轴做圆周运动，且相对地面的速率为 v。求圆盘的角速度。

4.10 一均匀细杆，质量为 m，长为 l，初始时自由竖直悬挂，其固定轴在杆的上端且与杆垂直。今用一方向与杆及轴均垂直的力 F 快速打击杆的下端，打击的时间为 t。求棒的最大偏转角。

4.11 辘轳是安装在水井上的取水装置，有一质量为 m 的水桶悬于绕在辘轳上的轻绳的下端，设辘轳的半径为 R，若水桶由井口下落的过程中绳中的张力为 F_T，则辘轳对轴的转动惯量为多少？（轴摩擦不计）

4.12 如图 4.18 所示，一均匀细杆，质量为 m，长为 l，可绕通过其端点且与之垂直的轴在竖直面内转动，其另一端固定一质量为 m_0 的小球，现将杆由水平位置无初速地释放，求此时杆的角加速度。

4.13* 试分析旋转的陀螺，即使其轴已经倾斜也不会倒下来的原因。

4.14 一长为 2m 的均匀细杆，以大小为 1m/s 的速度沿着与杆长方向相垂直的速度在光滑水平面内平动，并与前方一固定于水平面上的光滑钉子发生完全非弹性碰撞。碰撞点距杆中心 0.5m。求杆在碰撞后的瞬时绕钉子转动的角速度。

4.15 如图 4.19 所示，定滑轮边缘绕一细绳，细绳两端分别系有物块甲和物块乙，其中物块甲可在光滑的水平面上运动。物块甲的质量为 m，物块乙的质量为 $4m$，定滑轮可视为均匀薄圆盘，且质量为 $10m$，求物块乙的加速度的大小。（g 取 10m/s^2）

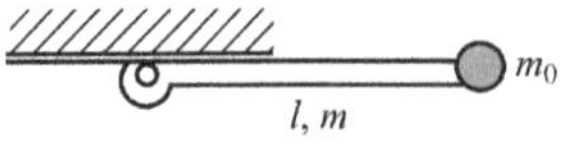

图 4.18 习题 4.12 用图

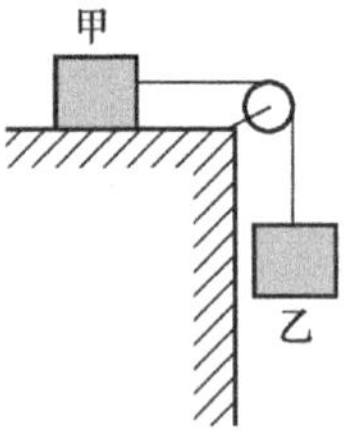

图 4.19 习题 4.15 用图

第5章　流体力学简介

上一章学习了刚体，即任何情况下形状和体积都不发生变化的物体。作为一种理想模型，其主要特征是内部各质元间无相对运动。本章将学习连续流体力学，与刚体的不同之处在于流体内部各质元之间存在相对运动，即具有流动性。流体力学的相关规律实质上是牛顿定律在连续流体中的应用。

流体包括气体和液体，气体容易被压缩，而液体则较难，压缩通常会引起内能的变化。本章只讨论流体的机械运动，不涉及热力学问题，故所研究的流体都假设为不可压缩的。

5.1　流体静力学

流体静力学主要研究处于静止平衡状态的流体的相关规律。

5.1.1　静止流体内的压强

如图5.1所示，在静止流体内部任意一点 C，取一面元 ΔS，设想将 ΔS 一侧的流体移走，则另一侧的流体必将流过来填充。因流体是静止的，所以 ΔS 一侧的流体必然有力 $\Delta \boldsymbol{F}$ 作用于另一侧，将其"顶住"。处于静止的流体内部无剪切力和拉力的作用，否则流体内部各层将发生相对滑动，因此 $\Delta \boldsymbol{F}$ 的方向垂直于 ΔS，是一种压力。静止流体内部单位面积上受到的压力称为**平均压强**，即

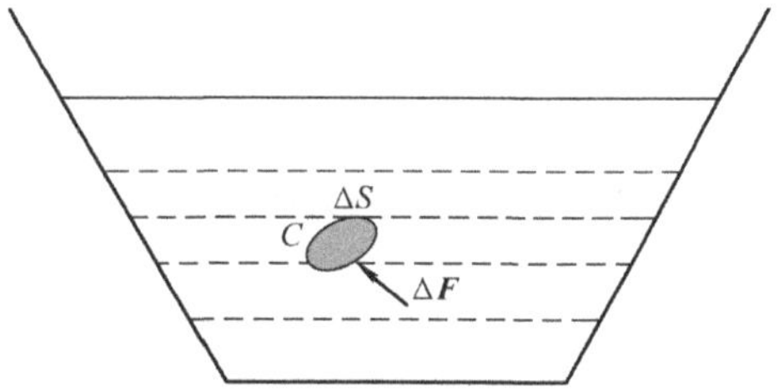

图5.1　静止流体内的压强

$$\bar{p}=\frac{\Delta F}{\Delta S} \tag{5.1}$$

任意一点的压强 p 为

$$p=\lim_{\Delta S\to 0}\frac{\Delta F}{\Delta S}=\frac{\mathrm{d}F}{\mathrm{d}S} \tag{5.2}$$

可以证明，过静止流体内一点各不同方位无穷小面元上的压强相等。这意味着静止流体内的压强与空间点相对应，与面元的取向无关。

压强的单位为Pa（帕斯卡，简称"帕"），$1\mathrm{Pa}=1\mathrm{N}\cdot\mathrm{m}^{-2}$。

5.1.2　静止流体内的压强分布规律

如图5.2所示，过等高的 C、D 两点构造截面为 ΔS 的水平圆柱体，因圆柱体处于平衡状态，所以有

$$F_C=F_D$$

即

$$p_C\Delta S=p_D\Delta S$$

所以

$$p_C = p_D \tag{5.3}$$

可见，在同一种静止流体内，高度相同的各点的压强相等。

E 和 G 位于同一竖直线上的两点，两点之间的高度差为 h，过 E 和 G 构造截面为 ΔS 的竖直圆柱体，设圆柱体内液体的质量为 Δm，由受力平衡，有

$$F_E + \Delta mg = F_G$$

即

$$p_E\Delta S + \rho\Delta Shg = p_G\Delta S$$

所以

$$p_G - p_E = \rho gh \tag{5.4}$$

上式表明，静止流体中同一竖直线上高度差为 h 的两点的压强差等于 ρgh。对于不在同一竖直线的 K 点和 G 点，因 K 点和 E 点在同一水平线上，所以 $p_K = p_E$，有

$$p_G - p_K = \rho gh \tag{5.5}$$

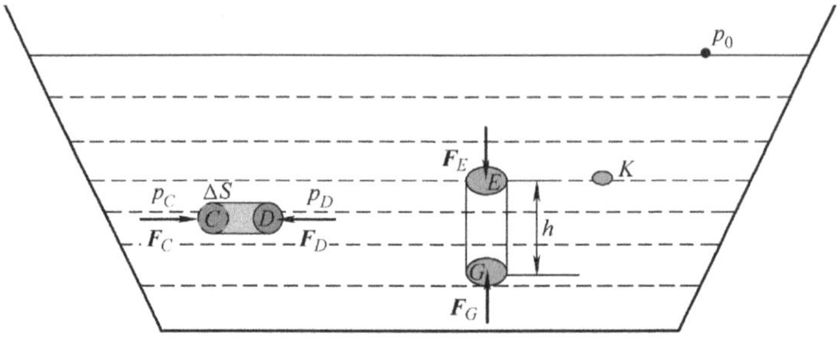

图 5.2 流体内的压强分布

在流体表面处的压强为环境压强，一般为大气压强 p_0，则深度为 h 处的任一点的压强为

$$p = p_0 + \rho gh \tag{5.6}$$

由式（5.6）可以看出，表面压强可以大小不变地传递到液体内的任一点，与深度及液体密度无关，此结论称为**帕斯卡定律**：在静止流体中作用于液体一部分边界上的外力所产生的压强可以等值地传递到液体的每一点上。

5.2 理想流体的流动

5.2.1 理想流体

实际的液体或气体都是可压缩的。例如，在 500 标准大气压（1atm = 101.325kPa）下，每增加一大气压，水的体积将减小两万分之一。因通常情况下液体的压缩量微乎其微。故一般可近似认为液体是不可压缩的，即液体的密度不变。气体比较容易被压缩，但对于流动的气体，在一定条件下我们可将其视作不可压缩。这是因为当气体两端的压强有微小的差异时，就会引起气体的迅速流动，能迅速驱使密度较大处的气体流向密度较小的区域，使密度趋于均匀。但若不满足压强变化非常微小且缓慢这一条件，则不能忽略气体密度的变化。例如，在冲击波等现象中，气体运动所造成的各处的密度差别来不及消失，这时气体体积的压缩性会非常明显。可以证明，若流体的流速远远小于该介质中的声波的速度，则流体体积压缩性可忽略不计，也就是说此时流体的密度为常量。与质点、刚体一样，不可压缩流体也是一种理想模型。

实际的流体在流动时，层与层之间存在着阻碍相对运动的摩擦力，该力称为**内摩擦力**或**黏**

滞阻力。流体的这种性质称为**黏滞性**。不同流体的黏滞性有很大的差异，例如甘油、蜂蜜的黏滞性较大，而水的黏滞性则较小。在某些问题中，若流体的黏滞性处于极其次要的地位，则其黏滞性可忽略，此时便可将其抽象为非黏性流体。

综合上述两方面的简化假设，把不可压缩的非黏性流体称为**理想流体**。显然，理想流体是力学中的又一理想模型。

5.2.2 流线和流管

为研究流体的运动规律，可以把流体分成许多质元。跟踪每个质元，利用牛顿定律求出它们各自的运动规律，这种方法称为**拉格朗日**（Lagrange，1736—1813）**法**。显然，这种方法是极为复杂的。研究流体的另一种方法则是把注意力移至空间各点，观测质元经过这些空间点的流速以及流速随时间的变化，即

$$\boldsymbol{v}=\boldsymbol{v}(x,y,z,t) \tag{5.7}$$

这种方法是欧拉（Euler，1707—1783）提出的，称为欧拉法。与拉格朗日法相比，欧拉法在流体力学中得到了更广泛的应用。

利用欧拉法，需要流速场、流线、流管等场量来描述流体的运动。流速场实际上是流体在空间各点速度分布的一种矢量场。为了形象地描述流速矢量的空间分布，在流速场中画出一些曲线，如图5.3所示，曲线上每一点的切线方向表示该点的流速方向，疏密程度表示流速大小，这种曲线称为**流线**，流线不能相交。一般情况下流线与流迹是不重合的。如图5.4所示，在流体内部画微小的封闭曲线，曲线上各点的流线所围成的细管称为**流管**。流管内的流体不能流到管外，管外的流体也不能流入管内。

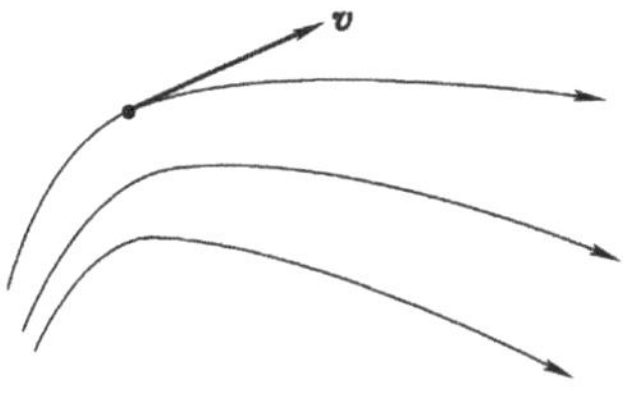

图5.3 流线

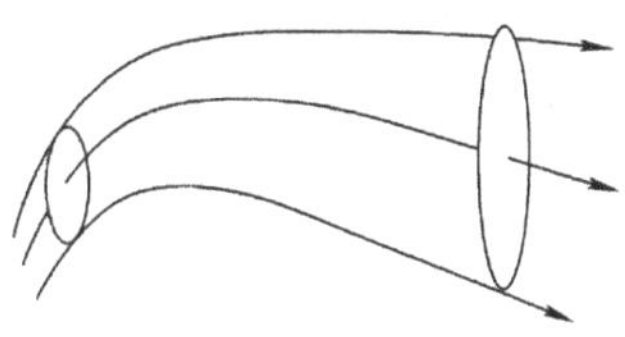

图5.4 流管

5.2.3 连续性方程

流体在运动时，如果任意空间点的流速不随时间变化，则这种流动称为**稳定流动**，也叫**定常流动**，可表示为

$$\boldsymbol{v}=\boldsymbol{v}(x,y,z) \tag{5.8}$$

在稳定流动中，流线和流管的形状均不随时间变化。流管就像是固定的管道。流体做稳定流动时，若流管无限变细即成为流线，这说明此时流线与流迹重合。

如图5.5所示，在稳定流动的流速场中任取一截面极小的流管，因流管很细，所以流管横截面上各点的流速可视作近似相等。v_1 和 v_2 分别表示流体在 dS_1 和 dS_2 处的流速。在稳定流动中，流管静止不动，流体从 dS_1 流入，从 dS_2 流出。因流体的不可压缩性，所以两截面之间所夹的曲面内的体积不会变化，即在 dt 时间内从 dS_1 流入的流体的体积等于从 dS_2 流出的流体的体积。若用 v_1 和 v_2

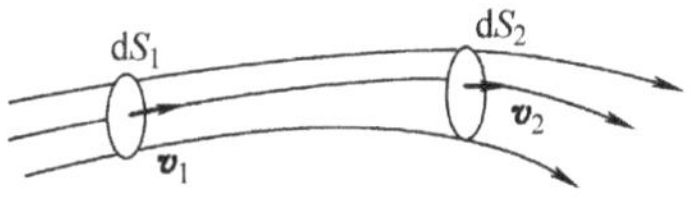

图5.5 连续性方程用图

表示流体在 dS_1 和 dS_2 处流速的大小，则有

$$v_1 dS_1 dt = v_2 dS_2 dt$$

即

$$v_1 dS_1 = v_2 dS_2 \tag{5.9}$$

因截面任取，有

$$v dS = 恒量 \tag{5.10}$$

式中，$v dS$ 是单位时间内通过流管截面面积 dS 的体积，称为通过该截面的**体积流量**。$\rho v dS$ 是单位时间内通过流管截面面积 dS 的流体的质量，称为通过该截面的**质量流量**因不可压缩流体的密度 ρ 是常量，所以有

$$\rho v dS = 恒量 \tag{5.11}$$

式（5.10）与式（5.11）称为**连续性方程**。可表述为不可压缩流体通过同一流管中任一横截面的流量相等，体现了质量守恒这一物理本质。由式（5.10）可知，在同一流管中横截面面积越大处，流体流速越小；横截面面积越小处，流速越大。

5.2.4　理想流体稳定流动的伯努利方程

伯努利方程是1738年由瑞士科学家丹尼尔·伯努利（Daniel Bernoulli，1700—1782）提出的，该方程是功能原理在流体力学中的应用。

如图5.6所示，在稳定流动的流体中任取一段流管 cd，c 端的截面面积为 ΔS_1，压强为 p_1，流速为 v_1，相对于零势能面的高度为 h_1。d 端的截面面积为 ΔS_2，压强为 p_2，流速为 v_2，相对于零势能面的高度为 h_2。经过 Δt 时间后，cd 段流体运动到 ef 位置。由于稳定流动过程中空间各点的流速、压强等物理量不随时间变化，所以 ed 段流体的动能和势能没有变化，故 cd 段流体机械能的增量 ΔE 仅取决于 ce 和 df 两质元的能量差，即

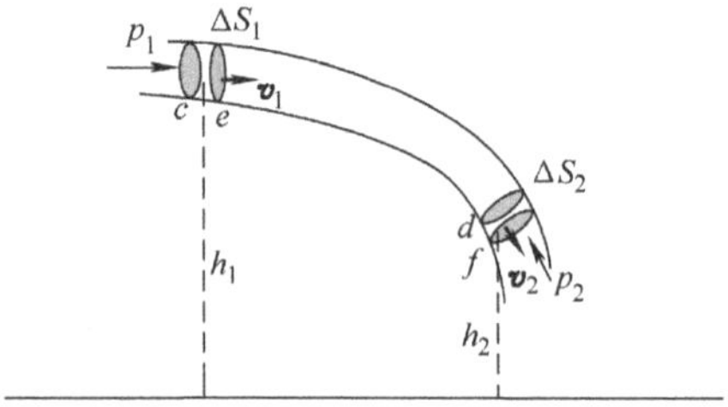

图5.6　推导伯努利方程用图

$$\Delta E = \left(\frac{1}{2}m_{df}v_2^2 + m_{df}gh_2\right) - \left(\frac{1}{2}m_{ce}v_1^2 + m_{ce}gh_1\right)$$

根据连续性方程，ce 和 df 两质元的体积和质量均相等，即

$$m_{df} = m_{ce} = m = \rho\Delta V$$

式中，ΔV 为 ce、df 两质元的体积；ρ 为液体密度。将上式代入机械能的增量 ΔE 后，有

$$\Delta E = \left(\frac{1}{2}\rho\Delta V v_2^2 + \rho\Delta V g h_2\right) - \left(\frac{1}{2}\rho\Delta V v_1^2 + \rho\Delta V g h_1\right) \tag{5.12}$$

根据功能原理，机械能的增量应等于外力所做的功。外力来源于前、后方流体，前方流体因阻碍该段流体流动而做负功；后方流体因推动该段流体流动而做正功。因此

$$A = p_1\Delta S_1\overline{ce} - p_2\Delta S_2\overline{df} = (p_1 - p_2)\Delta V \tag{5.13}$$

由 $\Delta E = A$，有

$$p_1 + \frac{1}{2}\rho v_1^2 + \rho g h_1 = p_2 + \frac{1}{2}\rho v_2^2 + \rho g h_2 \tag{5.14}$$

因 cd 两点为细流管内的任意两点，所以

$$p + \frac{1}{2}\rho v^2 + \rho g h = 恒量 \tag{5.15}$$

式（5.14）、式（5.15）称为**伯努利方程**，是理想流体做稳定流动时的动力学规律。在工程上，还经常表示为

$$\frac{p}{\rho g}+\frac{v^2}{2g}+h=\text{恒量} \tag{5.16}$$

式中，$\frac{p}{\rho g}$、$\frac{v^2}{2g}$以及 h 在工程上分别称为**压力水头、速度水头和位置水头**。

例 5.1　如图 5.7 所示，一大桶侧壁开有一小孔，小孔的面积为 ΔS，桶内盛满了密度为 ρ 的液体，液体表面与小孔的高度差为 h。若液体的运动可视作理想流体的稳定流动，则液体从小孔流出的速度和流量分别为多少？

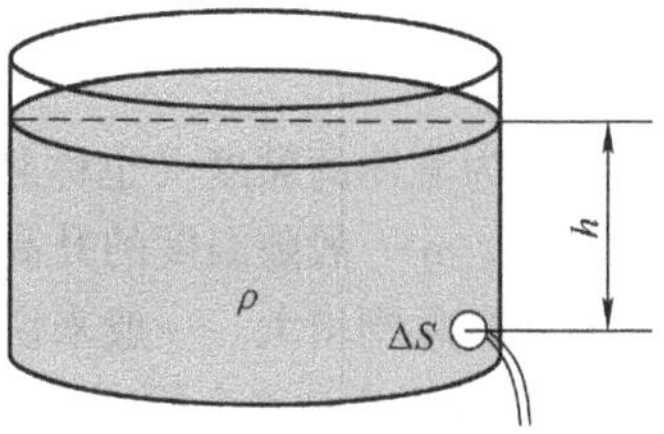

图 5.7　例 5.1 用图

解　取一根从液体表面到小孔的流管，因桶的截面面积远大于小孔的面积，所以液体表面端的流速可视为零。设大气压强为 p_0，根据伯努利方程，有

$$p_0+\rho gh=p_0+\frac{1}{2}\rho v^2$$

解得液体从小孔流出的速度为

$$v=\sqrt{2gh}$$

体积流量为
$$Q_V=v\Delta S=\sqrt{2gh}\Delta S$$

质量流量为
$$Q_m=\rho v\Delta S=\rho\sqrt{2gh}\Delta S$$

例 5.2　文丘里（Venturi）流量计可用于测量管道中液体的流量，其结构如图 5.8 所示，变截面管下方装有 U 形管，管内装有水银。在测量水平管道内流体的流速时，可将流量计串联于管道中。设变截面管的截面面积分别为 S_1 和 S_2，U 形管两端水银的高度差为 h，被测液体和水银的密度分别为 ρ 和 $\rho_{汞}$。求液体的体积流量。

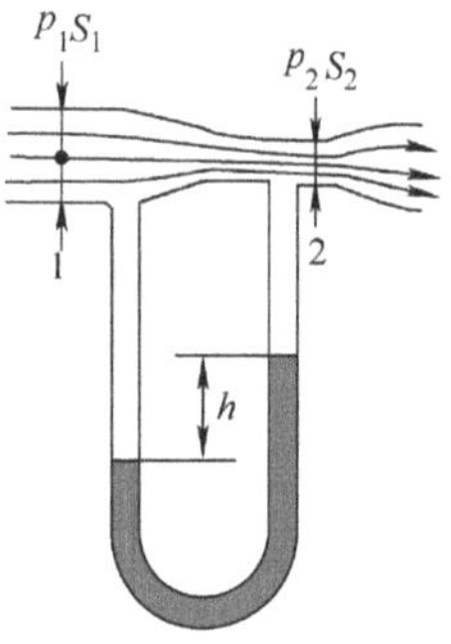

图 5.8　例 5.2 用图

解　设管中的液体为理想流体，且做稳定流动。在管道中心轴线处取细流线，对 1、2 两点用伯努利方程，有

$$p_1+\frac{1}{2}\rho v_1^2=p_2+\frac{1}{2}\rho v_2^2 \tag{1}$$

设点 1 处流体的流速为 v_1，点 2 处流体的流速为 v_2，根据连续性方程，有

$$v_1S_1=v_2S \tag{2}$$

U 形管内的流体为静止流体，则

$$p_1-p_2=\rho_{汞}gh-\rho gh \tag{3}$$

联立式（1）~式（3）可求出流体的体积流量

$$Q=v_1S_1=v_2S_2=\sqrt{\frac{2(\rho_{汞}-\rho)ghS_1^2S_2^2}{\rho(S_1^2-S_2^2)}}$$

5.3　黏性流体的流动

上一节讨论了理想流体的流动，忽略了流体的黏滞性。本节将介绍黏性流体的流动。

5.3.1　流体的内摩擦力

因具有黏滞性，所以实际流体在运动时，内部各流层之间存在内摩擦力，内摩擦力又称为**黏性力**。如图5.9所示，假设在流体中相距为$\mathrm{d}y$的两平面上流体的切向速度分别为v和$v+\mathrm{d}v$，则$\frac{\mathrm{d}v}{\mathrm{d}y}$称为**速度梯度**。实验表明，两层流体之间的摩擦力与速度梯度和流层面积ΔS成正比，即

$$f=\eta\frac{\mathrm{d}v}{\mathrm{d}y}\Delta S \tag{5.17}$$

式中，η为流体的黏度（也称黏性系数），单位为Pa·s。黏度与材料的种类、温度以及压强等因素有关。η一般随温度的升高而降低。在压强不太大时，液体的η值变化不大；在压强很高时，η才会急剧增大。一般来说液体的内摩擦力小于固体间的干摩擦力，用机油润滑机械轴承，以减少磨损，就是这个原理。

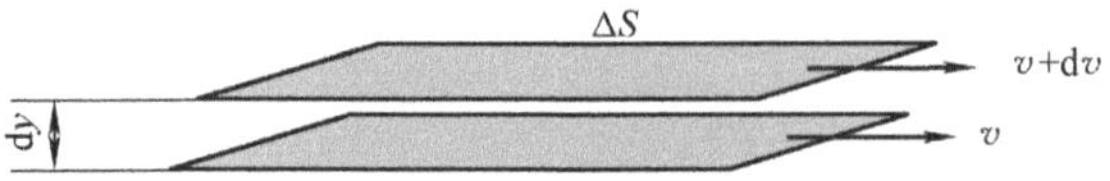

图5.9　速度梯度

5.3.2　伯努利方程的修正

不可压缩的黏性流体在做稳定流动时，需考虑内摩擦力引起的能量损失，所以可将式(5.14)修正为

$$p_1+\frac{1}{2}\rho v_1^2+\rho g h_1=p_2+\frac{1}{2}\rho v_2^2+\rho g h_2+\omega_{12} \tag{5.18}$$

式中，ω_{12}是单位体积的流体微元沿流管自初位置运动到末位置的能量损失，称为沿程能量损失。在工程上可表示为

$$\frac{p_1}{\rho g}+\frac{v_1^2}{2g}+h_1=\frac{p_2}{\rho g}+\frac{v_2^2}{2g}+h_2+\frac{\omega_{12}}{\rho g}$$

令$\frac{\omega_{12}}{\rho g}=h_\omega$，$h_\omega$称为**水头损失**，则有

$$\frac{p_1}{\rho g}+\frac{v_1^2}{2g}+h_1=\frac{p_2}{\rho g}+\frac{v_2^2}{2g}+h_2+h_\omega \tag{5.19}$$

若流体在等截面的水平管道内做稳定流动，因$h_1=h_2$，$v_1=v_2$，所以

$$p_1-p_2=\omega_{12} \tag{5.20}$$

说明这种情况流体运动的动力来源于上下游的压强差。

实际流体具有层流和湍流两种流态。层流是指各流层间不相混合的分层流动。一般情况下，黏滞性较大的流体在直径较小的管道中缓慢流动时为层流。当流体流速增大，层流的稳定流动被破坏时，流体做不规则的运动，有紊乱特征和涡旋，这种流态称为湍流。通风管中的高速空气流、河水的高速流动通常可视为湍流。管道内的流体由层流转变为湍流，不仅与流体的流速有关，还取决于管道的直径、流体的密度以及黏度。1883年，英国的雷诺提出用一无量纲的纯数来表征流体的流动性质，用Re表示，称为雷诺数，其定义如下

$$Re=\frac{\rho v l}{\eta} \tag{5.21}$$

式中，ρ 为流体密度；v 为流速；η 为黏度；l 是物体的特征常数，如管道的直径、机翼的宽度，等。从层流向湍流的过渡以一定的雷诺数为标志，用 $Re_{临}$ 表示。当 $Re < Re_{临}$ 时为层流；当 $Re > Re_{临}$ 时为湍流。$Re_{临}$ 通常具有一定的取值范围，例如，水在管道内流动的临界雷诺数为 2000 ~ 2600，这意味着当 $Re < 2000$ 时水的流态为层流；若 $Re > 2600$ 时，水的流态为湍流。当 $2000 < Re < 2600$ 时，是层流向湍流转化的状态。

本章思维导图

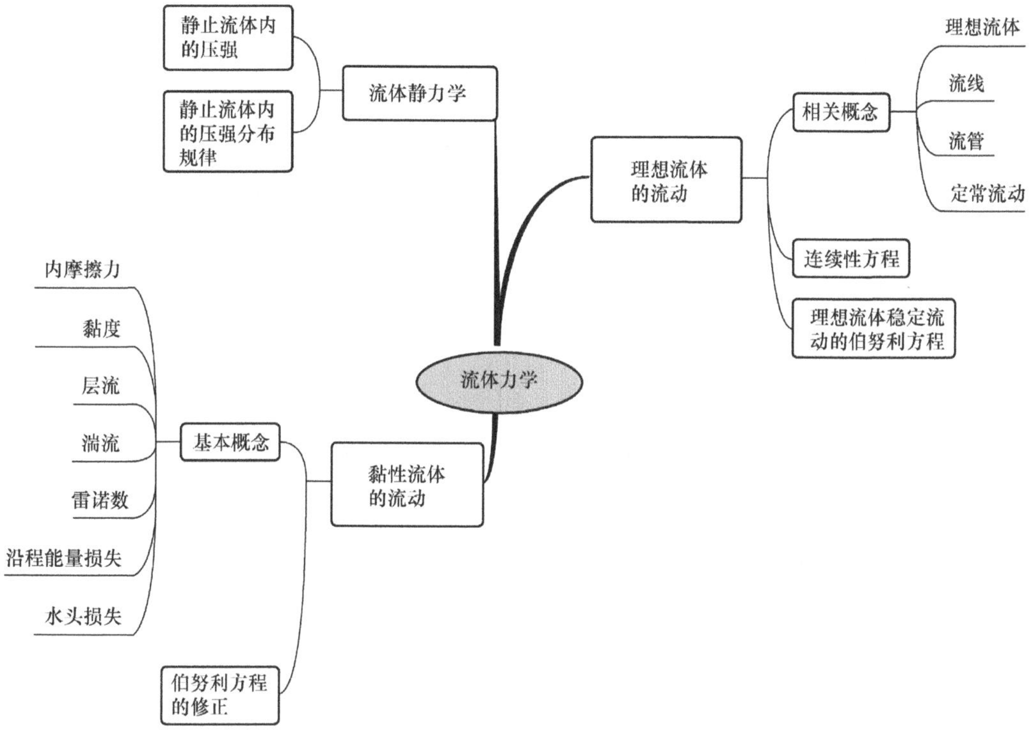

思　考　题

5.1　都江堰是战国时期秦国蜀郡太守李冰率众修建的，距今已有两千多年的历史，是中华民族智慧的结晶。请查阅相关资料，分析都江堰工程中的力学原理。

5.2　利用伯努利方程分析足球运动中“香蕉球”的物理原理。

5.3　当流体做稳定流动时，流体质元能否有加速度？

5.4　试用流体力学的相关知识解释飞机的升力是如何产生的。

5.5　火车开动后，车厢里立即会有风从车厢两侧吹进，这是为什么？

5.6　何为理想流体？理想流体各处的密度是否一样？为什么？

5.7　什么情况下流线与流迹重合？

5.8　文丘里流量计的工作原理是什么？

5.9　理想流体是否会有水头损失？为什么？

习　题

5.1　汽油输送管道的半径为0.1m，汽油的密度为0.7×10^3kg/m^3，流速不超过1.0m/s，求每秒最多输送的汽油量。

5.2　一圆形风道的截面半径为0.2m，通风量1m^3/s。求：

（1）平均流速。

（2）若在风道出口处，截面半径缩小为0.15m，那流速变为多少？

5.3　如图5.10所示，液体表面有一平板，其水平运动速度为$u=0.8$m/s，液体的厚度$l=$ 8mm，黏度$\eta=1$Pa·s，求作用在平板单位面积上的阻力。

5.4　如图5.11所示，一大桶内盛满了水，在靠近底部的侧壁有一小洞，小洞的面积为ΔS，若水从小洞流出的体积流量为Q，求小洞距液面的高度。

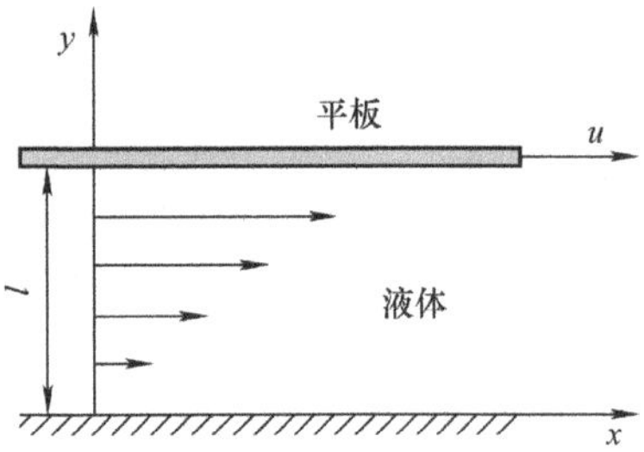

图5.10　习题5.3用图

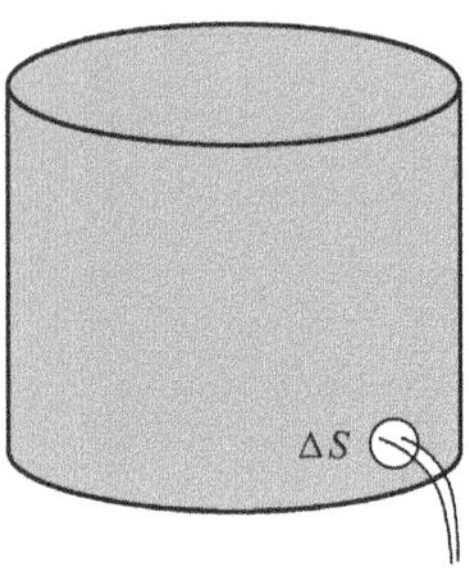

图5.11　习题5.4用图

5.5　虹吸管的位置如图5.12所示，其半径为5cm，求体积流量。（忽略水头损失）

5.6　如图5.13所示，一虹吸管的直径为9cm，在不计水头损失的情况下，求A、B两点的压强。

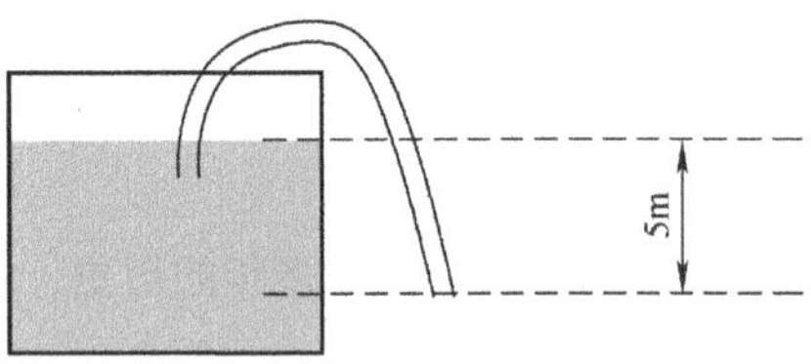

图5.12　习题5.5用图

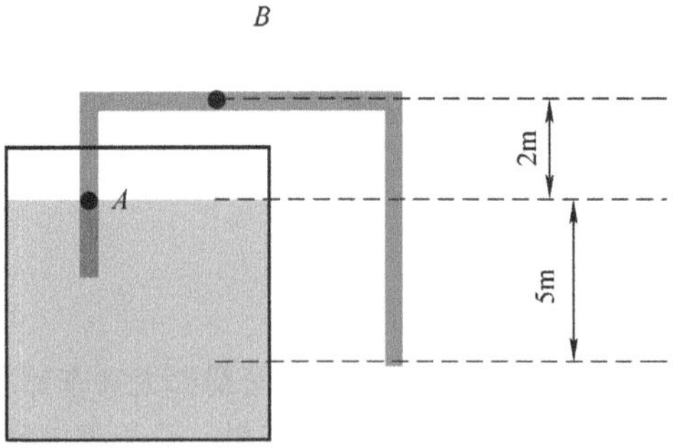

图5.13　习题5.6用图

5.7　密度为0.8×10^3kg/m^{3}的液体在直径为0.1m的管道内流动，平均流速为2m/s，液体的黏度为0.1Pa·s，求雷诺数。

5.8　汽油输送管道的半径为0.1m，汽油的密度为0.7×10^3kg/m^3，黏度为0.05Pa·s，为保证在层流状态下输送，汽油的平均流速最大为多少？（已知临界雷诺数为2000）

5.9　如图5.14所示，某液体在半径为R的管道内流动，流速分布函数为$v=5r-0.5r^2(0\leqslant r\leqslant R)$，若液体的黏度为$\eta$，求液体在单位面积上的内摩擦力。

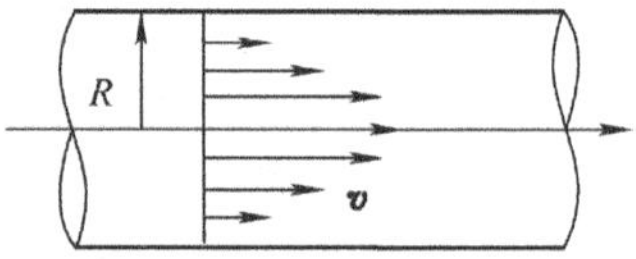

图5.14　习题5.9用图

第2篇　电　磁　学

第6章　真空中静电场的基本规律

自本章起，开始学习电磁学。电磁学是描述电磁现象基本规律的科学。早在我国东汉时期，就有关于电磁现象的记载。王充在《论衡》一书中提到“顿牟掇芥”，意思是说摩擦琥珀能吸引羽毛一类的轻巧物体。同一时期希腊哲学家泰勒斯已观察到并记载了类似的摩擦起电等现象。“电”一词在西方是从希腊文琥珀一词转意而来的，在中国则是从雷电现象中发展而来的。1745年，荷兰莱顿大学教授马森布洛克发明了莱顿瓶，可以储存电荷。法国人诺莱特在巴黎大教堂邀请了法国路易十五的皇室成员临场观看，七百名修道士手拉手排成一行，排头的修道士用手握住莱顿瓶，当莱顿瓶充好电后，排尾的修道士触摸莱顿瓶的引线。顿时，七百名修道士几乎同时跳了起来。在场的人目瞪口呆，从而展示了电的巨大威力。关于电磁现象的定量研究始于1785年，法国物理学家库仑从实验中总结出了两个带电体之间相互作用的规律，从此电磁学的研究开始进入科学的行列。进入19世纪，由于社会生产力的发展和实验科学技术的进步，电磁学进入了突飞猛进的发展阶段。1831年，英国物理学家法拉第发现了电磁感应定律，揭开了磁生电的神秘面纱，并在此基础上制造了第一台发电机，为能源的开发和广泛利用开辟了崭新的前景。法拉第最先提出“场”的概念，认为电荷之间的电力和电流之间的磁力并不是超距作用，而是通过一种“场”来实现的，电场是不同于实物物质的另一种形态的物质，具有能量、动量和质量。19世纪60年代，英国物理学家麦克斯韦在前人工作的基础上建立了麦克斯韦方程组，用简洁、对称、优美的数学公式把电场和磁场的规律归纳总结出来，这个方程组成为了经典电动力学的基础。麦克斯韦电磁场理论将电学、磁学、光学统一起来，是19世纪物理学发展最光辉的成果，也是科学史上最伟大的成就之一。

作为电磁学的开篇，本章介绍静止电荷所产生的电场——静电场的基本规律，主要内容包括：库仑定律、高斯定理、电场强度环路定理以及和电场能量有关的功和势能。

6.1　库仑定律与静电力的叠加原理

6.1.1　电荷

自然界中有两种基本电荷：正电荷和负电荷。同种电荷互相排斥，异种电荷互相吸引。电荷的多少称为“电荷量”，简称“电荷”，电荷量的国际单位为库仑，符号为C。电荷具有以下几个方面的基本属性：

1. 电荷守恒定律

电荷既不能创造，也不能消灭，它只能从一个物体转移到另一个物体，或从物体的一部分转移到另一部分，在转移过程中，系统的电荷总量保持不变。简言之：一个孤立的系统电荷总量保持不变。在粒子反应中，正负电子可以成对产生，也可以成对湮灭，但是反应前后总电荷量保持不变。

2. 电荷的量子性

20世纪初，美国实验物理学家密立根通过著名的油滴实验证实了电荷具有量子性质，也就是说，电荷总是由一些基本单元的整数倍组成，这个特性就叫作电荷的量子性。电荷的基本单元就是一个电子所携带的电荷量的绝对值，以符号“e”来表示，其大小为 $e=1.602\times10^{-19}$C。

1964年，盖尔曼等人提出了夸克模型，认为一些粒子是由一些电荷量为 $\pm e/3$ 或者 $\pm 2e/3$ 的夸克组成，但是，由于存在夸克禁闭效应，单个自由的夸克不能被观测到，我们对夸克的认知大都是间接来自对强子的观测。到目前为止，尽管存在比电子电荷量更小的带电单元，但电荷量子化特征仍然没有改变。

3. 电荷的相对论不变性

实验证明：任何带电体所带的电荷量与其运动速度无关，或者说，不同的参考系下对同一带电体所测的电荷量是相同的。如图6.1a、b所示，在地面上和在车厢里测量到的带电小球的电荷量都是一样的。

a) 带电体静止在地面上　　b) 带电体静止在车厢里

图6.1　带电体的电荷量和运动状态无关

6.1.2　库仑定律与叠加原理

在发现电现象以后的2000多年的时间里，电学的发展非常缓慢，直到18世纪，电磁学这门科学才开始迅速发展起来。1785年，法国物理学家库仑通过扭秤实验直接测定了两个静止的带电球体之间的相互作用规律，称为**库仑定律**，它可以表述为：在真空中，两个静止的电荷之间的相互作用力的大小，与它们的电荷量 q_1 和 q_2 的乘积成正比，与它们之间的距离成反比；作用力的方向沿着它们连线方向，同号电荷相斥，异号电荷相吸。如图6.2所示，两个点电荷 q_1 和 q_2 之间的相互作用力用 $\boldsymbol{F}_{12}$ 来表示，其大小和方向由库仑定律可以表示为

$$\boldsymbol{F}_{12}=k\frac{q_1q_2}{r_{12}^2}\boldsymbol{e}_{r_{12}} \tag{6.1}$$

式中，$\boldsymbol{F}_{12}$ 表示 q_2 对 q_1 的作用力；r_{12} 表示由 q_2 与 q_1 之间的距离；$\boldsymbol{e}_{r_{12}}$ 表示其单位矢量；k 为比例系数，在国际单位制中，$k=8.9880\times10^9\mathrm{N\cdot m^2/C^2}$。

令 $k=\dfrac{1}{4\pi\varepsilon_0}$，库仑定律还可以表示为

$$\boldsymbol{F}_{12}=\frac{q_1q_2}{4\pi\varepsilon_0r_{12}^2}\boldsymbol{e}_{r_{12}} \tag{6.2}$$

式中，ε_0 称为**真空电容率**或者**真空介电常数**，其大小为 $8.8541\times10^{-12}\mathrm{C^2/(N\cdot m^2)}$。

库仑定律的正确性不断地经历着实验的考验，目前认为在小到 10^{-17}m，大到 10^7m，甚至更大的范围内，库仑定律仍然能够精确地成立。现代电动力学理论指出，库仑定律分母中 r 的指数与光子的静质量有关：如果光子的静质量为 0，则该指数严格等于 2。

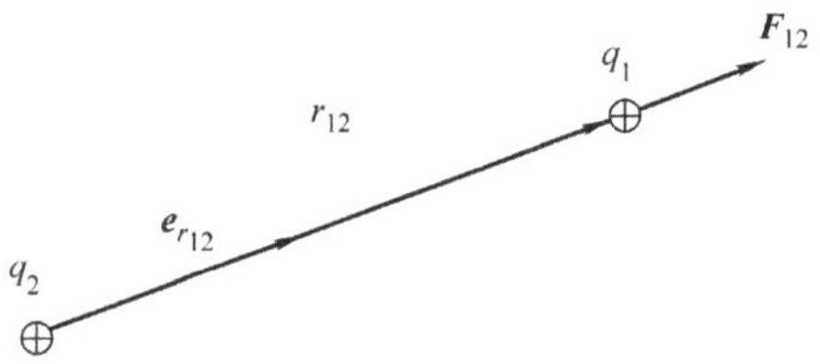

图 6.2　库仑定律

实验表明：当空间中存在两个以上的点电荷时，两个点电荷之间的作用力并不因第三个点电荷的存在而有所改变。因此，两个以上的点电荷对一个点电荷的作用力等于各个点电荷单独存在时对该点电荷作用力的矢量和。这个规律叫**电力叠加原理**。当空间中有若干个点电荷 q_0，q_1，q_2，q_3，…，q_k 存在时，其中每一个点电荷（如 q_0）所受的总库仑力为

$$\boldsymbol{F}=\sum_{i=1}^{k}\boldsymbol{F}_i=\frac{1}{4\pi\varepsilon_0}\sum_{i=1}^{k}\frac{q_i\,q_0}{r_{0i}^2}\boldsymbol{e}_{0i}\tag{6.3}$$

式中，r_{0i} 表示由 q_0 和 q_i 之间的距离；$\boldsymbol{e}_{0i}$ 表示从 q_i 指向 q_0 的单位矢量。

当带电体为有限大小时，不能被看作是一个点电荷，如图 6.3 所示。如何求带电体 q_1 对点电荷 q_0 的静电力呢？我们可以将有限大小的带电体 q_1 分割成无数个点电荷，每个点电荷的电荷量为 $\mathrm{d}q$，设 $\mathrm{d}q$ 到点电荷 q_0 的距离为 r，$\boldsymbol{e}_r$ 代表位矢 $\boldsymbol{r}$ 上的单位矢量，应用库仑定律和电力叠加原理，库仑力 $\boldsymbol{F}$ 可用积分计算为

$$\boldsymbol{F}=\frac{1}{4\pi\varepsilon_0}\int_{q_1}\frac{q_0\,\boldsymbol{e}_r}{r^2}\mathrm{d}q\tag{6.4}$$

例 6.1　一无限长均匀带电直线，其电荷线密度为 λ。一点电荷 q_0 位于距带电线垂直距离为 x 的 P 点（设 $\lambda>0$，$q_0>0$），求点电荷 q_0 受到的库仑力。

解　如图 6.4 所示，为计算带电线对点电荷的库仑力，可以把带电线分割成很多小段 $\mathrm{d}l$，其电荷量 $\mathrm{d}q=\lambda\mathrm{d}l$。每个电荷元可以看成是一个点电荷。电荷元 $\mathrm{d}q$ 和点电荷 q_0 之间的库仑力为 $\mathrm{d}\boldsymbol{F}$，$\mathrm{d}\boldsymbol{F}$ 沿着两个轴方向的分量分别为 $\mathrm{d}\boldsymbol{F}_x$ 和 $\mathrm{d}\boldsymbol{F}_y$。由于电荷关于直线 OP 对称分布，考虑带电体的对称性和力的矢量性，且带电线为无限长，因此点电荷所受到的库仑力沿 y 轴方向的分量之和为零，因而点电荷 q_0 所受的总库仑力沿着 x 轴方向，即

$$F=\int\mathrm{d}F_x=\int\mathrm{d}F\cos\theta=\int\frac{q_0\lambda\,\mathrm{d}l}{4\pi\varepsilon_0r^2}\cos\theta$$

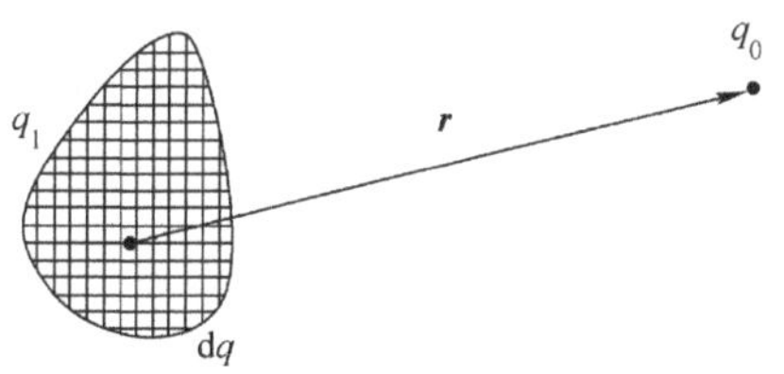

图 6.3　连续带电体和点电荷之间的库仑力

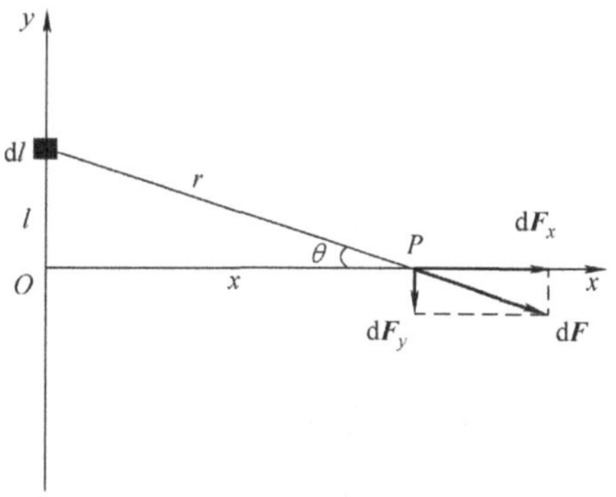

图 6.4　例 6.1 用图

统一变量：$l = x\tan\theta$，$\mathrm{d}l = \frac{x}{\cos^2\theta}\mathrm{d}\theta$，$r = \frac{x}{\cos\theta}$，有

$$\mathrm{d}F_x = \frac{q_0\lambda\,\mathrm{d}l}{4\pi\varepsilon_0 r^2}\cos\theta = \frac{q_0\lambda\cos\theta}{4\pi\varepsilon_0 x}\mathrm{d}\theta$$

所以

$$F = \int \mathrm{d}F_x = \int_{-\pi/2}^{\pi/2} \frac{q_0\lambda\cos\theta}{4\pi\varepsilon_0 x}\mathrm{d}\theta = \frac{q_0\lambda}{2\pi\varepsilon_0 x}$$

此电场力的方向沿着 x 轴正方向。

6.2 电场和电场强度

6.2.1 电场

早期人们曾认为电荷之间的库仑力是一种超距作用，不需要中介物质，也不需要传递时间。到了19世纪30年代，英国科学家法拉第首次提出力线的概念和场的思想，认为电荷周围存在着一种电场，电荷之间是通过电场传递相互作用力的。后来，英国物理学家麦克斯韦发展了法拉第的思想，提出了完整的电磁场理论。实验表明，“场”作为一种物质形态，与通常人们所熟悉的实物物质一样，是一种特殊的物质形态，具有能量、动量和质量。凡是有电荷的地方，四周就存在着电场，相对于观测者静止的电荷在其周围空间所激发的电场称为**静电场**。

6.2.2 电场强度

为了研究电场的性质，我们在电场中引入检验电荷 q_0，通过电场对 q_0 的作用力来研究电场本身的性质。为了使电场不被检验电荷 q_0 影响，q_0 所带电荷量和几何限度都要充分小。把检验电荷 q_0 静止地放置于外电场中，测量它所受到的电场力 $\boldsymbol{F}$。实验表明：q_0 所受的电场力 $\boldsymbol{F}$ 与 q_0 的比值不随 q_0 的变化而变化，它反映电场本身的性质，我们将其定义为**电场强度**，用 $\boldsymbol{E}$ 来表示，即

$$\boldsymbol{E} = \frac{\boldsymbol{F}}{q_0} \tag{6.5}$$

式（6.5）表明，某处电场强度的大小等于单位正电荷在该点所受到的电场力，其方向与电场力的方向一致，其单位是N/C。在国际单位制中，电场强度的单位是V/m，1V/m = 1N/C。

点电荷 q 在周围空间所激发的电场 $\boldsymbol{E}$ 可以由式（6.5）和式（6.1）计算出来，即

$$\boldsymbol{E} = \frac{q}{4\pi\varepsilon_0 r^2}\boldsymbol{e}_r \tag{6.6}$$

式（6.6）表明：点电荷的电场强度是球对称的，即在以点电荷所在处为球心、以 r 为半径的球面上各点的电场强度大小相等，电场强度的方向处处沿着半径方向向外（$q>0$）或者向内（$q<0$）。一般而言，空间不同点的电场强度大小和方向都可以不同，$\boldsymbol{E}$ 是空间坐标的一个矢量函数。

6.2.3 电场强度叠加原理

将式（6.3）代入式（6.5），可得

$$E = \frac{F}{q_0} = \frac{\sum_{i=1}^{k} F_i}{q_0} = \sum_{i=1}^{k} \frac{F_i}{q_0} = \sum_{i=1}^{k} E_i = \frac{1}{4\pi\varepsilon_0}\sum_{i=1}^{k}\frac{q_i}{r_i^2}e_i \tag{6.7}$$

式中，$\frac{F_i}{q_0}$是电荷 q_i单独存在时在 P 点产生的电场强度 E_i；r_i为第 i 个点电荷 q_i和场点之间的距离；e_i为 q_i指向场点的单位矢量。此式表示：在 n 个点电荷产生的电场中，某点的电场强度等于每个点电荷单独存在时在该点产生的电场强度的矢量和，这称为**电场强度叠加原理**。

6.2.4　电场强度的计算

式（6.6）和式（6.7）分别给出了孤立的点电荷和点电荷系在空间场点产生的电场强度。对于连续带电体，电场强度也可以由式（6.4）和式（6.5）得到：

$$E = \frac{1}{4\pi\varepsilon_0}\int_q \frac{e_r}{r^2}\mathrm{d}q \tag{6.8}$$

式中，e_r为 dq 电荷元指向场点方向的单位矢量。式（6.8）为矢量积分式，在具体计算时，常采用矢量分解的方法，即

$$E = \int \mathrm{d}E = i\int \mathrm{d}E_x + j\int \mathrm{d}E_y + k\int \mathrm{d}E_z \tag{6.9}$$

电场是一个矢量，在进行叠加时，既要考虑大小，也要考虑方向。在求一个电荷分布具有一定对称性的带电体在空间激发的电场时，要充分利用对称性，这样会给计算带来很大方便。下面举几个例子。

例6.2　求电偶极子在延长线上和中垂线上任一点的电场强度。

解　相隔一定距离的两个等量异号点电荷，当点电荷之间的距离 l 比它们到所讨论的场点的距离小很多时，此电荷系统称为**电偶极子**。如图6.5所示，点电荷的电荷量分别为 $+q$ 和 $-q$，l 表示从负电荷指向正电荷的矢量线段。

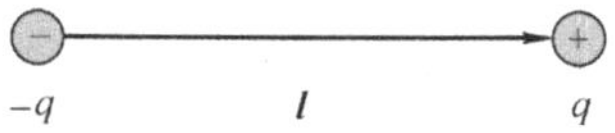

图6.5　例6.2用图

（1）延长线上任意一点的电场强度：设电偶极子的中心为坐标原点 O，坐标轴 x 的正方向和电偶极子的正方向一致，场点 P 距离原点 O 为 r，$-q$ 到场点的距离为 $r+l/2$，$+q$ 到场点的距离为 $r-l/2$，如图6.6所示，则两个点电荷在 P 点产生的总电场强度的大小为

$$E = E_+ + E_- = \frac{q}{4\pi\varepsilon_0\left(r-\frac{l}{2}\right)^2} + \frac{-q}{4\pi\varepsilon_0\left(r+\frac{l}{2}\right)^2}$$

方向沿着 x 轴。当 $l \ll r$ 时，$\frac{1}{\left(r\mp\frac{l}{2}\right)^2} = \frac{1}{r^2}\left(1\mp\frac{l}{2r}\right)^{-2} \approx \frac{1}{r^2}\left(1\pm\frac{l}{r}\right)$。因此，有

$$E = \frac{q\,e_r}{4\pi\varepsilon_0}\cdot\frac{1}{r^2}\left[\left(1+\frac{l}{r}\right)-\left(1-\frac{l}{r}\right)\right] = \frac{2ql}{4\pi\varepsilon_0 r^3}$$

式中，$l = le_r$。令 $p = ql$，有

$$E = \frac{2p}{4\pi\varepsilon_0 r^3} \tag{6.10}$$

p 反映了电偶极子本身的特征，叫作**电偶极子的电偶极矩**，简称**电矩**。此结果表明：在电偶极子的延长线上，电场的方向和电矩的方向相同，大小和电矩成正比，和距离的三次方成

反比。

(2) 中垂线上任意一点的电场强度：如图6.7所示，设电偶极子中垂线上任一场点P到电偶极子连线的垂直距离为r，而场点P距离两个点电荷的位置矢量分别为$\boldsymbol{r}_+$和$\boldsymbol{r}_-$，且$r_+=r_-$。两个点电荷在P点产生的总电场强度为

$$\boldsymbol{E}=\boldsymbol{E}_++\boldsymbol{E}_-=\frac{q\boldsymbol{r}_+}{4\pi\varepsilon_0 r_+^3}+\frac{-q\boldsymbol{r}_-}{4\pi\varepsilon_0 r_-^3}$$

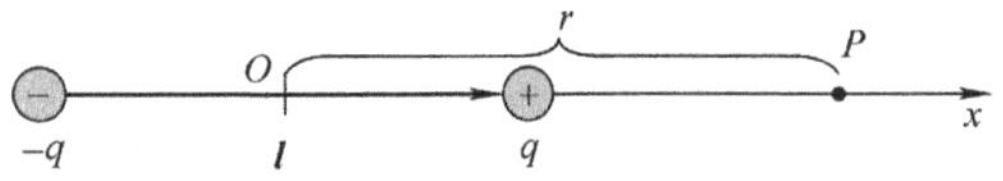

图6.6 电偶极子延长线上P点的场强

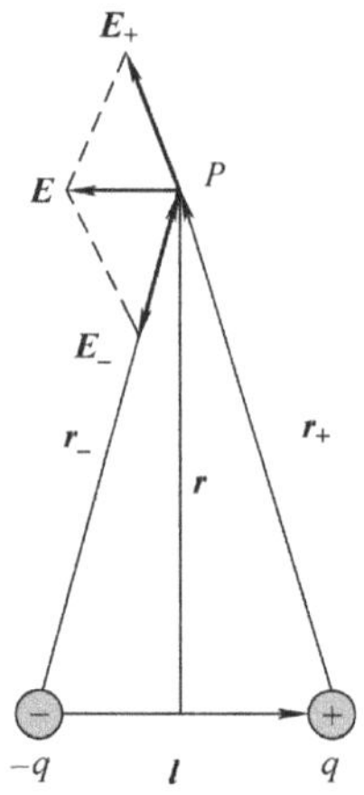

图6.7 电偶极子中垂线上P点的电场强度

式中，$r_+=r_-=\sqrt{r^2+\frac{l^2}{4}}=r\sqrt{1+\frac{l^2}{4r^2}}=r\left(1+\frac{l^2}{8r^2}+\cdots\right)$，当$r>>l$时，取一级近似，$r_+=r_-=r$，则$P$点的电场强度为

$$\boldsymbol{E}=\boldsymbol{E}_++\boldsymbol{E}_-=\frac{q\boldsymbol{r}_+}{4\pi\varepsilon_0 r^3}+\frac{-q\boldsymbol{r}_-}{4\pi\varepsilon_0 r^3}=\frac{q(\boldsymbol{r}_+-\boldsymbol{r}_-)}{4\pi\varepsilon_0 r^3}=\frac{-q\boldsymbol{l}}{4\pi\varepsilon_0 r^3}$$

$$\boldsymbol{E}=\frac{-\boldsymbol{p}}{4\pi\varepsilon_0 r^3} \tag{6.11}$$

此结果表明：在电偶极子的中垂线上，电场的方向和电矩的方向相反，大小和电矩成正比，和距离的三次方成反比。

例6.3 求电偶极子在均匀外电场中所受的力矩。

解 如图6.8所示，设均匀外电场场强为$\boldsymbol{E}$，$\boldsymbol{l}$表示从$-q$到$+q$的矢量线段，电偶极子中点O到$\pm q$的径矢分别为$\boldsymbol{r}_+$和$\boldsymbol{r}_-$。正、负电荷所受的电场力分别为

$$\boldsymbol{F}_+=q\boldsymbol{E},\ \boldsymbol{F}_-=-q\boldsymbol{E}$$

它们对偶极子中心O点的力矩之和为

$$\boldsymbol{M}=\boldsymbol{r}_+\times\boldsymbol{F}_++\boldsymbol{r}_-\times\boldsymbol{F}_-=q(\boldsymbol{r}_+-\boldsymbol{r}_-)\times\boldsymbol{E}=q\boldsymbol{l}\times\boldsymbol{E}$$

即

$$\boldsymbol{M}=\boldsymbol{p}\times\boldsymbol{E} \tag{6.12}$$

此式表明：力矩的大小等于$pE\sin\theta$，θ为$\boldsymbol{p}$和$\boldsymbol{E}$之间的夹角，力矩的方向垂直于$\boldsymbol{p}$和$\boldsymbol{E}$所组成的平面，并且满足右手螺旋关系。此力矩的方向总是使电偶极子转向电场强度$\boldsymbol{E}$的方向。当$\boldsymbol{p}$平行于$\boldsymbol{E}$时，$\boldsymbol{M}=0$。

例6.4 长为L的均匀带电直线，电荷线密度（单位长度上的电荷量）为λ（设$\lambda>0$），求直线中垂线上一点P的电场强度，P点到直线的垂直距离为r。

解 如图6.9所示，将带电线分割成很多小段电荷元，每个电荷元所带电荷量为$\mathrm{d}q=\lambda\mathrm{d}l$。

任取一电荷元 $\mathrm{d}q$，其到 P 点的距离为 r'。$\mathrm{d}q$ 在 P 点产生的电场强度的大小为

$$\mathrm{d}E=\frac{\mathrm{d}q}{4\pi\varepsilon_0 r'^2}$$

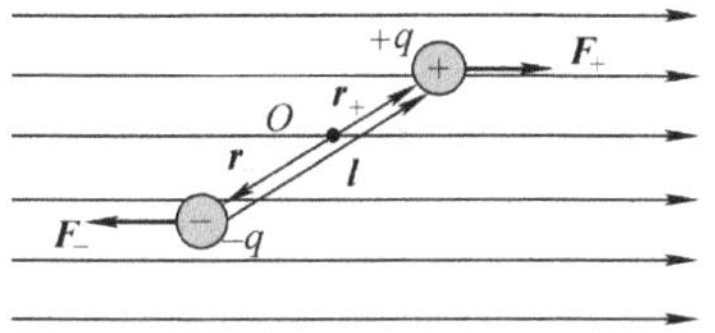

图 6.8　例 6.3 用图

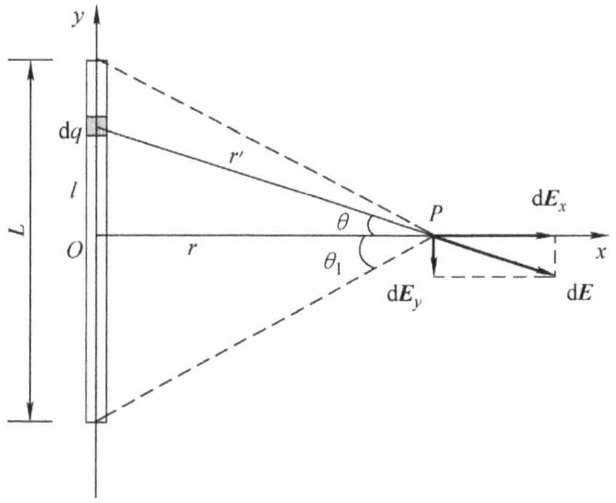

图 6.9　例 6.4 用图

其沿着 x 轴和 y 轴的分量分别为

$$\mathrm{d}E_x=\mathrm{d}E\cos\theta=\frac{\mathrm{d}q}{4\pi\varepsilon_0 r'^2}\cos\theta=\frac{\lambda\mathrm{d}l}{4\pi\varepsilon_0 r'^2}\cos\theta$$

$$\mathrm{d}E_y=\mathrm{d}E\sin\theta=\frac{\mathrm{d}q}{4\pi\varepsilon_0 r'^2}\sin\theta=\frac{\lambda\mathrm{d}l}{4\pi\varepsilon_0 r'^2}\sin\theta$$

式中，θ 为 $\mathrm{d}\boldsymbol{E}$ 与 x 轴的夹角。考虑到 P 点位于带电线的中垂线上，由对称性知，全部电荷在 P 点的电场强度沿 y 轴方向的分量之和为 0，因而，只需要计算 x 轴方向的电场强度的大小 E_x 即可，此即总电场强度的大小。

根据几何关系，统一变量：$l=r\tan\theta$，$\mathrm{d}l=\frac{r}{\cos^2\theta}\mathrm{d}\theta$，$r'=\frac{r}{\cos\theta}$，所以有

$$\mathrm{d}E_x=\frac{\lambda\mathrm{d}l}{4\pi\varepsilon_0 r'^2}\cos\theta=\frac{\lambda\cos\theta}{4\pi\varepsilon_0 r}\mathrm{d}\theta$$

对于整个带电直线，θ 的变化范围为 $-\theta_1<\theta<\theta_1$，所以

$$E=\int\mathrm{d}E_x=\int_{-\theta_1}^{\theta_1}\frac{\lambda\cos\theta}{4\pi\varepsilon_0 r}\mathrm{d}\theta=\frac{\lambda\sin\theta_1}{2\pi\varepsilon_0 r}$$

将 $\sin\theta_1=\dfrac{L/2}{\sqrt{r^2+\left(\dfrac{L}{2}\right)^2}}$ 代入，可得

$$E=\frac{\lambda L}{4\pi\varepsilon_0 r\sqrt{r^2+L^2/4}}$$

此电场的方向沿着 x 轴正方向。

当 $r \ll L$（在带电线中部附近区域）或者 $L \gg r$ 时（带电线无限长时），有 $E\approx\frac{\lambda}{2\pi\varepsilon_0 r}$。当 $r \gg L$ 时，$E\approx\frac{\lambda L}{4\pi\varepsilon_0 r^2}=\frac{q}{4\pi\varepsilon_0 r^2}$，其中 q 为带电线的总电荷量。此结果和一个点电荷 q 在场点处产

生的电场相同，这表明，在离带电线很远处，带电直线的电场相当于一个点电荷的电场。

例 6.5 一均匀带电圆环带，内、外半径分别为 R_1 和 R_2，电荷面密度为 σ（假设 $\sigma>0$），求其中心轴线上的电场强度分布。

解 将圆环带分割成电荷元，考虑到对称性，首先，按照半径的不同，将圆环带分割成一圈圈圆环，每个圆环的半径为 $r_\perp$，宽度为 $dr_\perp$。在同一个半径的圆环上再按照角度继续切分为很多小段圆弧，每一段圆弧的圆心角为 $d\varphi$，如图 6.10 所示。每一小段圆弧所携带的电荷量为 $dq=\sigma r_\perp dr_\perp d\varphi$，每一小段圆弧可以看成是一个点电荷，它在场点 P 位置产生的电场强度的大小为

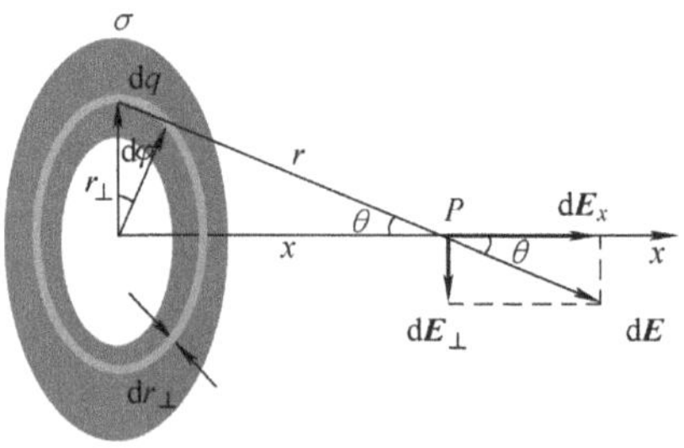

图 6.10 例 6.5 用图

$$dE=\frac{dq}{4\pi\varepsilon_0 r^2}$$

其方向从 dq 指向场点位置。将 dE 沿着 x 轴和垂直于 x 轴的方向可分解为

$$dE_x=dE\cos\theta=\frac{dq}{4\pi\varepsilon_0 r^2}\cos\theta$$

$$dE_\perp=dE\sin\theta=\frac{dq}{4\pi\varepsilon_0 r^2}\sin\theta$$

其中，θ 为 dE 与 x 轴方向的夹角。

考虑到整个带电圆环的轴对称性，$dE_\perp$ 分量都抵消掉了，只剩下 dE_x 分量。因此有

$$E=\int dE_x=\int\frac{dq}{4\pi\varepsilon_0 r^2}\cos\theta=\int_0^{2\pi}\int_{R_1}^{R_2}\frac{\sigma r_\perp dr_\perp d\varphi}{4\pi\varepsilon_0 r^2}\cos\theta=\int_0^{2\pi}d\varphi\int_{R_1}^{R_2}\frac{\sigma\cos\theta r_\perp dr_\perp}{4\pi\varepsilon_0 r^2}$$

$$E=\frac{2\pi\sigma}{4\pi\varepsilon_0}\int_{R_1}^{R_2}\frac{r_\perp dr_\perp}{r^2}\cdot\frac{x}{r}$$

其中 $r=\sqrt{x^2+r_\perp^2}$，代入，得

$$E=\frac{2\pi\sigma x}{4\pi\varepsilon_0}\int_{R_1}^{R_2}\frac{r_\perp dr_\perp}{(x^2+r_\perp^2)^{3/2}}=\frac{\sigma x}{2\varepsilon_0}\left(\frac{1}{\sqrt{x^2+R_1^2}}-\frac{1}{\sqrt{x^2+R_2^2}}\right)\tag{6.13}$$

其方向沿着 x 轴正方向。

当 $x>>R_2$，$x>>R_1$ 时，有

$$\frac{1}{\sqrt{x^2+R_1^2}}=\frac{1}{x\sqrt{1+\frac{R_1^2}{x^2}}}=\frac{1}{x}\left(1+\frac{R_1^2}{x^2}\right)^{-1/2}\approx\frac{1}{x}\left(1-\frac{R_1^2}{2x^2}\right)$$

$$\frac{1}{\sqrt{x^2+R_2^2}}=\frac{1}{x\sqrt{1+\frac{R_2^2}{x^2}}}=\frac{1}{x}\left(1+\frac{R_2^2}{x^2}\right)^{-1/2}\approx\frac{1}{x}\left(1-\frac{R_2^2}{2x^2}\right)$$

代入式（6.13），得

$$E=\frac{\sigma}{2\varepsilon_0}\cdot\frac{R_2^2-R_1^2}{2x^2}=\frac{q}{4\pi\varepsilon_0 x^2}$$

式中，q 是整个圆环携带的总电荷量，$q=\sigma\pi(R_2^2-R_1^2)$。此结果说明，当场点远离带电圆环带时，带电体产生的电场相当于一个点电荷 q 产生的电场，和带电体的形状无关。

当 $R_1=0$ 时，令 $R_2=R$，代入式（6.13），有

$$E=\frac{\sigma}{2\varepsilon_0}\left(1-\frac{x}{\sqrt{x^2+R^2}}\right) \tag{6.14}$$

此电场即是半径为 R 的带电圆盘在中轴线上产生的电场。

当带电圆盘的半径 R 趋于无限大时，有

$$E=\frac{\sigma}{2\varepsilon_0} \tag{6.15}$$

6.3 电通量 高斯定理

6.3.1 电场线和电通量

法拉第为了形象地描述电场的分布，在电场中引入一些假想的曲线，曲线上的每一个点的切线方向和该点电场强度的方向一致，曲线的疏密程度反映电场强度的大小，这些曲线称为**电场线**。定量地讲，如图6.11所示，通过垂直于电场方向单位面积 $dS_{\perp}$ 的电场线条数即是电场强度的大小，因此，我们有

$$E=\frac{dN}{dS_{\perp}}=\frac{dN}{dS\cos\theta} \tag{6.16}$$

式中，dN 表示电场线条数；θ 为面元 $d\boldsymbol{S}$ 的法线 $\boldsymbol{e}_n$ 与该处 $\boldsymbol{E}$ 的夹角。

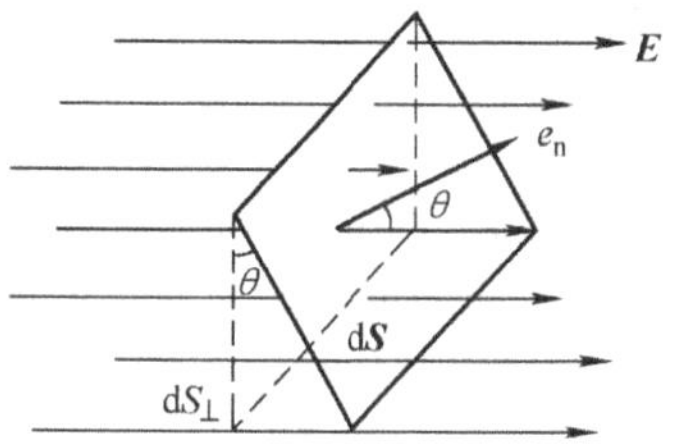

图6.11 电场强度和电场线条数

图6.12画出了几种典型带电体的电场线，从这些图中可以看出：静电场的电场线起自于正电荷，终止于负电荷，在无电荷处不中断；静电场的电场线不会相交，也不会形成闭合的曲线。

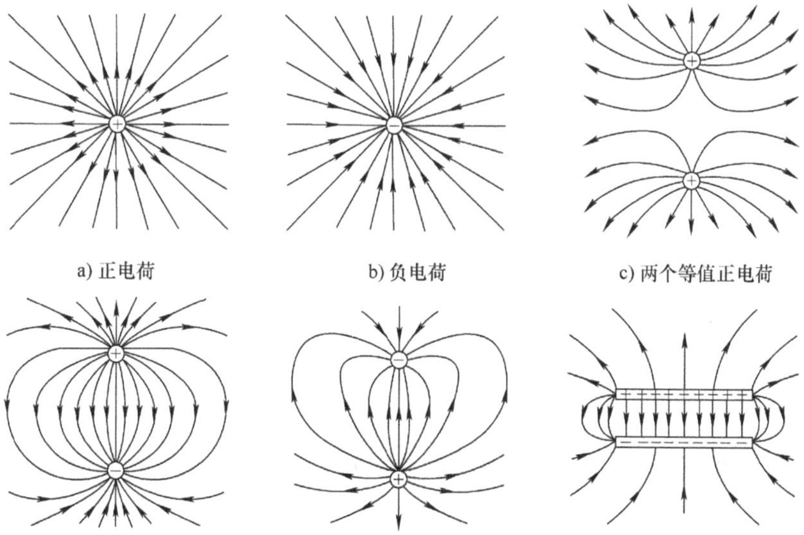

a) 正电荷 b) 负电荷 c) 两个等值正电荷

d) 两个等值异号电荷 e) 电荷+2q与电荷−q f) 正负带电板

图6.12 几种典型带电体的电场线分布

电场是一个矢量，可以引入通量的概念。电场的通量叫**电通量**，用 Φ_e 来表示。如图6.11所示，在电场中任取一面元 dS，面元的法线方向为 $\boldsymbol{e}_n$，定义面元矢量 $d\boldsymbol{S}=dS\boldsymbol{e}_n$。电场通过此面元

的电通量 $\mathrm{d}\Phi_e$定义为

$$\mathrm{d}\Phi_e = \boldsymbol{E} \cdot \mathrm{d}\boldsymbol{S} = E\cos\theta \mathrm{d}S$$

式中，θ 为电场 $\boldsymbol{E}$ 和面元法线方向 $\boldsymbol{e}_n$之间的夹角。将式（6.16）代入上式，得

$$\mathrm{d}\Phi_e = \mathrm{d}N$$

这说明，通过 dS 面元的电通量就是穿过 dS 面元的电场线的条数，这是对电通量比较直观、形象的理解。进一步，通过任意曲面 S 的电通量为

$$\Phi_e = \int \boldsymbol{E} \cdot \mathrm{d}\boldsymbol{S} = \int E\cos\theta \mathrm{d}S \tag{6.17}$$

如果是一个封闭曲面，电通量可以表示为

$$\Phi_e = \oint \boldsymbol{E} \cdot \mathrm{d}\boldsymbol{S} = \oint E\cos\theta \mathrm{d}S \tag{6.18}$$

对于一个开放的面元 d$\boldsymbol{S}$，其法线方向有两种取法，两种取法都可以，只是不同取法计算出的电通量符号相反而已。但是对于一个封闭的曲面，闭合曲面将整个空间分成内、外两部分，通常规定封闭曲面的面元正方向为自内向外的方向，如图 6.13 所示。这样，$\Phi_e>0$，表明有净电场线穿出整个曲面；$\Phi_e<0$ 表明有净电场线穿入整个曲面。

例 6.6 如图 6.14 所示，一无限长带电直线，电荷线密度为 λ（设 $\lambda>0$），求带电线的电场对以它为轴、半径为 R、高度为 h 的圆柱面（包括侧面和上下底面）产生的电通量。

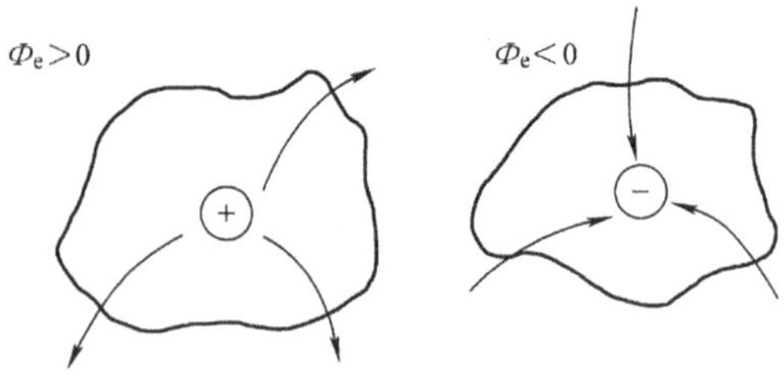

图 6.13 封闭曲面的电通量

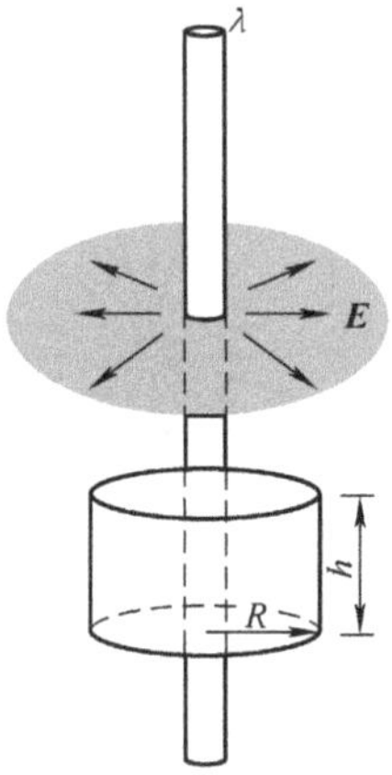

图 6.14 无限长带电线对圆柱面的电通量

解 无限长带电直线产生的电场垂直于带电线方向，呈轴对称分布，如图 6.14 所示。对于封闭的圆柱面，面元的外法线方向为正方向。按照电通量的定义，此电场对圆柱上、下底面没有电通量贡献（因为电场方向和面元法线方向夹角为 90°）。在圆柱体的侧面上，电场线处处和面元的法线方向平行，并且由于电场的轴对称分布，在整个侧面上，电场强度的大小相等，$E = \dfrac{\lambda}{2\pi\varepsilon_0 R}$，由式（6.18），可以计算

$$\Phi_e = \oint \boldsymbol{E} \cdot d\boldsymbol{S} = \int_{上底} E\cos 90° dS + \int_{下底} E\cos 90° dS + \int_{侧面} E\cos 0° dS$$

$$= 0 + 0 + ES_{侧} = E2\pi Rh = \frac{\lambda h}{\varepsilon_0}$$

6.3.2 高斯定理

德国数学家和物理学家高斯（Gauss，1777—1855）从理论上推出了通过任一封闭曲面的电通量和封闭曲面所包围的电荷的关系，即

$$\oint_S \boldsymbol{E} \cdot d\boldsymbol{S} = \frac{\sum q_i}{\varepsilon_0} \tag{6.19}$$

式中，q_i 表示封闭面内部的电荷；S 是任一封闭面，习惯上称高斯面。这个定理就叫**高斯定理**，可以表述为：静电场中通过任一封闭曲线的电通量，等于该曲面所包围的电荷的代数和 $\sum q_i$ 除以 ε_0。

高斯定理反映了静电场的一个基本属性：**静电场是有源场，电荷是静电场的源**。高斯定理可以从库仑定律和电场强度叠加原理导出。下面我们从特殊到一般来证明高斯定理。

（1）以点电荷 q 为中心的球面 S 的电通量等于 q/ε_0。

根据库仑定律，点电荷 q 在空间的电场具有球对称分布，如图 6.15 所示，在球面 S 上，电场强度的大小处处相等，方向沿着半径向外（$q>0$），或者向里（$q<0$），即

$$\boldsymbol{E} = \frac{q}{4\pi\varepsilon_0 R^2}\boldsymbol{e}_r$$

其中，R 为球面 S 的半径，则通过球面 S 的电通量为

$$\Phi_e = \oint \boldsymbol{E} \cdot d\boldsymbol{S} = \oint_S \frac{q}{4\pi\varepsilon_0 R^2} dS = \frac{q}{4\pi\varepsilon_0 R^2}\oint_S dS$$

$$= \frac{q}{4\pi\varepsilon_0 R^2} 4\pi R^2 = \frac{q}{\varepsilon_0}$$

即证。此结果表明：由点电荷 q 发出的电场线通过球面 S 的通量和球面 S 的半径 R 无关，意味着通过任意半径大小球面的通量（电场线的条数）都相等，这说明电场线从点电荷 q 发出，将无一中断地伸展到无穷远，体现出电场线的连续性。

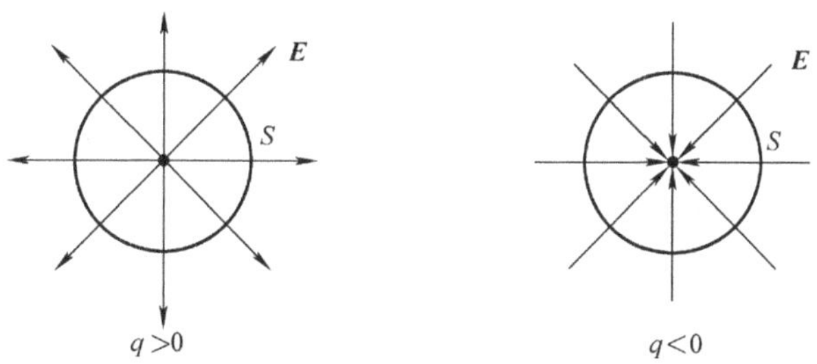

图 6.15　点电荷对球面 S 产生的电通量

（2）包围点电荷 q 的任意形状闭合曲面 S 的电通量等于 q/ε_0。

如图 6.16a 所示，我们以点 q 为中心构造一个半径为 R 的球面 S'，由（1）知，通过球面的电通量等于 q/ε_0。再根据电场线的连续性，通过这个球面 S'的电通量和任意曲面 S 的电通量是一样的，因此得证。

（3）点电荷 q 位于任意形状闭合曲面 S 之外，则通过此封闭面的电通量等于零。

如果点电荷 q 位于任意封闭曲面 S''之外，即如图 6.16b 所示的情形，由于电场线的连续性，从一侧进入到 S''面的电场线一定会从另一侧穿出，穿入和穿出的电场线的条数相等，即通过整个封闭面 S''的电通量为 0，即

$$\oint_S \boldsymbol{E} \cdot \mathrm{d}\boldsymbol{S} = 0$$

这表明：位于封闭面外的点电荷对该封闭曲面的电通量贡献为零。

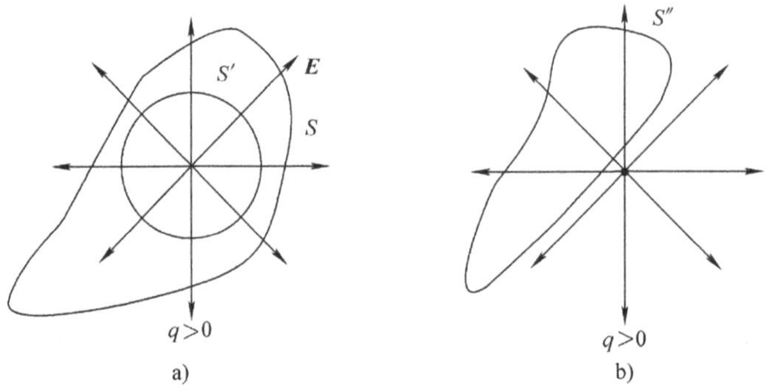

图 6.16　点电荷对任意曲面产生的电通量

（4）空间中有若干个点电荷，有些点电荷位于封闭曲面 S 之内，有些点电荷位于封闭曲面 S 之外，则通过此封闭面的电通量等于 $\dfrac{\sum q_i}{\varepsilon_0}$。

曲面 S 上的电场是由空间全部电荷产生的，即

$$\boldsymbol{E} = \boldsymbol{E}_{内} + \boldsymbol{E}_{外} = \sum_{S_{内}} \boldsymbol{E}_i + \sum_{S_{外}} \boldsymbol{E}_j$$

其中，$\boldsymbol{E}_{内}$代表 S 面内所有电荷产生的电场强度 $\boldsymbol{E}_i$ 之和；$\boldsymbol{E}_{外}$代表 S 面外所有电荷产生的电场强度 $\boldsymbol{E}_j$ 之和。

因此，封闭曲面 S 的电通量为

$$\Phi_{\mathrm{e}} = \oint_S \boldsymbol{E} \cdot \mathrm{d}\boldsymbol{S} = \oint_S (\boldsymbol{E}_{内} + \boldsymbol{E}_{外}) \cdot \mathrm{d}\boldsymbol{S} = \oint_S \boldsymbol{E}_{内} \cdot \mathrm{d}\boldsymbol{S} + \oint_S \boldsymbol{E}_{外} \cdot \mathrm{d}\boldsymbol{S}$$

$$\Phi_{\mathrm{e}} = \oint_S \sum_{S_{内}} \boldsymbol{E}_i \cdot \mathrm{d}\boldsymbol{S} + \oint_S \sum_{S_{外}} \boldsymbol{E}_j \cdot \mathrm{d}\boldsymbol{S}$$

由前面（2）、（3），可推知：

$$\Phi_{\mathrm{e}} = \sum_{S_{内}} \oint_S \boldsymbol{E}_i \cdot \mathrm{d}\boldsymbol{S} + \sum_{S_{外}} \oint_S \boldsymbol{E}_j \cdot \mathrm{d}\boldsymbol{S} = \frac{\sum q_i}{\varepsilon_0} + 0 = \frac{\sum q_i}{\varepsilon_0}$$

得证。

对于高斯定理的理解应注意两个方面：①高斯定理中的 $\boldsymbol{E}$ 是空间全部电荷产生的总场强，并非只由 $q_{内}$产生。②通过封闭曲面的电通量只决定于它所包围的电荷，而封闭曲面之外的电荷对这一电通量的贡献为零。形式简洁而优美的高斯定理却揭示了静电场的一个基本属性：有源性。利用高斯定理可以证明：电场起自于正电荷，终止于负电荷，在无电荷处不中断。

必须指出：虽然高斯定理是从库仑定律导出的，但是库仑定律只适用于静电场，而高斯定理后来被证明适用于各种电场（静电场和变化的电场）。但是，在静电场的范畴里，库仑定律和高斯定理并不是相互独立的，而是同一物理规律的两种不同的表现形式而已。

6.4　利用高斯定理求静电场的分布

除了库仑定律能用来计算电荷产生的电场之外，高斯定理也可以用来计算电场。当电荷分布具有一定的对称性时，根据电场的对称性，构造合适的高斯面，从而求出电场分布。下面我们举几个例子。

1. 均匀带电球面的电场分布

球面半径为 R，所带电荷量为 Q（假设 $Q>0$）。

如图 6.17 所示，由电荷分布的球对称性可以推断其产生的电场也是具有球对称分布的。以带电体的中心为圆心，构造一个半径为 r 的同心高斯球面，在这个球面上电场强度的大小处处相等，方向沿着半径方向向外，则穿过球面的电通量为

$$\Phi_e = \boldsymbol{E}\cdot\oint_S \mathrm{d}\boldsymbol{S} = E\cdot 4\pi r^2$$

再由高斯定理可得

$$\Phi_e = E\cdot 4\pi r^2 = \frac{\sum\limits_{S_{内}} q_i}{\varepsilon_0}$$

当高斯面半径 $r>R$ 时，$\sum\limits_{S_{内}} q_i = Q$，当高斯面半径 $r<R$ 时，$\sum\limits_{S_{内}} q_i = 0$，因此有

$$E = \begin{cases} \dfrac{Q}{4\pi\varepsilon_0 r^2} & (r>R) \\ 0 & (r<R) \end{cases}$$

均匀带电球面产生的电场如图 6.17 所示，球面内电场强度处处为 0，而球面外的电场相当于电荷 Q 全部集中于球心的位置在该处产生的电场。

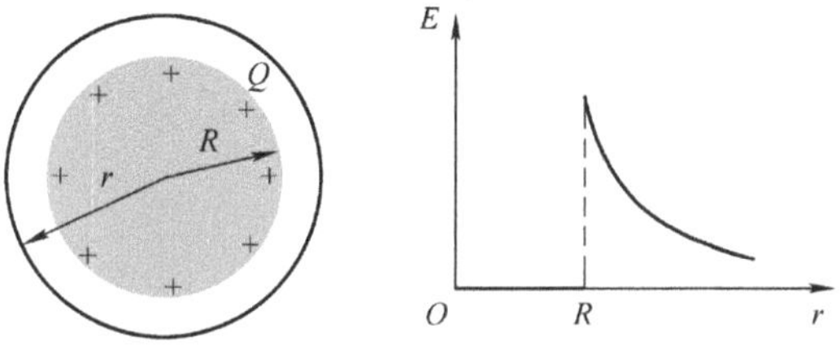

图 6.17　均匀带电球面的电场分布

2. 均匀带电球体的电场分布

球面半径为 R，所带电荷量为 Q（假设 $Q>0$）。

类似于均匀带电球面，均匀带电球体产生的空间电场也是具有球对称分布的。选取同心的球面做电场的通量积分。根据对称性，球面上的电场强度大小处处相等，方向沿着半径方向向外，则穿过球面的电通量为

$$\Phi_e = \boldsymbol{E}\cdot\oint_S \mathrm{d}\boldsymbol{S} = E\cdot 4\pi r^2$$

再由高斯定理，可得 $$\Phi_e = E\cdot 4\pi r^2 = \begin{cases} \dfrac{q_{内}}{\varepsilon_0} = \dfrac{Q}{\dfrac{4}{3}\pi\varepsilon_0 R^3}\,\dfrac{4}{3}\pi r^3 = \dfrac{Q}{\varepsilon_0 R^3} r^3 & (r<R) \\ \dfrac{Q}{\varepsilon_0} & (r\geqslant R) \end{cases}$$

$$E=\begin{cases}\dfrac{Q}{4\pi\varepsilon_0 R^3}r & (r<R)\\ \dfrac{Q}{4\pi\varepsilon_0 r^2} & (r\geqslant R)\end{cases}$$

均匀带电球体产生的电场如图6.18所示，在球体内部空间，电场强度的大小和半径 r 成正比，在球体外部空间，电场强度的大小和半径的二次方成反比。

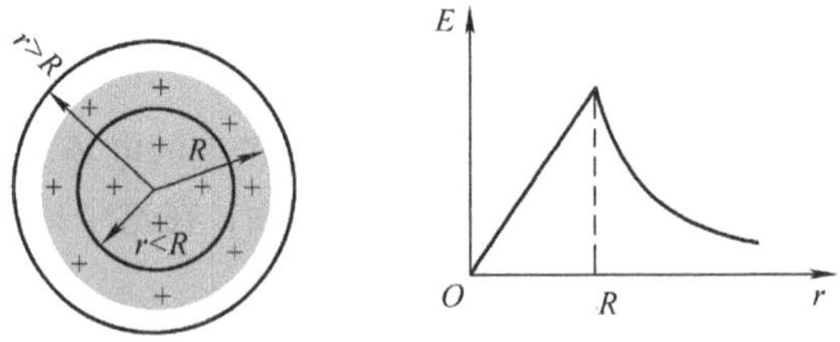

图6.18 均匀带电球体的电场分布

例6.7 求无限长均匀带电直线的电场强度分布。设带电直线的电荷线密度为 λ（假设 $\lambda>0$）。

解 无限长均匀带电直线电荷分布具有轴对称性，电场分布如图6.19所示。即在以带电线为轴的柱面上各点电场强度的大小相同，方向垂直于带电线，沿着半径的方向向外。为求距离轴线 r 远处的电场强度，构造一个以带电线为轴、半径为 r、高为 H 的柱形高斯面。通过整个高斯面的电通量可以分为通过柱的上、下底面和侧面的三个部分，即

$$\Phi_e=\oint_S \boldsymbol{E}\cdot d\boldsymbol{S}=\int_{S_上}\boldsymbol{E}\cdot d\boldsymbol{S}+\int_{S_下}\boldsymbol{E}\cdot d\boldsymbol{S}+\int_{S_侧}\boldsymbol{E}\cdot d\boldsymbol{S}$$

由于柱面的上、下底面的法线方向和电场强度方向垂直，故这两部分通量为零。而圆柱侧面的面元法线方向和电场强度方向一致，而且 $\boldsymbol{E}$ 在整个侧面上大小处处相等，因此整个侧面的电通量为 $E\cdot 2\pi rH$。再根据高斯定理，有

$$E\cdot 2\pi rH=\frac{\lambda H}{\varepsilon_0}$$

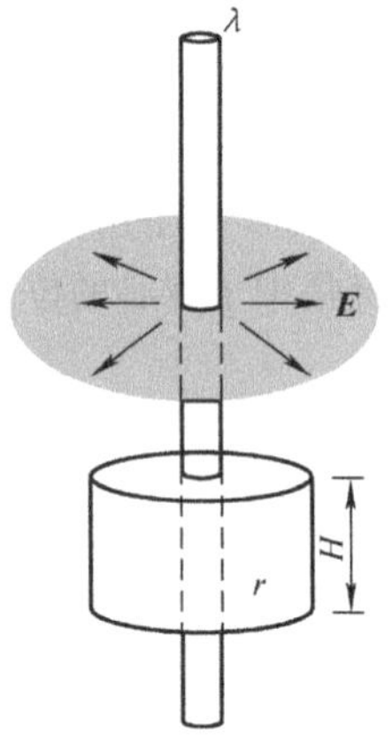

图6.19 无限长均匀带电直线的场强分布

其中，λH 为高斯面内包围的电荷量。由此，可得 $E=\dfrac{\lambda}{2\pi r\varepsilon_0}$。

这个结果和前面库仑定律得到的结果是完全一致的。

例6.8 求无限大均匀带电平面的电场强度分布。设平面的电荷面密度为 σ（假设 $\sigma>0$）。

解 无限大均匀带电平面产生的空间电场具有平面对称性，即距离带电平面等远处的电场强度的大小相等，方向垂直于带电平面而且背离平面（假设 $\sigma>0$）。构造如图6.20所示的封闭圆柱面，圆柱面被无限大平面从中间对称切分。左、右底面面积为 S，距带电面长度为 l。通过整个圆柱面（高斯面）的电通量可以分为通过柱的左、右底面和侧面的三个部分，即

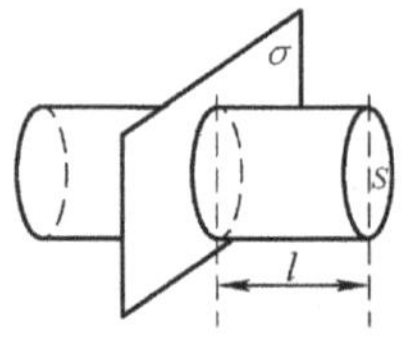

图6.20 例6.8用图

$$\Phi_e=\oint_S \boldsymbol{E}\cdot d\boldsymbol{S}=\int_{S_左}\boldsymbol{E}\cdot d\boldsymbol{S}+\int_{S_右}\boldsymbol{E}\cdot d\boldsymbol{S}+\int_{S_侧}\boldsymbol{E}\cdot d\boldsymbol{S}$$

由于圆柱侧面的法线方向和电场强度的方向互相垂直，因此侧面的电通量为零。在左底面上，电场强度的方向向左，面元 d$\boldsymbol{S}$ 的方向也向左，方向完全平行，并且在整个 S 面上 $\boldsymbol{E}$ 的大小相等，因此左底面的电通量为 ES，同理右底面的电通量也为 ES，于是有

$$\Phi_e = ES + ES + 0 = 2ES$$

再根据高斯定理，此圆柱面所包围的电荷为 σS，有

$$\Phi_e = ES + ES + 0 = 2ES = \frac{q_i}{\varepsilon_0} = \frac{\sigma S}{\varepsilon_0}$$

$$E = \frac{\sigma}{2\varepsilon_0}$$

此电场只和无限大带电平面的电荷面密度 σ 和真空介电常数 ε_0 有关，和空间场点的位置无关，因此它是匀强电场。

由高斯定理求电场强度，首先根据电荷分布的对称性来分析电场的对称性，然后构造合适的高斯面。通常高斯面的选取原则有两条：①让高斯面的某一部分电通量为零；②让另一部分高斯面上的电场强度为常数，并且处处和面元法线方向的夹角恒定，这样电场强度 E 可以从积分式中提出来，然后利用高斯公式就可以由电荷分布求电场强度了。

6.5　电场强度环路定理

6.5.1　静电场力做功

首先，考虑单个点电荷产生的电场。如图6.21所示，设静止的点电荷 q 位于 O 点，一检验电荷 q_0 从 P 点出发移动到 Q 点，则在这一过程中电场力做功 A 为

$$A = \int_P^Q q_0 \boldsymbol{E} \cdot \mathrm{d}\boldsymbol{l} = q_0 \int_P^Q \boldsymbol{E} \cdot \mathrm{d}\boldsymbol{l} = q_0 \int_P^Q \frac{q\boldsymbol{e}_r}{4\pi\varepsilon_0 r^2} \cdot \mathrm{d}\boldsymbol{l}$$

式中，d$\boldsymbol{l}$ 为检验电荷的微小元位移；$\boldsymbol{e}_r$ 为电场方向的单位矢量，设它们之间的夹角为 θ，则有

$$A = q_0 \int_P^Q \frac{q\boldsymbol{e}_r}{4\pi\varepsilon_0 r^2} \cdot \mathrm{d}\boldsymbol{l} = \int_P^Q \frac{q_0 q}{4\pi\varepsilon_0 r^2} \mathrm{d}l\cos\theta$$

式中，d$l\cos\theta$ 是 d$\boldsymbol{l}$ 在 $\boldsymbol{E}$ 方向上的投影，d$l\cos\theta = \mathrm{d}r$，因此电场力做的功为

$$A = \int_P^Q \frac{q_0 q}{4\pi\varepsilon_0 r^2} \mathrm{d}r = \frac{q_0 q}{4\pi\varepsilon_0}\left(\frac{1}{r_P} - \frac{1}{r_Q}\right)$$

上式表明，单个点电荷的电场力对检验电荷所做的功只与检验电荷的起点和终点位置有关，与路径无关。

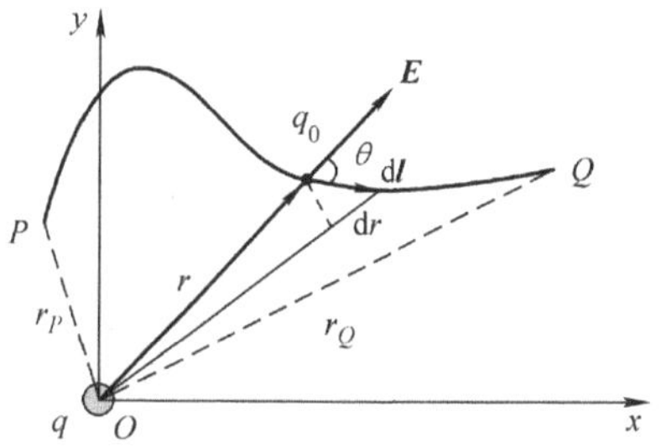

图6.21　无限大均匀带电平面的电场强度分布

其次，考虑任何带电体系产生的电场。这时，可以把带电体分割成很多点电荷，总电场强度 $\boldsymbol{E}$ 是由各点电荷 q_1，q_2，q_3，…，q_k 单独产生的电场强度 $\boldsymbol{E}_1$，$\boldsymbol{E}_2$，$\boldsymbol{E}_3$，…，$\boldsymbol{E}_k$ 的矢量和。当检验电荷 q_0 从 P 点沿着曲线 L 移动到 Q 点时，电场力做的功为

$$\begin{aligned} A &= \int_P^Q q_0 \boldsymbol{E} \cdot \mathrm{d}\boldsymbol{l} = q_0 \int_P^Q (\boldsymbol{E}_1 + \boldsymbol{E}_2 + \cdots + \boldsymbol{E}_k) \cdot \mathrm{d}\boldsymbol{l} \\ &= q_0 \int_P^Q \boldsymbol{E}_1 \cdot \mathrm{d}\boldsymbol{l} + q_0 \int_P^Q \boldsymbol{E}_2 \cdot \mathrm{d}\boldsymbol{l} + \cdots + q_0 \int_P^Q \boldsymbol{E}_k \cdot \mathrm{d}\boldsymbol{l} \end{aligned}$$

由于上式中等号右边的每一项都与路径无关，因此总电场力所做的功 A 也与路径无关。

总之，检验电荷在任何静电场中移动时，电场力所做的功都只和该检验电荷的起点和终点的位置有关，和中间路径无关。静电场的这一特性叫作**静电场的保守性**。

6.5.2 静电场的环路定理

静电场的保守性还可以表述成另一种形式。如图6-22所示，在静电场中构造一任意闭合路径L，考虑电场强度$\boldsymbol{E}$沿此闭合路径的线积分。在L上取任意两点P_1和P_2，它们把L分成L_1和L_2两段，因此沿L环路的电场强度积分为

$$\oint_L \boldsymbol{E}\cdot \mathrm{d}\boldsymbol{r} = \int_{P_1 (L_1)}^{P_2} \boldsymbol{E}\cdot \mathrm{d}\boldsymbol{r} + \int_{P_2 (L_2)}^{P_1} \boldsymbol{E}\cdot \mathrm{d}\boldsymbol{r} = \int_{P_1 (L_1)}^{P_2} \boldsymbol{E}\cdot \mathrm{d}\boldsymbol{r} - \int_{P_1 (L_2)}^{P_2} \boldsymbol{E}\cdot \mathrm{d}\boldsymbol{r}$$

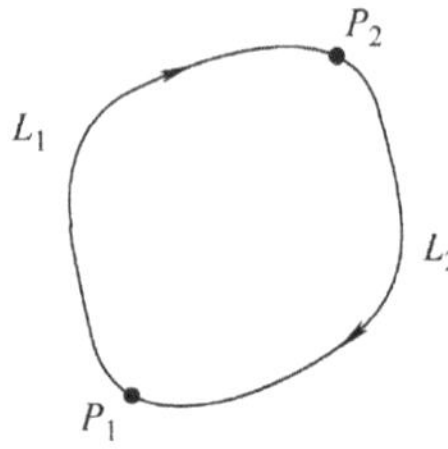

图6.22 静电场沿闭合路径积分

由于电场强度的路径积分与具体路径形状无关，只和始末位置有关，所以上式中的最后两个积分值相等。因此

$$\oint_L \boldsymbol{E}\cdot \mathrm{d}\boldsymbol{r} = 0 \tag{6.20}$$

此式表明，在静电场中，电场强度沿任意闭合路径的线积分等于零。这是静电场保守性的另一种说法，称作**静电场的环路定理**。

6.6 电势和电势叠加原理

6.6.1 电势

由于静电场的保守性，可以引入电势的概念。我们以φ_1和φ_2分别表示P_1和P_2两点的电势，我们定义

$$\varphi_1 - \varphi_2 = \int_{P_1}^{P_2} \boldsymbol{E}\cdot \mathrm{d}\boldsymbol{r} \tag{6.21}$$

此电势差也等于从P_1点到P_2点移动单位正电荷电场力所做的功。由于静电场的保守性，电势差$\varphi_1-\varphi_2$等于电场的路径积分，只要路径的始末位置确定，两点之间的电势差就具有完全确定的值。

式（6.21）只能给出静电场中任意两点的电势差，而不能确定任一点的电势值。为了给出静电场中各点的电势值，应预先选取一个电势零点。以P_0表示电势零点，其他任意点P的电势φ_P为

$$\varphi_P - \varphi_{P_0} = \varphi_P - 0 = \varphi_P = \int_P^{P_0} \boldsymbol{E}\cdot \mathrm{d}\boldsymbol{r} \tag{6.22}$$

P点的电势也等于将单位正电荷自P点沿任意路径移动到电势零点时，电场力所做的功。电势零点选定后，电场中所有各点的电势值就由式（6.22）唯一地确定了。

电势零点的选择是任意的，视方便而定。当电荷只分布在有限区域时，电势零点的选择通常选在无穷远，这时式（6.22）可以写成

$$\varphi_P = \int_P^{\infty} \boldsymbol{E}\cdot \mathrm{d}\boldsymbol{r} \tag{6.23}$$

在实际问题中，也常常选地球的电势为零电势。

式（6.22）和式（6.23）表明，电场中各点电势的大小和电势零点的选择有关，电势零点

选取不同，电场中同一场点的电势会有不同的值。在国际单位制中，电势的单位是伏特，符号为 V。下面举例说明电势的计算。

例 6.9 求静止点电荷 q 的电场电势分布。

解 选无穷远作为电势零点，按照式 (6.23)，有

$$\varphi_P = \int_P^\infty \boldsymbol{E}\cdot \mathrm{d}\boldsymbol{r} = \int_P^\infty \frac{q\boldsymbol{e}_r}{4\pi\varepsilon_0 r^2}\cdot \mathrm{d}\boldsymbol{r} = \int_P^\infty \frac{q\mathrm{d}r}{4\pi\varepsilon_0 r^2}$$

设场点 P 到电荷 q 的距离为 r，路径选取从 P 点出发沿着半径方向伸展到无穷远，则

$$\varphi_P = \int_r^\infty \frac{q\mathrm{d}r}{4\pi\varepsilon_0 r^2} = \frac{q}{4\pi\varepsilon_0 r} \tag{6.24}$$

当 $q>0$，该点的电势为正；当 $q<0$，该点的电势为负。

例 6.10 求均匀带电球面的电势分布。设球面半径为 R，球面带电荷量为 Q。

解 均匀带电球面的电场强度分布为

$$E=\begin{cases}\dfrac{Q}{4\pi\varepsilon_0 r^2} & (r>R)\\ 0 & (r\leqslant R)\end{cases}$$

选取无穷远为电势零点，再根据式 (6.23)，分球内和球外两个场点情况讨论：

① 当 $r>R$ 时，有

$$\varphi_P = \int_P^\infty \boldsymbol{E}\cdot \mathrm{d}\boldsymbol{r} = \int_P^\infty \frac{Q\boldsymbol{e}_r}{4\pi\varepsilon_0 r^2}\cdot \mathrm{d}\boldsymbol{r} = \int_P^\infty \frac{Q\mathrm{d}r}{4\pi\varepsilon_0 r^2}$$
$$= \int_r^\infty \frac{Q\mathrm{d}r}{4\pi\varepsilon_0 r^2} = \frac{Q}{4\pi\varepsilon_0 r}$$

② 当 $r\leqslant R$ 时，有

$$\varphi_P = \int_P^\infty \boldsymbol{E}\cdot \mathrm{d}\boldsymbol{r} = \int_r^R \boldsymbol{E}\cdot \mathrm{d}\boldsymbol{r} + \int_R^\infty \boldsymbol{E}\cdot \mathrm{d}\boldsymbol{r} = 0 + \int_R^\infty \frac{q\mathrm{d}r}{4\pi\varepsilon_0 r^2}$$
$$= \frac{q}{4\pi\varepsilon_0 R}$$

电势分布如图 6.23 所示。

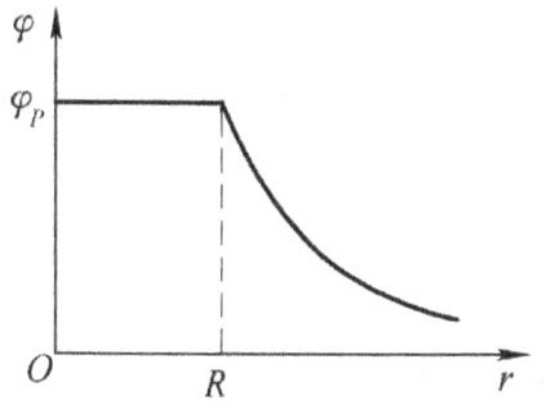

图 6.23 例 6.10 用图

例 6.11 如图 6.24 所示，求无限长均匀带电直线的电场中 P_1 和 P_2 两点之间的电势差。

解 无限长带电直线产生的电场强度 $E=\dfrac{\lambda}{2\pi r\varepsilon_0}$，方向垂直于带电线。

P_1 和 P_2 两点间的电势差 $\varphi_1-\varphi_2=\int_{P_1}^{P_2}\boldsymbol{E}\cdot\mathrm{d}\boldsymbol{r}$，$P_1$ 和 P_2 两点到带电直线的距离分别为 r_1 和 r_2。如图所示，我们分别选取积分路径为 l_1 和 l_2 的两段，则有

$$\varphi_1-\varphi_2 = \int_{P_1}^{P_2}\boldsymbol{E}\cdot\mathrm{d}\boldsymbol{r} = \int_{\substack{P_1\\ l_1}}^{P}\boldsymbol{E}\cdot\mathrm{d}\boldsymbol{r} + \int_{\substack{P\\ l_2}}^{P_2}\boldsymbol{E}\cdot\mathrm{d}\boldsymbol{r}$$

由于 l_1 路径上电场强度 $\boldsymbol{E}$ 和路径 $\mathrm{d}\boldsymbol{r}$ 的方向垂直，故上式中第一个积分为零，于是

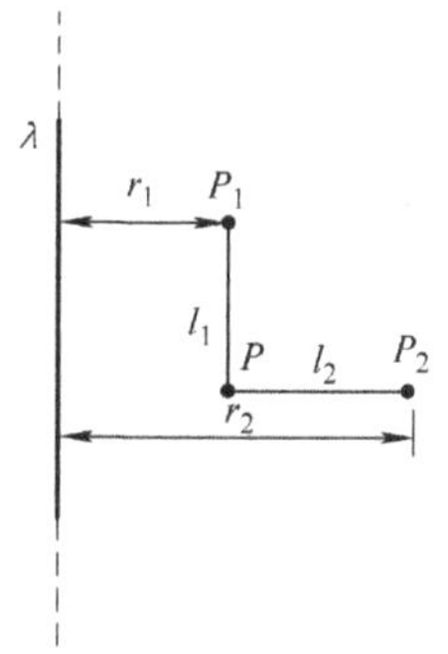

图 6.24 例 6.11 图

$$\varphi_1-\varphi_2 = \int_{P_1}^{P_2}\boldsymbol{E}\cdot\mathrm{d}\boldsymbol{r} = 0 + \int_{\substack{P\\ l_2}}^{P_2}\boldsymbol{E}\cdot\mathrm{d}\boldsymbol{r} = \int_{\substack{r_1\\ l_2}}^{r_2}\frac{\lambda}{2\pi r\varepsilon_0}\mathrm{d}r = \frac{\lambda}{2\pi\varepsilon_0}\ln\frac{r_2}{r_1}$$

需要注意，当场源电荷分布为无穷大时，不能再把无穷远设为电势零点，否则会得到无理数结果。

6.6.2 电势叠加原理

根据电场强度叠加原理，我们可以进一步推出电势叠加原理。当空间有若干个带电体时，它们各自产生的电场强度分别为 $\boldsymbol{E}_1$，$\boldsymbol{E}_2$，$\boldsymbol{E}_3$，…，$\boldsymbol{E}_k$，总电场强度 $\boldsymbol{E}=\boldsymbol{E}_1+\boldsymbol{E}_2+\boldsymbol{E}_3+\cdots+\boldsymbol{E}_k$，于是有

$$\begin{aligned}\varphi_P &= \int_P^{P_0}\boldsymbol{E}\cdot \mathrm{d}\boldsymbol{r} = \int_P^{P_0}(\boldsymbol{E}_1+\boldsymbol{E}_2+\boldsymbol{E}_3+\cdots+\boldsymbol{E}_k)\cdot \mathrm{d}\boldsymbol{r}\\ &= \int_P^{P_0}\boldsymbol{E}_1\cdot \mathrm{d}\boldsymbol{r}+\int_P^{P_0}\boldsymbol{E}_2\cdot \mathrm{d}\boldsymbol{r}+\int_P^{P_0}\boldsymbol{E}_3\cdot \mathrm{d}\boldsymbol{r}+\cdots+\int_P^{P_0}\boldsymbol{E}_k\cdot \mathrm{d}\boldsymbol{r}\\ &= \varphi_1+\varphi_2+\varphi_3+\cdots+\varphi_k\end{aligned}$$

因此，有

$$\varphi_P = \sum \varphi_i \tag{6.25}$$

它表示一个电荷系的电场中任一点的电势等于每一个带电体单独存在时在该点产生的电势的代数和，称作**电势叠加原理**。必须强调，在进行电势叠加时，所有带电体的电势零点的选择必须一致才能叠加。

有了电势叠加原理，我们可以在点电荷电势的基础上，计算点电荷系电场的电势，于是有

$$\varphi_P = \sum \frac{q_i}{4\pi\varepsilon_0 r_i} \tag{6.26}$$

如果是一个电荷连续分布的带电体，则可以通过积分的方法计算电势，如

$$\varphi_P = \int \frac{\mathrm{d}q}{4\pi\varepsilon_0 r} \tag{6.27}$$

应该指出，式（6.26）和式（6.27）都是以点电荷的电势公式（6.24）为基础的，所以电势零点都已经选定在无穷远处了。

下面举例说明电势叠加原理的应用。

例6.12 求电偶极子的电场中的电势分布。已经电偶极子中两点电荷 $-q$ 和 $+q$ 间的距离为 l。

解 设场点 P 离 $+q$ 和 $-q$ 的距离分别为 r_+ 和 r_-，离偶极子中点 O 点的距离为 r（见图6.25）。

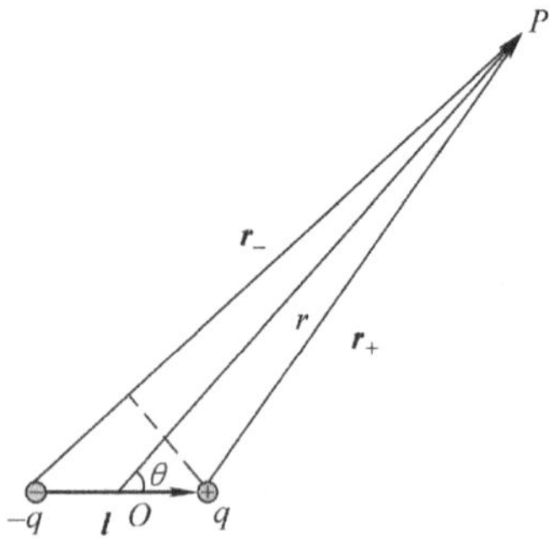

图6.25 例6.12图

根据电势叠加原理，P 点的电势为

$$\varphi=\varphi_++\varphi_-=\frac{q}{4\pi\varepsilon_0 r_+}+\frac{-q}{4\pi\varepsilon_0 r_-}=\frac{q(r_--r_+)}{4\pi\varepsilon_0 r_+r_-}$$

对于离电偶极子比较远的场点，即 $r\gg l$，应有

$$r_+r_-\approx r^2,\quad r_--r_+\approx l\cos\theta$$

其中，θ 为 OP 与 l 之间的夹角，将这些关系代入上一式，即可得

$$\varphi=\frac{ql\cos\theta}{4\pi\varepsilon_0 r^2}=\frac{p\cos\theta}{4\pi\varepsilon_0 r^2}=\frac{\boldsymbol{p}\cdot\boldsymbol{r}}{4\pi\varepsilon_0 r^3}$$

式中，$\boldsymbol{p}=q\boldsymbol{l}$ 是电偶极子的电矩。

例6.13 如图6.26所示，两个同心均匀带电球面 A 和 B 的半径分别为 R_1 和 R_2（$R_1<R_2$），分别带有电荷量 q_A、q_B，求空间电势分布。

解 这一带电系统在空间产生的电势是由两个带电球面各自产生电势的叠加，而均匀带电

球面在空间的电势分布已在例6.10中给出。因此，有如下结论：

(i) 对于两球外部空间某点 P_1，P_1 到球心的距离为 r_1，

$$\varphi_1=\varphi_{A1}+\varphi_{B1}=\frac{q_A}{4\pi\varepsilon_0 r_1}+\frac{q_B}{4\pi\varepsilon_0 r_1}=\frac{q_A+q_B}{4\pi\varepsilon_0 r_1}$$

(ii) 对于两球之间的空间某点 P_2，P_2 到球心的距离为 r_2，

$$\varphi_2=\varphi_{A2}+\varphi_{B2}=\frac{q_A}{4\pi\varepsilon_0 r_2}+\frac{q_B}{4\pi\varepsilon_0 R_B}$$

(iii) 对于两球内部空间某点 P_3，P_3 到球心的距离为 r_3，

$$\varphi_3=\varphi_{A3}+\varphi_{B3}=\frac{q_A}{4\pi\varepsilon_0 R_A}+\frac{q_B}{4\pi\varepsilon_0 R_B}$$

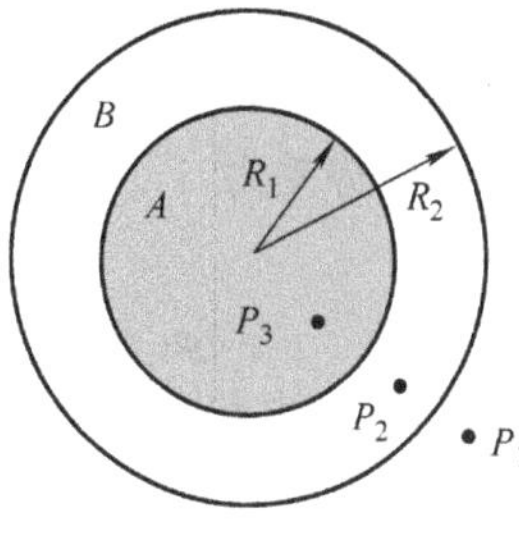

图6.26　例6.13图

例6.14　如图6.27所示，求半径为 R 的均匀带电细圆环在中心轴线上的场点 P 处产生的电势。设带电圆环所带电荷量为 q，场点 P 到圆环中心的距离为 x。

解　将带电圆环分割成很多电荷元 $\mathrm{d}q$，$\mathrm{d}q$ 在场点 P 产生的电势为

$$\mathrm{d}\varphi=\frac{\mathrm{d}q}{4\pi\varepsilon_0 r}$$

其中，r 为 $\mathrm{d}q$ 到场点 P 的直线距离，$r=\sqrt{R^2+x^2}$，再由电势叠加原理，整个带电圆环在 P 点产生的电势为

$$\varphi_P=\int\frac{\mathrm{d}q}{4\pi\varepsilon_0 r}=\frac{q}{4\pi\varepsilon_0 r}=\frac{q}{4\pi\varepsilon_0\sqrt{R^2+x^2}}$$

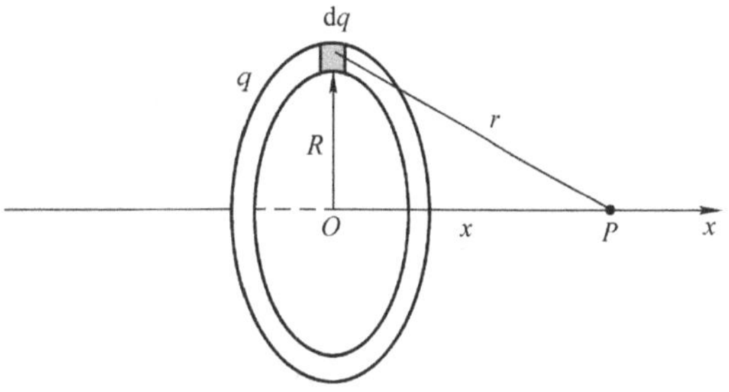

图6.27　例6.14图

6.7　电场强度与电势的关系

在电场中电势相等的所有邻近点组成的曲面叫**等势面**。不同的电荷分布的电场具有不同形状的等势面。图6.28展示了几种典型的带电体的等势面。为了直观地比较电场中各点的电势，画等势面时，使相邻等势面之间的电势差为常数。图6.28中实线表示电场线，虚线表示等势面与纸面的交线。从图中可以看出，等势面和电场线有如下关系：(1) 等势面与电场线处处正交；(2) 两等势面相距较近处，电场强度的数值较大，相距较远处电场强度的数值较小，即等势面的疏密反映了电场强度的大小。

上一节我们讲到电势差 $\varphi_1-\varphi_2$ 等于电场强度的路径积分，反过来，电场强度也应该可以用电势的微分表示出来。下面我们推导一下电势和电场强度的微分关系。

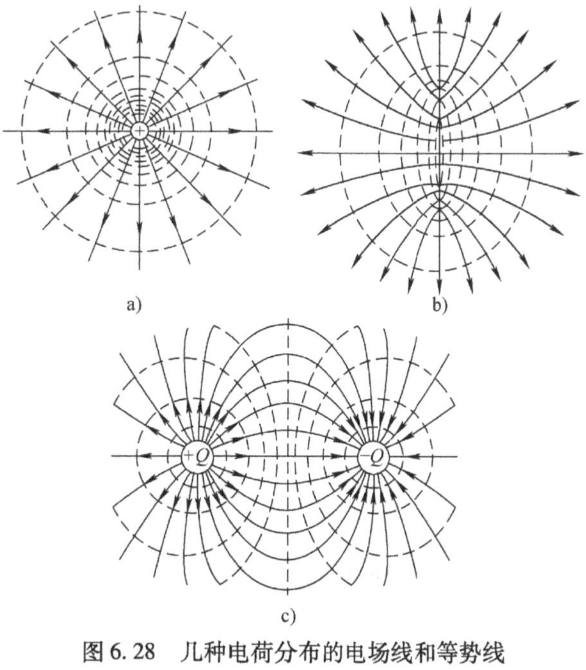

图6.28　几种电荷分布的电场线和等势线

在电场中考虑任意相距很近的两点 P_1 和 P_2，两者之间的微小位移矢量为 d$\boldsymbol{r}$，如图6.29所示，根据定义式（6.21），这两点之间的电势差为

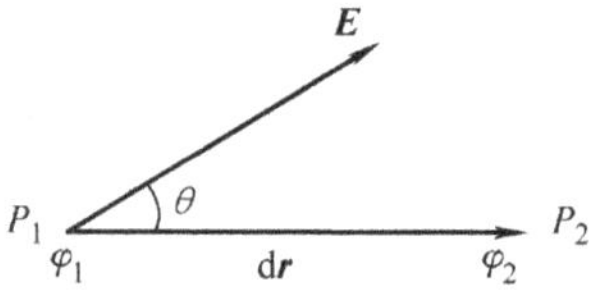

图6.29　电势增量和电场强度的关系

$$\varphi_1-\varphi_2=\boldsymbol{E}\cdot\mathrm{d}\boldsymbol{r}$$

即
$$\varphi_1-\varphi_2=-\mathrm{d}\varphi=\boldsymbol{E}\cdot\mathrm{d}\boldsymbol{r}=E\mathrm{d}r\cos\theta$$

式中，dφ 为电势 φ 沿 d$\boldsymbol{r}$ 方向的增量；θ 为 $\boldsymbol{E}$ 和 d$\boldsymbol{r}$ 之间的夹角。由此可得

$$E\cos\theta=E_r=-\frac{\mathrm{d}\varphi}{\mathrm{d}r} \tag{6.28}$$

式（6.28）表明，电场强度 $\boldsymbol{E}$ 在 $\boldsymbol{r}$ 方向上的分量等于电势沿此方向的空间变化率的负值。当式（6.28）中的 θ 等于零时，即 $\boldsymbol{E}$ 沿着 d$\boldsymbol{r}$ 的方向时，变化率$\frac{\mathrm{d}\varphi}{\mathrm{d}r}$有最大值，即

$$E=-\frac{\mathrm{d}\varphi}{\mathrm{d}r}\bigg|_{\max} \tag{6.29}$$

如果将电场强度 $\boldsymbol{E}$ 和 d$\boldsymbol{l}$ 沿着笛卡儿坐标系的三个坐标轴方向进行分解，按照式（6.28），有

$$E_x=-\frac{\partial\varphi}{\partial x},E_y=-\frac{\partial\varphi}{\partial y},E_z=-\frac{\partial\varphi}{\partial z} \tag{6.30}$$

这表明：电场强度沿三个坐标轴方向的分量分别等于电势沿三个坐标轴方向变化率的负值。式（6.30）可以写成矢量表达式，即

$$\boldsymbol{E}=E_x\boldsymbol{i}+E_y\boldsymbol{j}+E_z\boldsymbol{k}=-\left(\frac{\partial\varphi}{\partial x}\boldsymbol{i}+\frac{\partial\varphi}{\partial y}\boldsymbol{j}+\frac{\partial\varphi}{\partial z}\boldsymbol{k}\right)$$

数学上我们定义运算符∇为

$$\nabla=-\left(\frac{\partial}{\partial x}\boldsymbol{i}+\frac{\partial}{\partial y}\boldsymbol{j}+\frac{\partial}{\partial z}\boldsymbol{k}\right)$$

则有

$$\boldsymbol{E}=\nabla\varphi \tag{6.31}$$

我们把算符∇称作**梯度算符**，有时也写作 **grad** φ，它是一个矢量算符，作用于标量函数上，产生的是一个矢量。式（6.31）反映了电场强度和电势之间的微分关系。

例6.15　如图6.27所示，已知均匀带电圆环在中心轴线上的任意点 P 的电势函数为

$$\varphi_P=\frac{q}{4\pi\varepsilon_0\sqrt{R^2+x^2}}$$

求轴线上任一点 P 的电场强度。

解　根据式（6.30），有

$$E_x=-\frac{\partial\varphi}{\partial x}=-\frac{\partial}{\partial x}\left(\frac{q}{4\pi\varepsilon_0\sqrt{R^2+x^2}}\right)=\frac{qx}{4\pi\varepsilon_0(R^2+x^2)^{3/2}}$$

$$E_y=-\frac{\partial\varphi}{\partial y}=0$$

$$E_z=-\frac{\partial\varphi}{\partial z}=0$$

6.8　电荷在外电场中的静电势能

由于静电场是保守场，即在静电场中移动电荷时，电场力做功与电荷移动路径无关，因此

可以定义电势能的概念。我们以 W_1 和 W_2 分别表示电荷 q_0 在静电场中 P_1 和 P_2 点时具有的电势能，则在此电场中将该电荷 q_0 从 P_1 点移动到 P_2 点，电场力所做的功等于电势能的减少量，即

$$A_{12} = W_1 - W_2$$

根据静电力做功的定义和式（6.21），有

$$A = \int_{P_1}^{P_2} q_0 \boldsymbol{E} \cdot \mathrm{d}\boldsymbol{l} = q_0 \int_{P_1}^{P_2} \boldsymbol{E} \cdot \mathrm{d}\boldsymbol{l} = q_0(\varphi_1 - \varphi_2) = q_0\varphi_1 - q_0\varphi_2$$

对比，可取 $W_1 = q_0\varphi_1$，$W_2 = q_0\varphi_2$，分别对应点电荷 q_0 在 P_1 和 P_2 两点的电势能，即

$$W = q\varphi \tag{6.32}$$

这就是说，一个电荷在电场中某点的电势能等于它的电荷量与电场中该点电势的乘积。在电势零点处，电荷的电势能为零。应该指出，一个电荷在外电场中的电势能是由该电荷与源电荷共同所有的，它是一种相互作用能，类似于万有引力势能。

在国际单位制中，电势能的单位是焦耳，符号为 J。常用的能量单位还有电子伏特，符号为 eV，

$$1\mathrm{eV} = 1.6 \times 10^{-19}\mathrm{J}$$

例 6.16　求电偶极子在均匀外电场中的电势能。

解　电偶极子有两个点电荷 $+q$ 和 $-q$，相距为 l，外电场强度的大小为 E，电场强度和电矩之间的夹角为 θ，如图 6.30 所示。

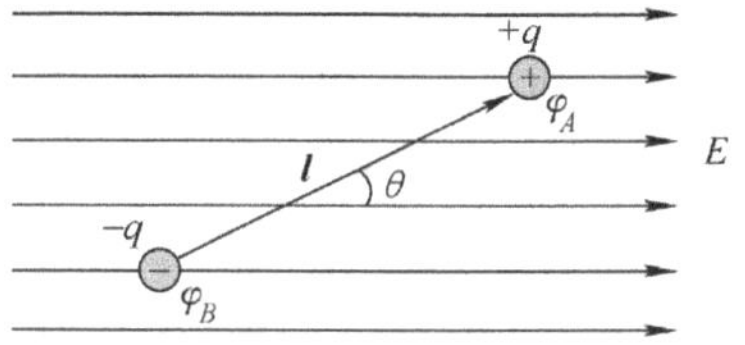

图 6.30　例 6.16 图

由电势能公式（6.32），有

$$W = W_+ + W_- = q\varphi_A + (-q)\varphi_B = q(\varphi_A - \varphi_B)$$

式中，φ_A、φ_B 分别为 $+q$、$-q$ 位置处的电势。再根据电势和电场强度的关系式（6.21），有

$$\varphi_A - \varphi_B = \int_A^B \boldsymbol{E} \cdot \mathrm{d}\boldsymbol{r} = \int_A^B -E\mathrm{d}l\cos\theta = -El\cos\theta$$

代入电势能式子中

$$W = W_+ + W_- = q\varphi_A + (-q)\varphi_B = q(\varphi_A - \varphi_B) = -qlE\cos\theta = -pE\cos\theta$$

式中，θ 是 $\boldsymbol{p}$ 与 $\boldsymbol{E}$ 的夹角，将上式写成矢量式，为

$$\boldsymbol{W} = -\boldsymbol{p} \cdot \boldsymbol{E} \tag{6.33}$$

上式表明，当电偶极子取向和外电场一致时，电势能最低；取向相反时，电势能最高；当电偶极子取向与外电场方向垂直时，电势能为零。

6.9　电荷系的静电能　静电场的能量

6.9.1　电荷系的静电能

对于一个由多个静止的电荷组成的电荷系，它的**静电能**定义为将各电荷从现有位置彼此分散到无限远，它们之间的静电力所做的功，这个能量也称为**相互作用能**（简称**互能**）。下面推导点电荷系静电能的公式。

我们先求相距为 r 的两个点电荷 q_1 和 q_2 的静电能。如图 6.31 所示，令 q_1 不动，而 q_2 从它所在的位置移到无穷远时，电场力所做的功为

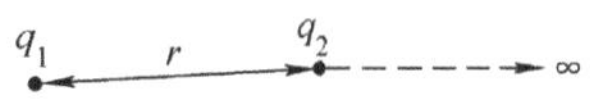

图 6.31　两个点电荷之间的静电能

$$A = \int_r^{\infty} \boldsymbol{F}_2 \cdot \mathrm{d}\boldsymbol{r} = \int_r^{\infty} \frac{q_1 q_2}{4\pi\varepsilon_0 r^2}\boldsymbol{e}_r \cdot \mathrm{d}\boldsymbol{r} = \frac{q_1 q_2}{4\pi\varepsilon_0}\int_r^{\infty} \frac{\mathrm{d}r}{r^2} = \frac{q_1 q_2}{4\pi\varepsilon_0 r}$$

这个能量就是两个点电荷相距为 r 时的静电能 W_{12}，即

$$W_{12} = \frac{q_1 q_2}{4\pi\varepsilon_0 r} = q_2 \varphi_2$$

式中，$\varphi_2 = \dfrac{q_1}{4\pi\varepsilon_0 r}$，表示 q_1 点电荷在 q_2 所在位置处产生的电势。当然，静电能 W_{12} 也可以表示为

$$W_{12} = \frac{q_1 q_2}{4\pi\varepsilon_0 r} = q_1 \varphi_1$$

综合以上两式，将静电能 W_{12} 表示成对称的形式：

$$W_{12} = \frac{1}{2}(q_1\varphi_1 + q_2\varphi_2) \tag{6.34}$$

再求由三个点电荷 q_1、q_2 和 q_3 组成的电荷系的静电能，如图 6.32 所示，q_1、q_2 和 q_3 之间的距离分别为 r_{12}、r_{23}、r_{13}。

将三个电荷分散到无穷远，我们可以通过两步实现。首先，将 q_1 移到无穷远，q_2 和 q_3 不动，然后将 q_2 移到无穷远，q_3 不动，分别求这两个过程中电场力做的功 A_1 和 A_2，总功 $W = A_1 + A_2$，这就是三个点电荷的静电能。

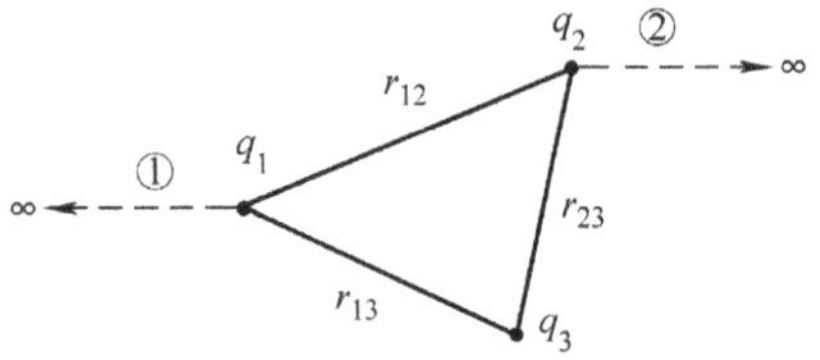

图 6.32　3 个点电荷系的静电能

$$W = A_1 + A_2$$

先来看功 A_1，在将 q_1 移到无穷远的过程中，q_1 受到 q_2 和 q_3 的静电力 F_{12} 和 F_{13} 所做的功

$$A_1 = \int \boldsymbol{F}_1 \cdot \mathrm{d}\boldsymbol{r} = \int (\boldsymbol{F}_{12} + \boldsymbol{F}_{13}) \cdot \mathrm{d}\boldsymbol{r} = \int \boldsymbol{F}_{12} \cdot \mathrm{d}\boldsymbol{r} + \int \boldsymbol{F}_{13} \cdot \mathrm{d}\boldsymbol{r}$$

$$= \int_{r_{12}}^{\infty} \frac{q_1 q_2}{4\pi\varepsilon_0 r^2}\boldsymbol{e}_r \cdot \mathrm{d}\boldsymbol{r} + \int_{r_{13}}^{\infty} \frac{q_1 q_3}{4\pi\varepsilon_0 r^2}\boldsymbol{e}_r \cdot \mathrm{d}\boldsymbol{r} = \frac{q_1 q_2}{4\pi\varepsilon_0 r_{12}} + \frac{q_1 q_3}{4\pi\varepsilon_0 r_{13}}$$

再来计算功 A_2，在将 q_2 移到无穷远的过程中，q_2 受到 q_3 的静电力 F_{23} 所做的功

$$A_2 = \int_{r_{23}}^{\infty} \frac{q_2 q_3}{4\pi\varepsilon_0 r^2}\boldsymbol{e}_r \cdot \mathrm{d}\boldsymbol{r} = \frac{q_2 q_3}{4\pi\varepsilon_0 r_{23}}$$

总功 W 为

$$W = A_1 + A_2 = \frac{q_1 q_2}{4\pi\varepsilon_0 r_{12}} + \frac{q_1 q_3}{4\pi\varepsilon_0 r_{13}} + \frac{q_2 q_3}{4\pi\varepsilon_0 r_{23}}$$

可以把 W 表示成更对称的形式，有

$$W = \frac{1}{2}\left[q_1\left(\frac{q_2}{4\pi\varepsilon_0 r_{12}} + \frac{q_3}{4\pi\varepsilon_0 r_{13}}\right) + q_2\left(\frac{q_1}{4\pi\varepsilon_0 r_{21}} + \frac{q_3}{4\pi\varepsilon_0 r_{23}}\right) + q_3\left(\frac{q_1}{4\pi\varepsilon_0 r_{31}} + \frac{q_2}{4\pi\varepsilon_0 r_{32}}\right)\right]$$

$$= \frac{1}{2}(q_1\varphi_1 + q_2\varphi_2 + q_3\varphi_3)$$

式中，φ_1、φ_2、φ_3 分别为 q_1、q_2、q_3 所在处由其他电荷产生的电势。

我们将这一结果推广到 n 个点电荷组成的电荷系，电荷系的静电能为

$$W = \frac{1}{2}\sum_{i=1}^{n} q_i\varphi_i \tag{6.35}$$

式中，φ_i 为 q_i 所在处由 q_i 以外的其他电荷产生的电势。

如果是一个连续的带电体，它的静电能即是：把连续带电体分割成很多电荷元，把这些电荷元分散到无穷远的过程中静电力所做的功。这个静电能也叫作这个**带电体的自能**，可以由下式求出

$$W = \frac{1}{2}\int_q \varphi \mathrm{d}q \tag{6.36}$$

式中，积分下标 q 表示积分范围遍及该带电体上所有的电荷。

例 6.17　求一均匀带电球面的静电能，设球面半径为 R，所带电荷量为 Q。

解　均匀带电球面是一个等势面，电势 $\varphi = \dfrac{Q}{4\pi\varepsilon_0 R}$。由式（6.36），有

$$W = \frac{1}{2}\int_q \varphi \mathrm{d}q = \frac{1}{2}\varphi\int_q \mathrm{d}q = \frac{1}{2}\varphi Q = \frac{Q^2}{8\pi\varepsilon_0 R} \tag{6.37}$$

这一静电能也是均匀带电球面的自能。

6.9.2　静电场的能量

从场的观点来看，静电场的能量并不是储存在电荷中，而是储存在电场中。下面我们从场储存能量的角度分析一下静电场的能量。

设想一均匀带电橡皮气球，半径为 R，所带电荷量为 Q，由式（6.37）知，此带电气球的静电能为

$$W = \frac{Q^2}{8\pi\varepsilon_0 R}$$

当气球膨胀使半径增加 $\mathrm{d}R$ 时，如图 6.33 所示，此电荷系统的静电储能增量为

$$\mathrm{d}W = -\frac{Q^2}{8\pi\varepsilon_0 R^2}\mathrm{d}R \tag{6.38}$$

当半径增加 $\mathrm{d}R$ 时，静电储能 $\mathrm{d}W < 0$，表明静电能量减少了。均匀带电球面内部电场强度为零，即没有电场，电场全部分布在球面的外部。球面半径增加 $\mathrm{d}R$，意味着半径为 R、厚度为 $\mathrm{d}R$ 的球壳内的电场消失了，而原来在球壳外的电场没有改变。可以认为储存在这个球壳里的能量就是消失的那部分电场的能量 $|\mathrm{d}W|$。

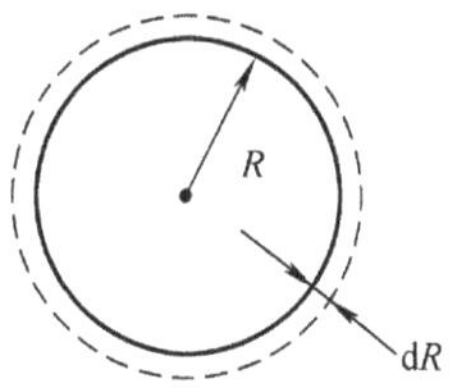

图 6.33　带电气球的膨胀

再根据球壳内电场强度

$$E = \frac{Q}{4\pi\varepsilon_0 R^2}$$

储存在这个球壳里的能量可以用电场强度表达出来，即

$$|\mathrm{d}W| = \frac{Q^2}{8\pi\varepsilon_0 R^2}\mathrm{d}R = \frac{\varepsilon_0}{2}\left(\frac{Q}{4\pi\varepsilon_0 R^2}\right)^2 4\pi R^2 \mathrm{d}R = \frac{\varepsilon_0 E^2}{2}4\pi R^2 \mathrm{d}R = \frac{\varepsilon_0 E^2}{2}\mathrm{d}V$$

其中，$\mathrm{d}V$ 代表半径为 R、厚度为 $\mathrm{d}R$ 的球壳的体积。定义**电场能量密度**，即单位体积内所具有的电场能量，用 w_e 来表示，则由上式，得

$$w_e = \frac{|\mathrm{d}W|}{\mathrm{d}V} = \frac{\varepsilon_0 E^2}{2} \tag{6.39}$$

尽管式（6.39）是从一个特例推出的，可以证明式（6.39）适用于静电场的一般情况。有了电场能量密度，则进一步对电场存在的全部空间 V 进行积分，可以求出任意电场的能量，即

$$W = \int_V w_e \mathrm{d}V = \int_V \frac{\varepsilon_0 E^2}{2}\mathrm{d}V \tag{6.40}$$

式（6.40）把电场能量和电场强度这一物理量直接联系起来，体现了电场储能的思想。在静电场中，式（6.40）和式（6.36）是等价的，都可以用来计算电场能量。但是对于变化的电磁场来说，电磁场完全可以脱离电荷而存在，这个时候，电场储能的思想不仅被证明是完全正确的，而且是非常必要而唯一的客观实在了。

例 6.18 求一均匀带电球面的静电能，设球面半径为 R，所带电荷量为 Q。

解 均匀带电球面的电场全部分布在球面之外，球内的电场强度是零，即

$$\boldsymbol{E}=\begin{cases}0 & (r<R)\\ \dfrac{Q}{4\pi\varepsilon_0 r^2}\boldsymbol{e}_r & (r\geqslant R)\end{cases}$$

由式（6.40）可以得到

$$W=\int_V w_e \mathrm{d}V=\int_V \frac{\varepsilon_0 E^2}{2}\mathrm{d}V=\int_R^{\infty}\frac{\varepsilon_0\left(\dfrac{Q}{4\pi\varepsilon_0 r^2}\right)^2}{2}4\pi r^2\mathrm{d}r$$

$$W=\int_R^{+\infty}\frac{Q^2}{8\pi\varepsilon_0 r^2}\mathrm{d}r=\frac{Q^2}{8\pi\varepsilon_0 R}$$

此结果和例 6.17 的结果相同。

本章思维导图

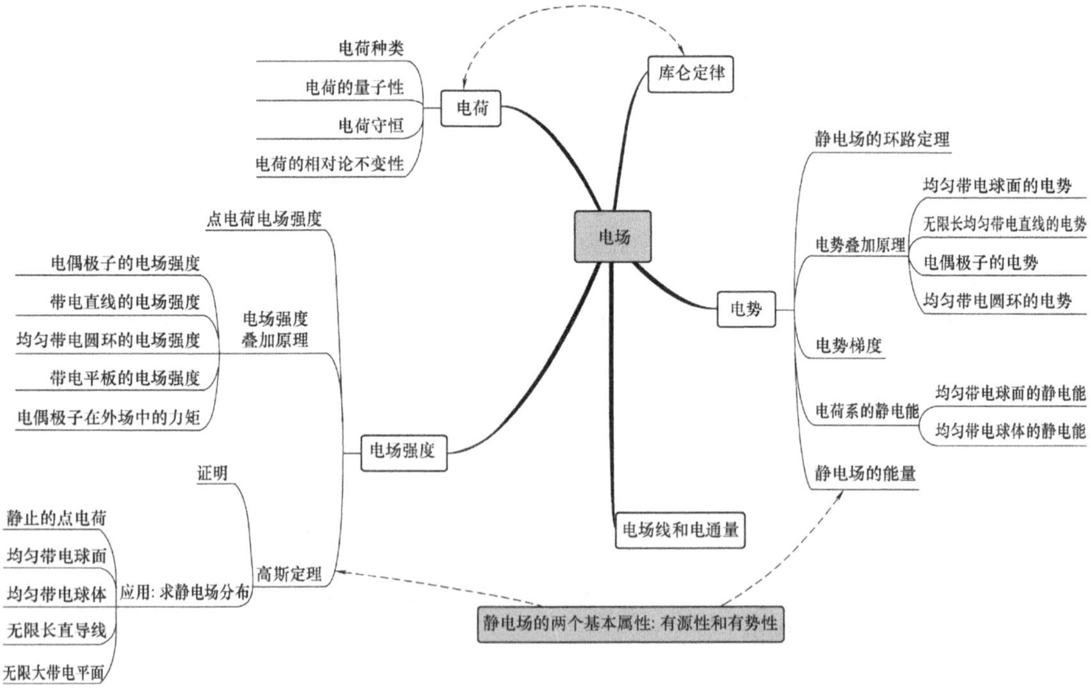

思 考 题

6.1 高斯定理和库仑定律的关系是什么？如果库仑定律中 r 的指数不是 2，高斯定理还能成立吗？在静电场中，对任意形状的封闭面，高斯定理都成立吗？都可以利用高斯定理求出任

意电荷分布的空间电场吗？

6.2　如果在一个封闭面上电场强度处处为零，能否判断此封闭面内一定没有包围电荷？如果通过封闭面的电通量为零，能否肯定封闭面上各点的电场强度都等于零？

6.3　如图 6.34 所示，两个小球的质量都是 m，都用长度为 l 的细线悬挂于同一点，若它们带上相同的电荷量，平衡时两线夹角为 2θ，小球可以看作质点，求每个小球的电荷量是多少？如果两个小球的电荷量不等，问它们与竖直方向的夹角还相等吗？

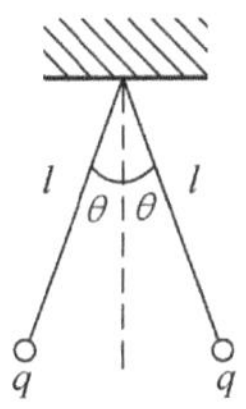

图 6.34　思考题 6.3 用图

6.4　一点电荷放置在边长为 a 的正立方体的一个角上，问穿过立方体各个面的电通量是多少？

6.5　点电荷的电场强度公式为 $\boldsymbol{E}=\dfrac{q}{4\pi\varepsilon_0 r^2}\boldsymbol{e}_r$，当场点和源电荷之间的距离 r 为零时，电场强度趋于无穷大，这是没有物理意义的，如何理解这种情况？

6.6　均匀带电球面的电势分布如图 6.17 所示，问如何理解球面处的电势不连续？

6.7　高斯定理表述为：静电场中通过任一封闭曲面的电通量，等于该曲面所包围的电荷量的代数和 $\sum q_i$ 除以 ε_0。如何理解“包围”这个词，如果电荷位于高斯面上，这个电荷算高斯面内还是高斯面外？

习　题

6.1　如图 6.35 所示，一个正四面体，点电荷 q 位于正四面体的中心，求通过正四面体每一个面的电通量。

6.2　真空中一半径为 R 的球面均匀带电 Q，在球心 O 处有一电荷量为 q 的点电荷，如图 6.36 所示。设无穷远处为电势零点，那么位于球内离球心 O 的距离为 r 的 P 点处的电势是多少？

6.3　A、B 为两导体大平板，面积均为 S，平行放置，如图 6.37 所示。板 A 带电荷 $+Q_1$，板 B 带电荷 $+Q_2$，如果板 B 接地，则 A、B 两板间电场强度的大小 E 是多少？

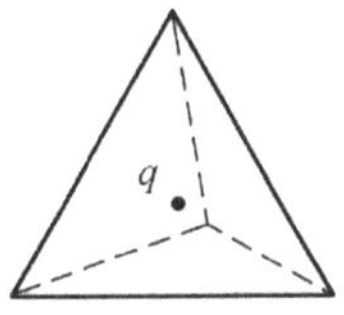

图 6.35　习题 6.1 用图

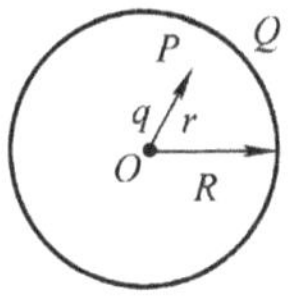

图 6.36　习题 6.2 用图

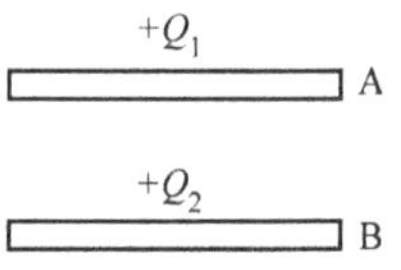

图 6.37　习题 6.3 用图

6.4　一半径为 R 的半球面，均匀带电，电荷面密度为 σ，求球心 O 处的电场强度。

6.5　图 6.38 为一个均匀带电的球壳，其电荷体密度为 ρ，球壳内表面半径为 R_1，外表面半径为 R_2。设无穷远处为电势零点，求空腔内任一点的电势。

6.6　如图 6.39 所示，电荷 q 均匀分布在长为 $2l$ 的细杆上，求在杆外延长线上与杆端距离为 a 的 P 点的电势（设无穷远处为电势零点）。

6.7　A、B 为真空中两个平行的“无限大”均匀带电平面，已知两平面间的电场强度大小为 E_0，两平面外侧电场强度大小都为 $E_0/3$，方向如图 6.40 所示，那么 A、B 两平面上的电荷面密度分别是多少？

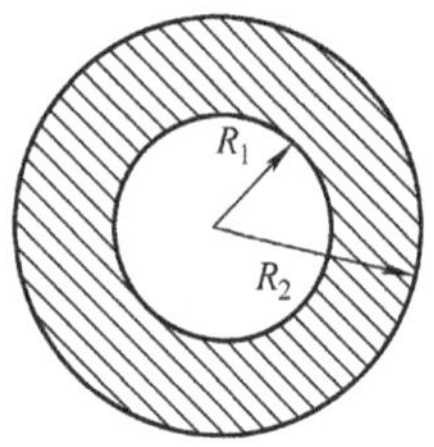

图6.38 习题6.5用图

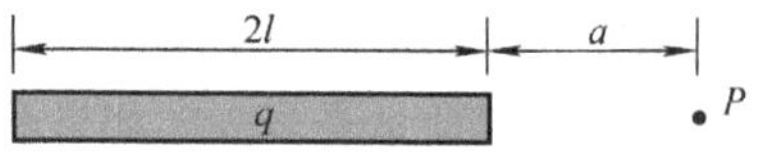

图6.39 习题6.6用图

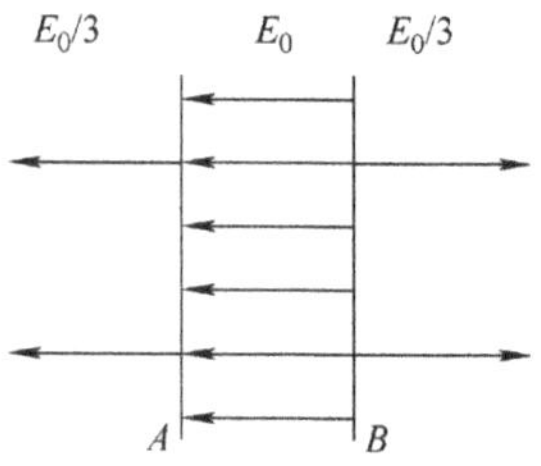

图6.40 习题6.7用图

6.8 有一个半径为 R 的均匀带电圆弧，弧心角为60°，电荷线密度为 λ，求环心 O 处的电场强度和电势。

6.9 如图6.41所示，一半径为 R 的均匀带电圆环，带有电荷量 Q，水平放置。在圆环轴线的上方离圆心 R 处有一质量为 m、所带电荷量为 q 的小球。当小球从静止下落到圆心位置时，它的速度大小是多少？忽略各种阻力。

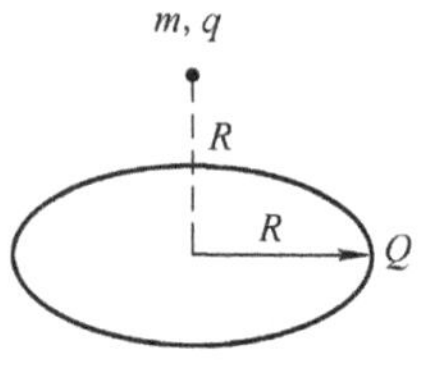

图6.41 习题6.9用图

6.10 一边长为 a 的正三角形，其三个顶点上各放置 q、$-q$、$-2q$的点电荷。(1) 此电荷系的静电能是多少？(2) 此正三角形重心处的电势是多少？(3) 如果将一电荷量为 Q 的点电荷由无穷远处移到重心上，电场力要做多少功？

6.11 一球形电容器，两球面分别带电 $+Q$、$-Q$，两球的半径分别为 R_1 和 R_2，如图6.42所示，求此球形电容器储存的电场能量。

6.12 如图6.43所示，在半径为 R_1、电荷体密度为 ρ 的均匀带电导体球内，挖去一个半径为 R_2 的小球体。空腔中心 O_2 与带电球中心 O_1 之间的距离为 a。求空腔内任一点的电场强度。

6.13 电荷均匀分布在半径分别为 $r_1=10\text{cm}$ 和 $r_2=20\text{cm}$ 的两个同心的、相当长的金属圆柱壳上。设两个圆柱壳之间的电势差为300V，求内圆柱壳外表面的电荷线密度。

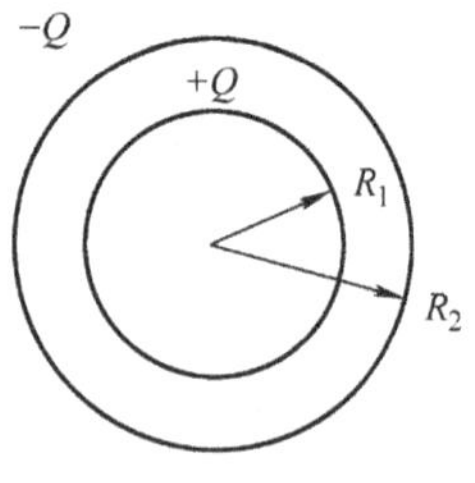

图6.42 习题6.11用图

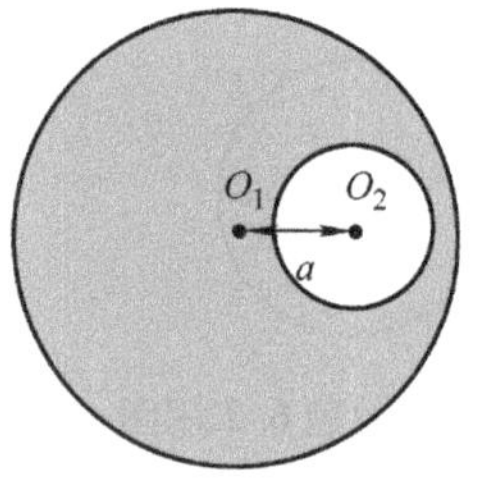

图6.43 习题6.12用图

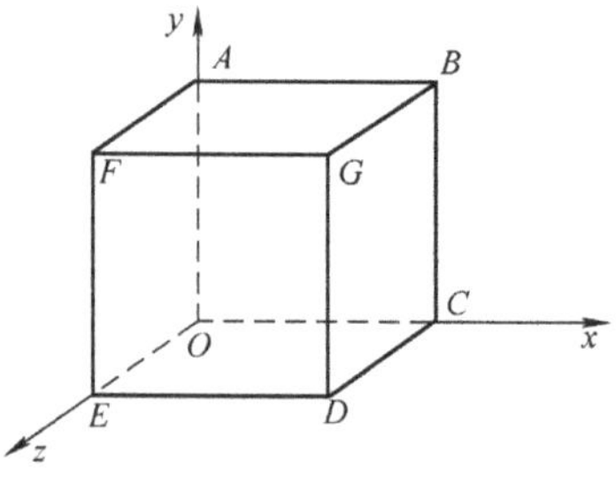

图6.44 习题6.14用图

6.14 边长为 a 的立方体如图6.44所示，其表面分别平行于 xOy、yOz 和 zOx 平面，立方体的一个顶点为坐标原点。现将立方体置于电场强度为 $\boldsymbol{E}=(E_1+kx)\boldsymbol{i}+E_2\boldsymbol{j}$ 的非均匀电场中，求电场对立方体各表面及整个立方体表面的电场强度通量。

6.15 两个很长的共轴圆柱面（$R_1=3.0\times10^{-2}\text{m}$，$R_2=0.10\text{m}$）带有等量异号电荷，两者的电势差为450V。求：(1) 圆柱面单位长度上带有的电荷量；(2) 两圆柱面之间的电场强度。

第7章　静电场中的导体及电介质

上一章介绍了静电场的基本概念和基本规律。本章我们讨论当环境电场中存在导体和电介质时，它们的带电特点以及对外电场的影响规律。导体是电的良导体，而电介质是电的绝缘体，它们在外电场作用下表现完全不同，是一对对立的概念，但是又不完全独立，二者之间仍然有一定的联系，因此我们在本章中将分别介绍这两类材料的性质。

7.1　导体的静电平衡

7.1.1　导体的静电平衡条件

导体是指电阻很小、易于传导电流的一类材料。导体中存在大量可以自由移动的电荷，在外电场的作用下，这些电荷受到静电力的作用，做定向运动。这一运动将改变导体上的电荷分布，而电荷分布的改变又反过来会影响导体内部和周围空间的电场分布。这种电荷分布和电场改变将一直进行到导体达到静电平衡为止。利用导体的这一特点，可以设计、构造电场，满足我们的生产、生活需求。

导体静电平衡是指导体内部和表面都没有电荷的定向移动的状态。根据导体的特点，我们可以推出导体静电平衡的两个条件：(1) 导体内部的电场强度处处为零，导体是一个等势体；(2) 导体表面处的电场强度处处和导体表面垂直，导体表面是一个等势面。这一静电平衡条件（见图7.1）是由导体本身的电子结构特征和静电平衡的要求所决定的，和导体的形状无关。

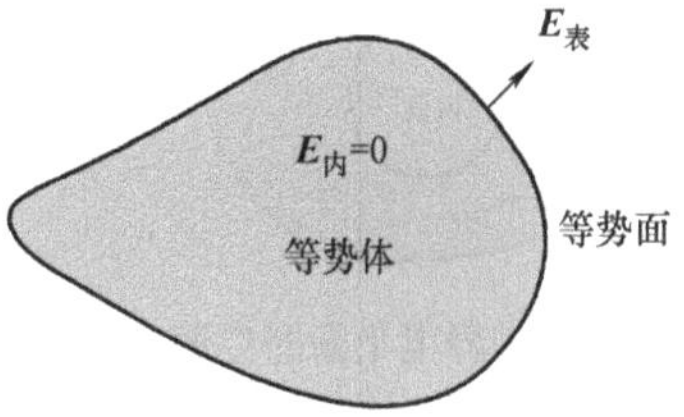

图7.1　导体的静电平衡条件

7.1.2　静电平衡的导体上的电荷分布

我们分以下三种情况讨论静电平衡时导体电荷分布的规律。

(1) **实心导体**　静电平衡时，实心导体的电荷分布在其表面上，导体内部的电荷为零。

证明　如图7.2所示，在导体内部构造一个任意形状、任意大小的封闭曲面 S（高斯面），然后求这个封闭面的高斯积分，即

$$\oint_S \boldsymbol{E}\cdot \mathrm{d}\boldsymbol{S} = \frac{q_{内}}{\varepsilon_0}$$

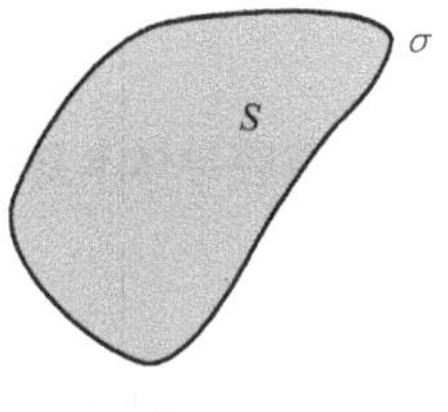

图7.2　静电平衡时实心导体的电荷分布

根据导体静电平衡条件：导体内部的电场强度处处为零，因此上式左边等于零，于是有

$$0 = \frac{q_{内}}{\varepsilon_0} \Rightarrow q_{内} = 0 = \iiint_V \rho_{内}\mathrm{d}V$$

式中，$\rho_{内}$为电荷体密度，由于高斯面的形状任意、大小任意，因此令高斯面 $S\to 0$，于是我们得到 $\rho_{内}=0$，于是得证。

（2）**空腔导体** 静电平衡时，空腔导体的电荷分布在其外表面上，空腔内表面的电荷为零。

证明 如图 7.3 所示，在导体内部包围空腔构造一个封闭的高斯面 S，然后求这个封闭面的高斯积分，即

$$\oint_S \boldsymbol{E} \cdot \mathrm{d}\boldsymbol{S} = \frac{q_{内}}{\varepsilon_0}$$

根据导体静电平衡条件：导体内部电场强度处处为零，因此上式左边等于零，于是有

$$0 = \frac{q_{内}}{\varepsilon_0} \Rightarrow q_{内} = 0$$

这时仍然存在两种情况：①空腔内表面带等量异号电荷；②空腔内表面不带电。如果是第一种情况，如图 7.4 所示，则内表面上的正、负电荷之间就会有电场，沿着电场的方向就会有电势的降落，因此内表面的正负电荷之间存在电势差，这和静电平衡时导体表面是一个等势面的前提相矛盾，故这种情况不合理。因此，只可能是第二种情况，即空腔内表面不带电，得证。

（3）**空腔内部包围一个带电体 q_0** 静电平衡时，导体空腔内表面一定带电，而且带电量为 $-q_0$，空腔外表面的电荷可带电也可不带电，视导体本身的带电情况和包围的带电体的电荷量决定。

证明 如图 7.5 所示，在导体内部包围空腔构造一个封闭的高斯面 S，然后求这个封闭面的高斯积分，即

$$\oint_S \boldsymbol{E} \cdot \mathrm{d}\boldsymbol{S} = \frac{q_{内}}{\varepsilon_0}$$

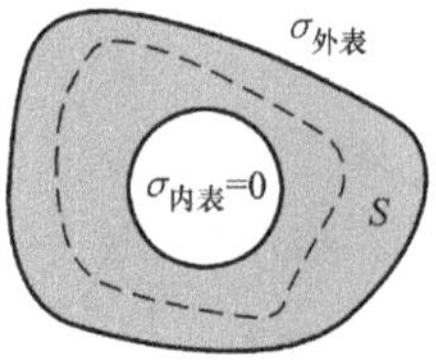

图 7.3 静电平衡时空腔导体的电荷分布

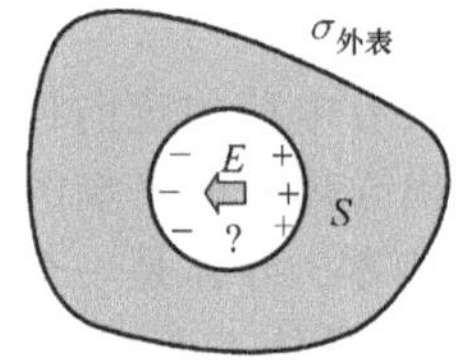

图 7.4 静电平衡时空腔导体内表面的电荷分布

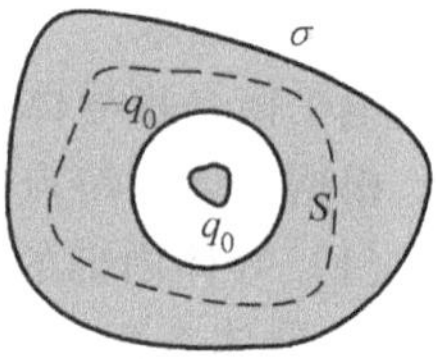

图 7.5 空腔导体内含带电体，静电平衡时表面的电荷分布

根据导体静电平衡条件：导体内部电场强度处处为零，因此上式左边等于零，于是有

$$0 = \frac{q_{内}}{\varepsilon_0} \Rightarrow q_{内} = 0$$

由于空腔内部包围一个带电体 q_0，因此

$$q_{内} = q_{内表} + q_0 = 0$$

$$q_{内表} = -q_0$$

设空腔导体本身所带的电荷量为 Q，由于内表面感应带电 $-q_0$，根据电荷守恒，可推知外表面带电

$$q_{外表} = Q + q_0$$

经过对上面三种情况的讨论，我们知道：导体静电平衡时，电荷一定分布在其表面上，导体内部各处电荷均为零。

接下来，我们定量地分析一下静电平衡的导体，其表面上各处的电荷面密度和当地表面紧邻处的电场强度的关系。

如图 7.6 所示，我们在导体表面附近构造一个封闭的圆柱形高斯面，圆柱的上、下底面平

行于导体表面，面积为 ΔS，上底面在导体外部，下底面在导体内部，两底无限靠近。侧面和导体表面垂直。我们求这个封闭圆柱面的电场通量积分，有

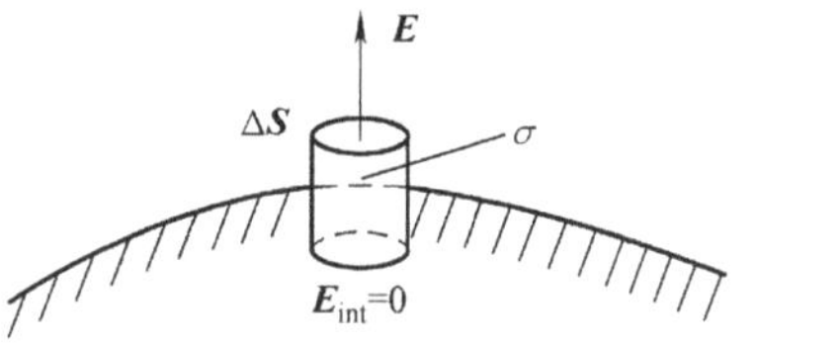

图 7.6　导体表面电荷密度与电场强度的关系

$$\oint_S \boldsymbol{E}\cdot \mathrm{d}\boldsymbol{S} = \frac{q_{内}}{\varepsilon_0}$$

$$\int_{S_上} \boldsymbol{E}\cdot \mathrm{d}\boldsymbol{S} + \int_{S_下} \boldsymbol{E}\cdot \mathrm{d}\boldsymbol{S} + \int_{S_侧} \boldsymbol{E}\cdot \mathrm{d}\boldsymbol{S} = \frac{q_{内}}{\varepsilon_0}$$

根据导体的静电平衡条件，导体内部的电场强度为零，导体侧面的电通量也为零，因此有

$$\int_{S_上} \boldsymbol{E}\cdot \mathrm{d}\boldsymbol{S} = \frac{q_{内}}{\varepsilon_0}$$

在上底面上，由于 ΔS 很小，可以认为电场强度是一个常数，并且和面元 ΔS 的方向一致，于是有

$$E\Delta S = \frac{q_{内}}{\varepsilon_0} = \frac{\sigma \Delta S}{\varepsilon_0}$$

$$E = \frac{\sigma}{\varepsilon_0} \tag{7.1}$$

式（7.1）说明，带电导体表面附近处电场强度和导体表面的电荷面密度成正比，电荷面密度大的地方电场强度大，电荷面密度小的地方电场强度小。应该指出，尽管式（7.1）给出了导体表面附近处的电场强度和紧邻导体表面处的电荷面密度的关系，但是不能认为这个电场仅仅由这部分电荷产生。实际上，电场仍然是由空间全部电荷产生的。

实验表明：对于孤立的带电导体，其表面的电荷面密度的分布和表面的曲率有关，曲率大的地方电荷面密度大，曲率小的地方电荷面密度小，曲率为负（凹面）的地方电荷面密度更小，如图 7.7 所示。按照这个规律，由式（7.1）知，带电导体表面曲率大的地方，其电场强度也大，当电场强度超过空气的击穿电场强度时，空气被电离，形成正负离子流，就会发生所谓的“尖端放电”现象。如图 7.8 所示，空气中电离的异号电荷受尖端电荷的吸引，飞向尖端，使尖端上的电荷被中和掉；而同号电荷受尖端电荷的排斥，从尖端附近飞开，故称为尖端放电。尖端放电形成的“电风”可以吹灭蜡烛（见图 7.8），也可以让中间的塑料瓶旋转起来（见图 7.9）。

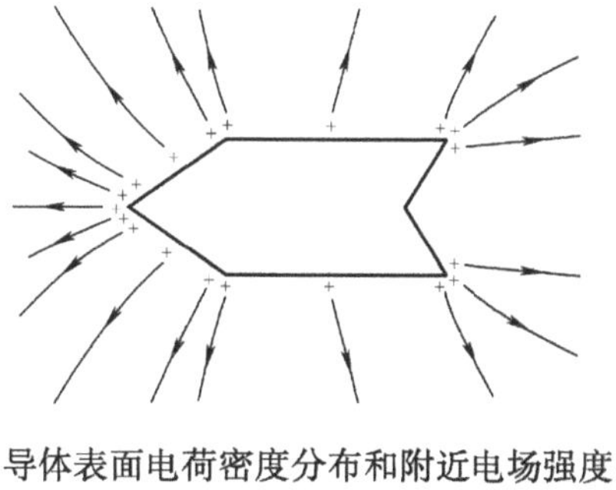

图 7.7　导体表面电荷密度分布和附近电场强度的关系

静电转筒

在高压输电设备中，为了防止因尖端放电而引起的危险和漏电损失，输电线的表面做得非常光滑。但是在很多情况下，尖端放电还被利用来服务于人类。比如电子打火装置、避雷针、工业烟囱除尘都是运用了尖端放电的原理。

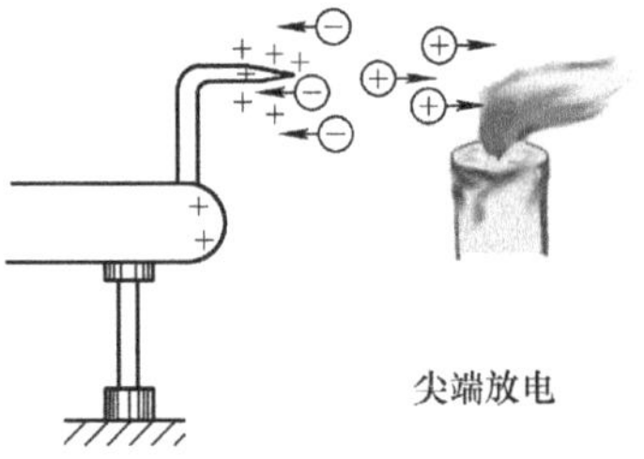

图 7.8 尖端放电吹蜡烛

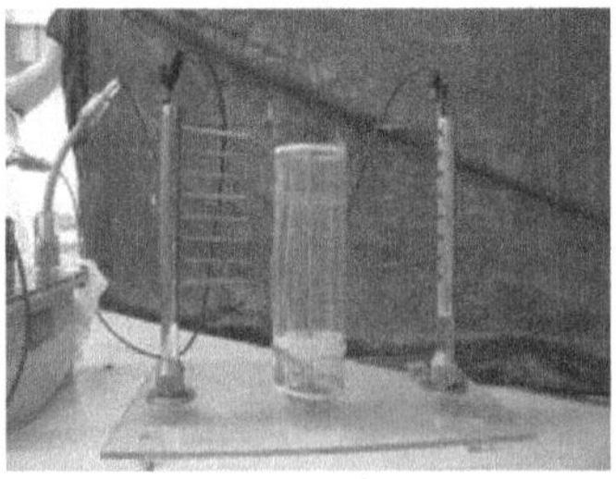

图 7.9 尖端放电转动塑料瓶

叮吖小球

7.2 有导体存在时静电场的分析与计算

将导体放入静电场中，导体中电荷在外电场的作用下会重新分布，这种分布反过来又会影响外电场，这种相互影响将一直持续到导体达到静电平衡时为止，这时导体上的电荷分布以及周围的电场就不再随时间变化了。本小节我们学习有导体存在时导体上电荷分布的特点以及周围电场分布。下面我们举几个例子。

例 7.1 有两块大金属平板，面积均为 S，分别带有电荷量 Q_1 和 Q_2，将两平板靠近放置，如图 7.10 所示。(1) 求静电平衡时，金属板上的电荷分布及周围空间的电场分布；(2) 右边金属板接地时，电荷及电场的分布。(忽略金属板的边缘效应)

解 静电平衡时导体上的电荷只分布在其表面上，导体内没有电荷。因此，设两个大金属板的 4 个表面上的电荷面密度分别为 σ_1、σ_2、σ_3、σ_4，如图 7.10 所示。

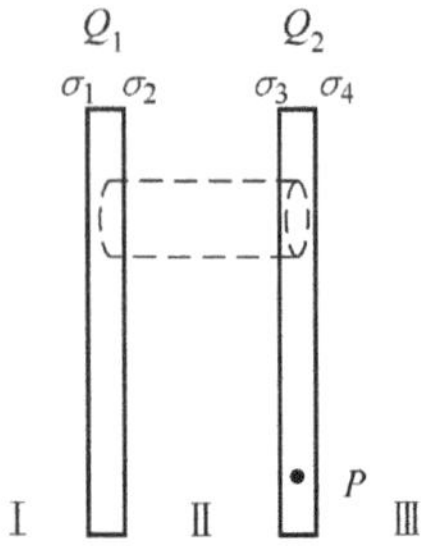

图 7.10 例 7.1 用图

(1) 由电荷守恒定律知

$$\sigma_1+\sigma_2=\frac{Q_1}{S} \qquad ①$$

$$\sigma_3+\sigma_4=\frac{Q_2}{S} \qquad ②$$

在两块金属板间构造一个横置的圆柱面，如图 7.10 所示，此圆柱的左、右底面分别位于金属板的内部，且平行于平板。根据高斯定理，有

$$\oint_S \boldsymbol{E}\cdot \mathrm{d}\boldsymbol{S}=\frac{q_{内}}{\varepsilon_0}$$

$$\int_{S_{左}} \boldsymbol{E}\cdot \mathrm{d}\boldsymbol{S}+\int_{S_{右}} \boldsymbol{E}\cdot \mathrm{d}\boldsymbol{S}+\int_{S_{侧}} \boldsymbol{E}\cdot \mathrm{d}\boldsymbol{S}=\frac{q_{内}}{\varepsilon_0}$$

金属板很大，忽略边缘效应，因此两金属板间的电场方向垂直于金属板平面，金属板内部电场强度为零，所以圆柱左、右底面处的电场强度处处为零，而在圆柱侧面上，电场强度和侧面面元的法线方向处处垂直，故上式积分可以进一步整理为

$$0+0+0=\frac{q_{内}}{\varepsilon_0}$$

式中，$q_{内}$ 为高斯面所包围的电荷的代数和，$q_{内}=(\sigma_2+\sigma_3)S$，所以得到

$$\sigma_2+\sigma_3=0 \qquad ③$$

在金属板内部任取一点 P（见图 7.10），P 点的电场强度应该是 4 个带电面产生的电场强度

的矢量叠加，因此有

$$E_P=\frac{\sigma_1}{2\varepsilon_0}+\frac{\sigma_2}{2\varepsilon_0}+\frac{\sigma_3}{2\varepsilon_0}-\frac{\sigma_4}{2\varepsilon_0}$$

由于导体静电平衡的要求，导体内部各处电场强度为零，所以

$$E_P=\frac{\sigma_1}{2\varepsilon_0}+\frac{\sigma_2}{2\varepsilon_0}+\frac{\sigma_3}{2\varepsilon_0}-\frac{\sigma_4}{2\varepsilon_0}=0 \quad ④$$

将上面关于电荷面密度 σ_1、σ_2、σ_3、σ_4 的4个方程联立求解，可以得到电荷分布情况：

$$\sigma_1=\frac{Q_1+Q_2}{2S},\ \sigma_2=\frac{Q_1-Q_2}{2S},\ \sigma_3=-\frac{Q_1-Q_2}{2S},\ \sigma_4=\frac{Q_1+Q_2}{2S}$$

进一步根据无限大均匀带电平板在周围空间产生的电场公式（6.15），可以求出空间三个区域的电场强度分布，我们以水平向右的方向为电场正方向，则

$$E_{\text{I}}=-\left(\frac{\sigma_1}{2\varepsilon_0}+\frac{\sigma_2}{2\varepsilon_0}+\frac{\sigma_3}{2\varepsilon_0}+\frac{\sigma_4}{2\varepsilon_0}\right)=-\frac{Q_1+Q_2}{2\varepsilon_0 S}$$

$$E_{\text{II}}=\frac{\sigma_1}{2\varepsilon_0}+\frac{\sigma_2}{2\varepsilon_0}-\frac{\sigma_3}{2\varepsilon_0}-\frac{\sigma_4}{2\varepsilon_0}=\frac{Q_1-Q_2}{2\varepsilon_0 S}$$

$$E_{\text{III}}=\frac{\sigma_1}{2\varepsilon_0}+\frac{\sigma_2}{2\varepsilon_0}+\frac{\sigma_3}{2\varepsilon_0}+\frac{\sigma_4}{2\varepsilon_0}=\frac{Q_1+Q_2}{2\varepsilon_0 S}$$

（2）当右边的金属板接地时，右边金属板的电势就和大地构成一个等势体，因此有

$$\sigma_4=0$$

左边金属板的电荷仍然守恒，有 $\sigma_1+\sigma_2=\dfrac{Q_1}{S}$

对于中间两个相对的表面，由高斯定理，仍有

$$\sigma_2+\sigma_3=0$$

再由 P 点的电场强度为零，必须有 $E_P=\dfrac{\sigma_1}{2\varepsilon_0}+\dfrac{\sigma_2}{2\varepsilon_0}+\dfrac{\sigma_3}{2\varepsilon_0}-\dfrac{\sigma_4}{2\varepsilon_0}=0$

上面4个方程联立，给出

$$\sigma_1=0,\ \sigma_2=\frac{Q_1}{S},\ \sigma_3=-\frac{Q_1}{S},\ \sigma_4=0$$

这时，三个区间的电场分布为

$$E_{\text{I}}=-\left(\frac{\sigma_1}{2\varepsilon_0}+\frac{\sigma_2}{2\varepsilon_0}+\frac{\sigma_3}{2\varepsilon_0}+\frac{\sigma_4}{2\varepsilon_0}\right)=0$$

$$E_{\text{II}}=\frac{\sigma_1}{2\varepsilon_0}+\frac{\sigma_2}{2\varepsilon_0}-\frac{\sigma_3}{2\varepsilon_0}-\frac{\sigma_4}{2\varepsilon_0}=\frac{Q_1}{\varepsilon_0 S}$$

$$E_{\text{III}}=\frac{\sigma_1}{2\varepsilon_0}+\frac{\sigma_2}{2\varepsilon_0}+\frac{\sigma_3}{2\varepsilon_0}+\frac{\sigma_4}{2\varepsilon_0}=0$$

例7.2 一导体球半径为 R_1，其外有一同心的导体球壳，球壳的内、外半径分别为 R_2 和 R_3，此系统带电后内球的电势为 φ_1，外球壳所带总电荷量为 Q，求此系统各处的电势和电场分布。

解 设导体球所带电荷量为 q，由导体静电平衡后电荷分布特点可知导体球电荷量分布在其外表面上，外球壳内表面电荷量为 $-q$，而外表面电荷量为 $Q+q$，如图7.11所示，它们在空间产生的电场强度是由三个均匀带电球面共同产生的，即

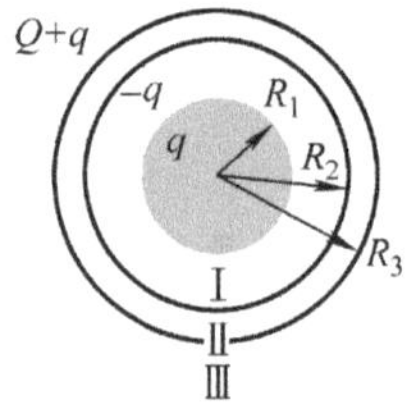

图 7.11　例 7.2 用图

$$E_{\text{I}}=\frac{q}{4\pi\varepsilon_0 r^2}\ (R_1<r<R_2)$$

$$E_{\text{II}}=0\ (R_2<r<R_3)$$

$$E_{\text{III}}=\frac{q+Q}{4\pi\varepsilon_0 r^2}\ (r>R_3)$$

内球电势 φ_1 也是三个均匀带电球面共同产生的，于是有

$$\varphi_1=\frac{q}{4\pi\varepsilon_0 R_1}+\frac{-q}{4\pi\varepsilon_0 R_2}+\frac{q+Q}{4\pi\varepsilon_0 R_3}$$

由上式可以求出 q，即

$$q=\frac{4\pi\varepsilon_0 R_3\varphi_1-Q}{1+\dfrac{R_3}{R_1}-\dfrac{R_3}{R_2}}$$

将 q 代入电场强度的公式中，可得

$$E_{\text{I}}=\frac{1}{4\pi\varepsilon_0 r^2}\cdot\frac{4\pi\varepsilon_0 R_3\varphi_1-Q}{1+\dfrac{R_3}{R_1}-\dfrac{R_3}{R_2}}\ (R_1<r<R_2)$$

$$E_{\text{II}}=0\ (R_2<r<R_3)$$

$$E_{\text{III}}=\frac{1}{4\pi\varepsilon_{\varepsilon 0} r^2}\cdot\frac{4\pi\varepsilon_0 R_3\varphi_1-Q}{1+\dfrac{R_3}{R_1}-\dfrac{R_3}{R_2}}+\frac{Q}{4\pi\varepsilon_0 r^2}\ (r>R_3)$$

同理，可以求出空间电势分布

$$\varphi_{\text{I}}=\varphi_1\ (0\leqslant r\leqslant R_1)$$

$$\varphi_{\text{II}}=\frac{q}{4\pi\varepsilon_0 r}+\frac{-q}{4\pi\varepsilon_0 R_2}+\frac{Q+q}{4\pi\varepsilon_0 R_3}\ (R_1\leqslant r\leqslant R_2)$$

$$\varphi_{\text{III}}=\frac{Q+q}{4\pi\varepsilon_0 R_3}\ (R_2\leqslant r\leqslant R_3)$$

$$\varphi_{\text{IV}}=\frac{Q+q}{4\pi\varepsilon_0 r}\ (r>R_3)$$

将前面求出的 q 代入到上述表达式中，即得电势分布结果，由于形式比较复杂，这里就不再代入。

7.3　静电屏蔽

静电平衡时导体内部的电场强度处处为零这一规律在技术上可以用来实现静电屏蔽。所谓**静电屏蔽**就是指导体外壳对其内部起到屏蔽作用，使其不受外部电场的影响。我们在前面学习的空腔导体就起到了这样的作用。下面我们说明其中的道理。

导体空腔的外面有一电场，导体中的自由电荷在外电场的静电力作用下迁移到空腔外表面上，这种迁移一直进行到导体达到静电平衡为止，即导体内部的电场强度处处为零。由高斯定理和静电平衡条件可推知，空腔内表面没有电荷分布，空腔里电场强度为零。因此，导体空腔对其内部空间起到了很好的屏蔽作用，可以把外电场完美地屏蔽在导体的外面。对于精密的电子仪器，为了避免外面电场的影响，可以把仪器放在金属壳的内部。

应该指出，不要误以为由于导体壳的存在，壳外电场不会穿透导体进入到空腔，实际的情况是导体表面重新分布的电荷在空腔内产生的电场正好抵消了外电场。导体外表面的电荷分布将随着外电场的大小和方向而改变，其结果将是始终保持壳内的总电场强度为零。

法拉第做了一个闻名于世的实验——法拉第电笼实验，他将自己关闭在金属笼内，当笼外发生强大的静电放电时，他在笼子里安然无恙，如图 7.12 所示。

图 7.12　法拉第电笼

导体空腔除了可以屏蔽外界电场对壳内空间的影响，如果将导体空腔接地的话，还可以有效屏蔽壳内电场对壳外的影响。如图 7.13 所示，不带电的导体空腔内部有一带电体 q_0，导体外部有一软绳悬挂的点电荷 q。当导体空腔不接地时（见图 7.13a），根据导体静电平衡条件，导体空腔内表面带电荷量为 $-q_0$，外表面带电荷量为 q_0。外表面的电荷 q_0 将会对带电体 q 产生静电力的作用，如果是同号电荷的话，我们将看到点电荷 q 被排斥开。当导体空腔接地时（见图 7.13b），根据导体静电平衡条件，导体空腔内表面带电荷量仍为 $-q_0$，而外表面带电荷量为零（这里我们忽略点电荷 q 对导体的影响），这时点电荷 q 没有受到来自导体静电力的作用而保持在自由的竖直位置。

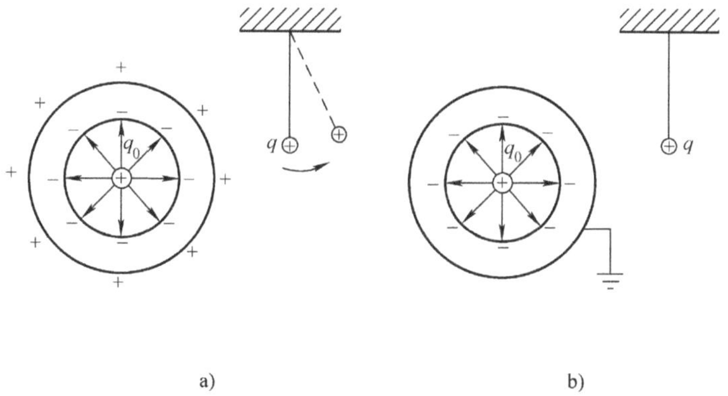

图 7.13　静电屏蔽

静电屏蔽的思想还有重要的理论意义——间接地证明了库仑定律。处于静电平衡的导体空腔内无电场的结论是由高斯定理导出的，而高斯定理又是库仑定律的直接结果，因此实验上检验导体空腔内是否有电场存在可以间接地验证库仑定律的正确性。卡文迪许、麦克斯韦、威廉斯等人都是利用这一原理来验证库仑定律的。

7.4 电介质的极化

7.4.1 电介质及其分类

电介质就是电的绝缘体，电介质的内部没有自由移动的电荷，因而完全不能导电。我们知道，任何物质的分子或原子都是由带负电的电子和带正电的原子核构成的。整个分子中电荷的代数和为零。正负电荷在原子、分子内部都有一定的分布。我们根据正负电荷的分布特点把电介质分为两大类：有极分子和无极分子。**有极分子**是指正负电荷中心不重合的一类分子，比如 H_2O、NH_3、HCl，如图 7.14a 所示。**无极分子**是指正负电荷中心重合的一类分子，比如 He、N_2、CH_4，如图 7.14b 所示。

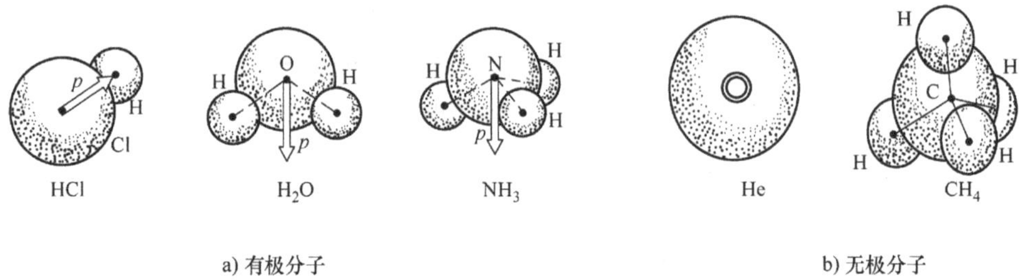

图 7.14 有极分子和无极分子示意图

对于有极分子，正负电荷中心不重合，而正负电荷的电荷量相等，我们以 q 来表示正电荷或者负电荷的电荷量，以 $\boldsymbol{l}$ 来表示从负电荷的中心指向正电荷中心的矢量，则这个分子具有一个固有电矩 $\boldsymbol{p}=q\boldsymbol{l}$。几种分子的固有电矩列于表 7.1 中。对于宏观的有极分子电介质而言，由于分子的无规则热运动和介质的各向同性，使得分子的电偶极矩的取向各向等概率分布，因此整个电介质内部所有分子的电偶极矩矢量和为零，对外不显示电性。对于无极分子，由于它们的电荷分布具有对称性，因而正、负电荷的中心重合，这类分子本身就没有固有电矩，故整体电介质的固有电矩为零，对外不显示电性。

表 7.1 几种极性分子的固有电矩

电介质	电矩/(C·m)
HCl	3.4×10^{-30}
NH_3	4.8×10^{-30}
CO	0.9×10^{-30}
H_2O	6.1×10^{-30}

7.4.2 电介质对电场的影响

我们以平行板电容器来讨论电介质对电场的影响。如图 7.15 所示，给一平行板电容器带电 $\pm Q$，这时两板间电压为 U_0。将电介质充入电容器内，这时两板间电压为 U，实验中发现

$$U=\frac{U_0}{\varepsilon_r} \tag{7.2}$$

式中，ε_r为一个大于 1 的数，它和电介质的种类有关，是电介质的一种特性常数，叫作电介质

的**相对介电常数**（或**相对电容率**）。几种电介质的相对介电常数列在表 7.2 中。

表 7.2　几种电介质的相对介电常数

电介质	相对介电常数 ε_r
真空	1
氦（20℃，1atm）	1.000064
空气（20℃，1atm）	1.00055
石蜡	2
变压器油（20℃）	2.24
聚乙烯	2.3
尼龙	3.5
云母	4～7
纸	约为 5
瓷	6～8
玻璃	5～10
水（20℃，1atm）	80
钛酸钡	10^3～10^4

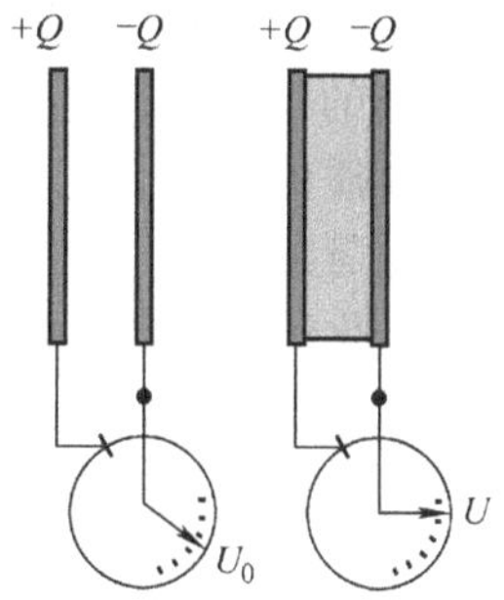

图 7.15　电介质对电场的影响

在上面的实验中，电介质插入后两板间电压减小，说明两板间电场减弱了，为什么会有这样的结果呢？我们从电介质的微观结构出发，分析其在外电场作用下的行为变化。

7.4.3　电介质的极化

为了简单，我们只讨论均匀各向同性的电介质在静电场中的极化过程。

1. 无极分子电介质的位移极化

如图 7.16a 所示，当把无极分子置于外电场中时，在外电场的作用下，两种电荷的中心会被拉开一段距离，因而使分子具有了电矩，这种电矩叫**感生电矩**。感生电矩的方向和外电场方向完全相同，外电场越强，感生电矩越大。我们把这种极化叫作**位移极化**。

2. 有极分子电介质的取向极化

如图 7.16b 所示，当把有极分子置于外电场中时，由于外电场的作用，正、负电荷将受到电场力的作用，这对电场力将对电偶极子产生一个转动力矩，使得这个分子的电矩转向外电场的方向。外电场越强，这种转动越明显。但是由于受到热扰动的影响，电矩取向不可能完全沿着外电场方向。这种极化叫作**取向极化**，当然，在有极分子极化的过程中，也伴随有正、负电荷中心之间的距离发生相对位移而引起的位移极化，但是有极分子的位移极化比取向极化弱得多，所以在一般情况下，我们只考虑取向极化。

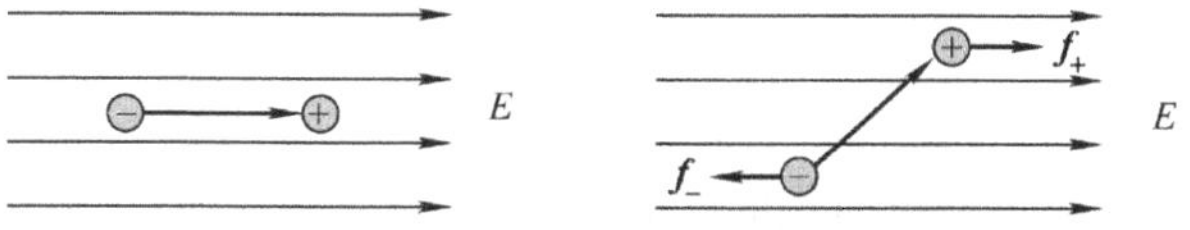

a) 位移极化　　b) 取向极化

图 7.16　在外电场中的电介质分子

7.4.4　束缚电荷面密度和电极化强度

虽然两种电介质受外电场的影响发生的微观过程不同，但其宏观总效果是一样的。对于各向同性的均匀电介质，极化平衡后，在其内部宏观微小的区域内，正、负电荷的数量相等，没有净剩余电荷，因而仍表现为中性。但是，在电介质的表面上却出现了不能够被抵消的正电荷或者负电荷的分布，如图7.17所示。这种出现在电介质表面的电荷叫**面束缚电荷**（面极化电荷），因为它不像导体中的自由电荷能够自由移动。在外电场的作用下，电介质的表面出现束缚电荷的现象，叫作**电介质的极化**。显然，外电场越强，电介质表面出现的束缚电荷越多。

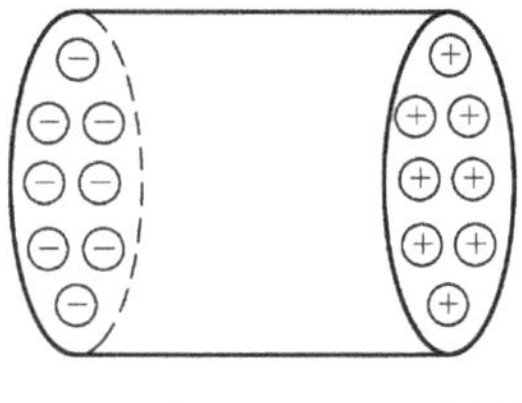

图7.17 电介质的极化及束缚电荷

电介质的极化状态可以用**电极化强度矢量**来表示。电极化强度的定义是单位体积内所有分子的电矩矢量和。我们以 $\boldsymbol{p}_i$ 表示在电介质中某一小体积内的某个分子的电矩，则该处的电极化强度矢量 $\boldsymbol{P}$ 为

$$\boldsymbol{P} = \frac{\sum \boldsymbol{p}_i}{\Delta V} \tag{7.3}$$

在国际单位制中，电极化强度的单位是库每二次方米，符号为 C/m^2，它的量纲与面电荷密度的量纲相同。

无论是无极分子的位移极化，还是有极分子的取向极化，电极化强度都随着外电场的增强而增大。实验证明：当电介质中的电场强度 $\boldsymbol{E}$ 不太强时，各向同性电介质的电极化强度 $\boldsymbol{P}$ 与 $\boldsymbol{E}$ 成正比，方向相同，其关系可表示为

$$\boldsymbol{P} = \varepsilon_0(\varepsilon_r - 1)\boldsymbol{E} = \varepsilon_0\chi\boldsymbol{E} \tag{7.4}$$

式中，ε_r为电介质的相对介电常数；χ 为电介质的电极化率。

既然电介质的表面束缚电荷是电介质极化的结果，所以束缚电荷与电极化强度之间一定存在某种定量的关系，下面我们分析一下极化的具体过程。

我们以无极分子电介质为例，考虑电介质内部某一小面元 $\mathrm{d}\boldsymbol{S}$ 处的电极化。设电场 $\boldsymbol{E}$ 的方向和面元 $\mathrm{d}\boldsymbol{S}$ 的法线方向 $\boldsymbol{e}_n$成 θ 角，如图7.18所示。由于电场 $\boldsymbol{E}$ 的作用，分子的正、负电荷中心将沿电场方向分开一段距离。为简单起见，假定负电荷不动，而正电荷沿 $\boldsymbol{E}$ 的方向发生位移 $\boldsymbol{l}$。我们以面元 $\mathrm{d}\boldsymbol{S}$ 为底，$\boldsymbol{l}$ 为一斜高，在面元 $\mathrm{d}\boldsymbol{S}$ 后侧取一体积元 $\mathrm{d}V$。在电场的作用下，此体积内所有分子的负电荷不动，而正电荷中心将越过 $\mathrm{d}\boldsymbol{S}$ 到前侧去。以 q 表示每个分子的正电荷量，以 n 表示电介质单位体积内的分子数，则由于电极化而越过 $\mathrm{d}\boldsymbol{S}$ 面的总电荷量为

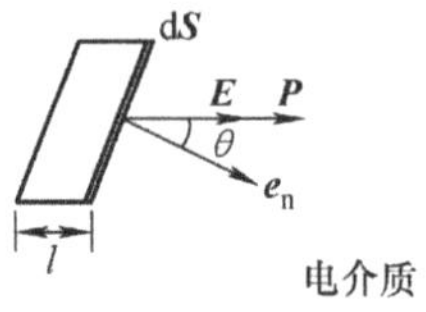

图7.18 电介质的极化和束缚电荷的关系

$$\mathrm{d}q' = qn\mathrm{d}V = qnl\mathrm{d}S\cos\theta$$

由于 $ql = p$，而 $np = P$，所以

$$\mathrm{d}q' = P\cos\theta\mathrm{d}S$$

因此，$\mathrm{d}\boldsymbol{S}$ 面上因电极化而越过单位面积的电荷应为

$$\frac{\mathrm{d}q'}{\mathrm{d}S} = P\cos\theta = \boldsymbol{P}\cdot\boldsymbol{e}_n$$

这个关系尽管是基于无极分子的位移极化推出的，但是对于极性分子电介质也同样适用。

在上面的证明中，如果 $\mathrm{d}\boldsymbol{S}$ 是电介质表面一面元，而 $\boldsymbol{e}_n$是其外法线方向的单位矢量，则上式给出的是因电极化而在电介质表面单位面积上出现的面束缚电荷密度。我们用 σ'表示面束缚电荷密度，则

$$\sigma' = P\cos\theta = \boldsymbol{P}\cdot\boldsymbol{e}_n \tag{7.5}$$

如果 d$\boldsymbol{S}$ 是电介质体内一面元，可以在电介质内部构造一个任意形状和大小的封闭面 S，d$\boldsymbol{S}$ 位于 S 的边界上，如图 7.19 所示，则上面所求出的由于电极化越过 dS 面向外移出的电荷量为

$$\mathrm{d}q'_{\text{out}} = P\cos\theta\mathrm{d}S = \boldsymbol{P}\cdot\mathrm{d}\boldsymbol{S}$$

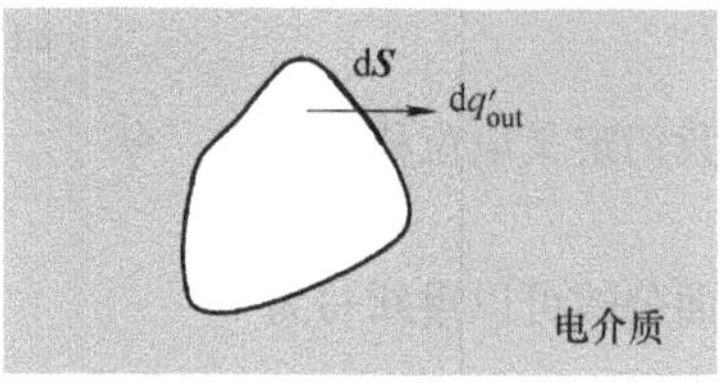

图 7.19　电介质极化和体内束缚电荷的关系

通过整个封闭面 S 穿出的束缚电荷应为

$$q'_{\text{out}} = \oint_S \mathrm{d}q'_{\text{out}} = \oint_S P\cos\theta\mathrm{d}S = \oint_S \boldsymbol{P}\cdot\mathrm{d}\boldsymbol{S}$$

由于电介质是电中性的，根据电荷守恒定律，在封闭面内留下的束缚电荷应为

$$q'_{\text{in}} = -q'_{\text{out}} = -\oint_S \boldsymbol{P}\cdot\mathrm{d}\boldsymbol{S} \tag{7.6}$$

式（7.6）表示电介质极化后封闭面内的束缚电荷等于通过该封闭面的电极化强度通量的负值。

如果外电场不太强，电介质被极化，表面或者体内会出现束缚电荷。如果外电场很强，则电介质分子中的正负电荷将会在电场的作用下被拉开，脱离彼此的束缚，成为自由电荷，当大量自由电荷产生的时候，电介质不再绝缘，变成了导体，这种现象叫**电介质的击穿**。一种电介质材料所能承受的不被击穿的最大电场强度，叫作这种电介质的**介电强度**或**击穿电场强度**。

7.5　电位移矢量的高斯定理

电介质放入外电场中被极化，产生束缚电荷，这些电荷也会产生电场，影响原来的电场分布。有电介质存在时的电场是由电介质上的束缚电荷和空间自由电荷共同产生的。设空间中自由电荷和束缚电荷分别为 q_0 和 q'，它们产生的电场强度分别用 $\boldsymbol{E}_0$ 和 $\boldsymbol{E}'$ 表示，则有电介质存在时总电场强度为

$$\boldsymbol{E} = \boldsymbol{E}_0 + \boldsymbol{E}' \tag{7.7}$$

一般问题是，已知自由电荷分布和电介质分布，求空间电场。由式（7.7）知，空间电场是由自由电荷和束缚电荷共同产生的。束缚电荷分布可以通过电极化强度计算出来［见式（7.5）］，而电极化强度又和总电场强度 $\boldsymbol{E}$ 直接相关［见式（7.4）］。这样，已知和未知互相纠缠在一起，问题变得比较复杂。为了解决有电介质存在时空间电场分布和束缚电荷分布的问题，我们引入电位移矢量 $\boldsymbol{D}$，并学习电位移矢量的高斯定理。

既然束缚电荷和自由电荷一样也会在空间中产生电场，这说明束缚电荷和自由电荷都是电场的“源”，正电荷发出电场线，负电荷终止电场线，那么电场的高斯定理可以表达为

$$\oint_S \boldsymbol{E}\cdot\mathrm{d}\boldsymbol{S} = \frac{\sum(q_0 + q')_{\text{in}}}{\varepsilon_0} \tag{7.8}$$

前面已推知如下关系

$$\sum q'_{\text{in}} = -\oint_S \boldsymbol{P}\cdot\mathrm{d}\boldsymbol{S}$$

将上式代入式（7.8），得到

$$\oint_S \boldsymbol{E}\cdot\mathrm{d}\boldsymbol{S} = \frac{\sum(q_0 + q')_{\text{in}}}{\varepsilon_0} = \left[\sum q_0 + \left(-\oint_S \boldsymbol{P}\cdot\mathrm{d}\boldsymbol{S}\right)\right]/\varepsilon_0$$

整理，得

$$\oint_S(\varepsilon_0\boldsymbol{E}+\boldsymbol{P})\cdot \mathrm{d}\boldsymbol{S}=\sum q_{0\mathrm{int}}$$

我们定义电位移矢量 $\boldsymbol{D}$，令

$$\boldsymbol{D}=\varepsilon_0\boldsymbol{E}+\boldsymbol{P} \tag{7.9}$$

则上面公式可以重新写为

$$\oint_S\boldsymbol{D}\cdot \mathrm{d}\boldsymbol{S}=\sum q_{0\mathrm{int}} \tag{7.10}$$

式（7.10）即是电位移矢量的高斯定理，即通过任意封闭曲面的电位移矢量通量等于它所包围的自由电荷的代数和。

根据式（7.4）和式（7.9），可得

$$\boldsymbol{D}=\varepsilon_0\varepsilon_r\boldsymbol{E}=\varepsilon\boldsymbol{E} \tag{7.11}$$

式中，$\varepsilon=\varepsilon_0\varepsilon_r$叫作电介质的**介电常数**。

由电位移矢量的高斯定理可知，电位移矢量只和自由电荷有关，或者说自由电荷是电位移矢量的“源”。这样，可以先由自由电荷分布求出电位移矢量 $\boldsymbol{D}$，然后再由式（7.11）求出 $\boldsymbol{E}$ 的分布。有了电场强度，再进一步根据式（7.4）和式（7.5）求出电极化强度和束缚电荷分布。

下面我们举例说明有电介质存在时电场的计算。

例 7.3 如图 7.20 所示，一带电荷量为 Q、半径为 R_0 的金属球外套有一个相对介电常数为 ε_r的均匀电介质球壳，内半径为 R_1，外半径为 R_2。求：（1）介质层内外的 $\boldsymbol{D}$、$\boldsymbol{E}$ 和 $\boldsymbol{P}$ 分布；（2）介质层内、外表面上的束缚电荷面密度。

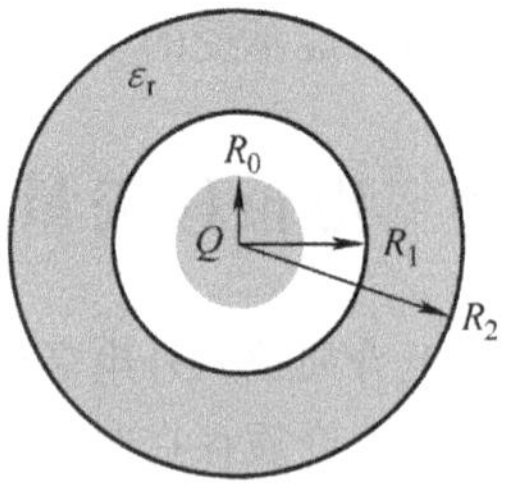

图 7.20 例 7.3 用图

解 （1）首先由导体静电平衡的特点知，导体的电荷都带在其表面上，导体内部的电场强度为零。再由自由电荷的分布以及球对称的特点，构造如图所示的同心球面，球面半径为 r，根据电位移矢量的高斯定理

$$\oint_S\boldsymbol{D}\cdot \mathrm{d}\boldsymbol{S}=\sum q_{0\mathrm{int}}$$

有

$$\oint_S\boldsymbol{D}\cdot \mathrm{d}\boldsymbol{S}=D4\pi r^2=Q$$

$$D=\frac{Q}{4\pi r^2}(r>R_0)$$

再根据式（7.11），有

$$E_1=\frac{Q}{4\pi\varepsilon_0 r^2}\ (R_0\leqslant r<R_1,\ r>R_2)$$

$$E_2=\frac{Q}{4\pi\varepsilon_0\varepsilon_r r^2}\ (R_1\leqslant r\leqslant R_2)$$

再根据 $\boldsymbol{P}=\varepsilon_0(\varepsilon_r-1)\boldsymbol{E}$，可以求出电极化强度 P 的大小为

$$P_1=0\ (R_0\leqslant r<R_1,\ r>R_2)$$

$$P_2=\frac{(\varepsilon_r-1)Q}{4\pi\varepsilon_r r^2}\ (R_1\leqslant r\leqslant R_2)$$

（2）根据 $\sigma'=\boldsymbol{P}\cdot\boldsymbol{e}_n$，有

$$\sigma'_{内表}=-P_2=-\frac{(\varepsilon_r-1)Q}{4\pi\varepsilon_r R_1^2}$$

$$\sigma'_{外表} = P_2 = \frac{(\varepsilon_r - 1)Q}{4\pi\varepsilon_r R_2^2}$$

例7.4　如图7.21所示，一平行板电容器的两极板分别带有等量异号电荷，两极板间距离为 d，极板间电场强度为 E_0。将极板间一半空间填充相对介电常数为 ε_r 的电介质，在极板间另一半空间有一点电荷 q 悬停在距两极板等远的地方，质量为 m。现在将电介质迅速抽走，这个点电荷将如何运动？它将多长时间和平板碰撞？

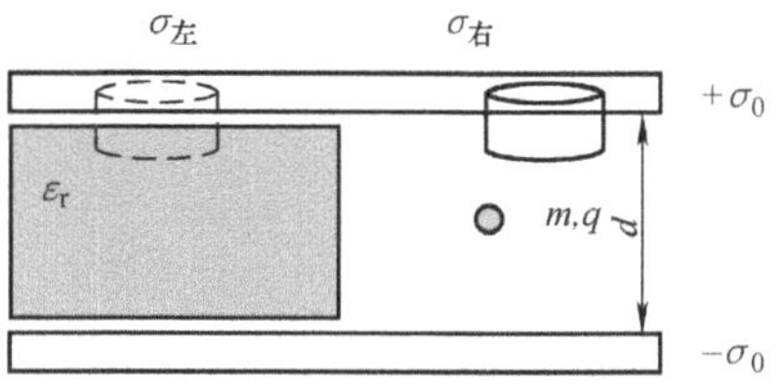

图7.21　例7.4用图

解　点电荷 q 之所以能悬停在两极板之间，是因为重力和静电力平衡，即

$$mg = qE$$

重力的方向向下，则电场强度 $\boldsymbol{E}$ 的方向一定向上。此时，$\boldsymbol{E}$ 是填充了一半电介质之后的电场强度，它和原来的静电场强度 $\boldsymbol{E}_0$ 不同。下面，我们先分析一下 $\boldsymbol{E}$ 和 $\boldsymbol{E}_0$ 的关系。

在未加入电介质之前，设两极板电荷面密度分别为 $+\sigma_0$ 和 $-\sigma_0$，两极板间电场强度为 $E=\sigma_0/\varepsilon_0$。在两极板间一半空间加入了电介质之后，由于左半部分和右半部分电介质环境不同，因而两边的自由电荷分布将不同，分别设此时两边的自由电荷面密度分别为 $\sigma_{左}$、$\sigma_{右}$，则根据电荷守恒定律，有

$$(\sigma_{左} + \sigma_{右})S/2 = \sigma_0 S \qquad ①$$

式中，S 为平板的面积。

由于导体是个等势体，因此左、右两半电介质中电场强度的大小相等，即 $E_{左}=E_{右}$，我们先来求一下左右空间中电场强度和自由电荷面密度的关系。

如图7.21所示，我们在左半部分空间取一个封闭的圆柱面，圆柱的上底面位于平行板的内部，下底面位于两极板之间，两底面和平板平面平行。由于电介质被平行板电场极化，因此在电介质的上、下表面上会出现束缚电荷。在考虑有电介质存在的电场分布的问题时，我们先根据自由电荷的分布和电位移矢量的高斯定理，求出电位移矢量。

我们对封闭的圆柱面列电位移矢量的高斯定理

$$\oint_S \boldsymbol{D}\cdot \mathrm{d}\boldsymbol{S} = \sum q_{0\mathrm{int}}$$

$$\int_{S_{上}} \boldsymbol{D}\cdot \mathrm{d}\boldsymbol{S} + \int_{S_{下}} \boldsymbol{D}\cdot \mathrm{d}\boldsymbol{S} + \int_{S_{侧}} \boldsymbol{D}\cdot \mathrm{d}\boldsymbol{S} = \sigma_{左} S$$

式中，S 为圆柱面的底面积。由于平行板内部电场强度为零，圆柱的侧面上电位移矢量和侧面面元的法线方向垂直，因此上底面和侧面的面积分都为零。而对于下底面，$\boldsymbol{D}$ 的方向和 $\mathrm{d}\boldsymbol{S}$ 方向平行，且处处大小均匀一致，因此有

$$0 + DS + 0 = \sigma_{左} S$$

整理，得

$$D = \sigma_{左}$$

再进一步根据 $\boldsymbol{D}=\varepsilon_0\varepsilon_r\boldsymbol{E}=\varepsilon\boldsymbol{E}$，求得

$$E_{左} = \frac{\sigma_{左}}{\varepsilon_0\varepsilon_r}$$

对于右半部分空间，可以直接应用 $\boldsymbol{E}$ 的高斯定理，选取类似于左边的封闭圆柱面，求高斯积分，有

$$\oint_S \boldsymbol{E} \cdot \mathrm{d}\boldsymbol{S} = \frac{\sum q_{0\mathrm{int}}}{\varepsilon_0}$$

$$\int_{S_上} \boldsymbol{E} \cdot \mathrm{d}\boldsymbol{S} + \int_{S_下} \boldsymbol{E} \cdot \mathrm{d}\boldsymbol{S} + \int_{S_侧} \boldsymbol{E} \cdot \mathrm{d}\boldsymbol{S} = \frac{\sigma_右 S}{\varepsilon_0}$$

$$0 + ES + 0 = \frac{\sigma_右 S}{\varepsilon_0}$$

$$E_右 = \frac{\sigma_右}{\varepsilon_0}$$

根据 $E_左 = E_右$，有

$$\frac{\sigma_左}{\varepsilon_0 \varepsilon_\mathrm{r}} = \frac{\sigma_右}{\varepsilon_0} \qquad ②$$

将上面的式①和式②联立，可以求出

$$\sigma_左 = \frac{2\varepsilon_\mathrm{r}\sigma_0}{1+\varepsilon_\mathrm{r}},\quad \sigma_右 = \frac{2\sigma_0}{1+\varepsilon_\mathrm{r}}$$

将面电荷密度代入前面的电场公式中，可以得到

$$E = E_左 = E_右 = \frac{2}{1+\varepsilon_\mathrm{r}} E_0 \qquad ③$$

因为电介质的相对介电常数 ε_r 都是大于 1 的常数，这个结果表明，将平行板中间填充了一半电介质之后，电场强度减小为原来的 $\frac{2}{1+\varepsilon_\mathrm{r}}$。

我们再来分析右边空间中的点电荷，由于左边的电介质撤掉之后，电场强度变大，电场力变强，此时点电荷 q 所受的合力大小为

$$-mg + qE_0 = ma$$

合外力的方向向上。将 $mg = qE$ 代入，得

$$-qE + qE_0 = ma$$

将式③代入，有

$$-qE + q\frac{1+\varepsilon_\mathrm{r}}{2} E = ma$$

整理，得加速度

$$\frac{\varepsilon_\mathrm{r} - 1}{2} g = a$$

这个点电荷将以加速度 a 向上做匀加速直线运动，直至撞到平板，这段飞行时间满足

$$\frac{1}{2} a t^2 = \frac{1}{2} d$$

$$t = \sqrt{\frac{d}{a}} = \sqrt{\frac{d}{g} \cdot \frac{2}{\varepsilon_\mathrm{r} - 1}}$$

7.6 电容器

7.6.1 电容 电容器

两个相互靠近的导体，中间夹有绝缘介质，就构成了一个电容器。电容器是一种常用的电

学和电子学元件，在调谐、滤波、旁路、耦合、延迟等电路中发挥重要作用。电容器最基本的形式是平行板电容器，它是由两块平行金属平板和中间填充的绝缘电介质组成，如图7.22所示。当给两块金属板分别带有 $+Q$ 和 $-Q$ 的电荷量时，两块金属板间就会产生一定的电压 U，$U=\varphi_+-\varphi_-$，其中 φ_+ 和 φ_- 分别表示正、负极板的电势。实验发现，平行板电容器所带电荷量与其两板间电压 U 成正比，比值 Q/U 称为电容器的**电容**，用 C 来表示，故

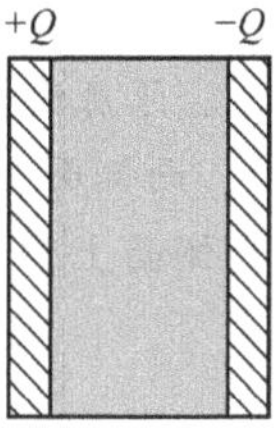

图7.22　平行板电容器

$$C=\frac{Q}{U} \tag{7.12}$$

电容反映的是电容器储存电荷本领大小的物理量。电容越大表明单位电压下电容器存储的电荷量越多。尽管式（7.12）中电荷容是用电荷量 Q 来定义的，但是电容 C 反映的是电容器本身的属性，与电容器本身的结构，即两极板的形状、大小以及极板间的电介质的种类有关，而与它所带的电荷量无关。下面我们推导一下平行板电容器的电容。假设平板面积为 S，两平板相对距离为 d，中间填充相对介电常数为 ε_r 的电介质。我们假设两极板分别带有电荷 $+Q$ 和 $-Q$，忽略边缘效应。类似于例7.4，取如图7.21中所示的封闭圆柱面，求电位移矢量 $\boldsymbol{D}$ 的高斯积分，有

$$\oint_S \boldsymbol{D}\cdot \mathrm{d}\boldsymbol{S} = \sum q_{0\mathrm{int}}$$

$$D=\sigma_0=\frac{Q}{S}$$

进而得到电场强度和两板间的电压

$$E=\frac{Q}{\varepsilon_0\varepsilon_r S},\ U=\frac{Qd}{\varepsilon_0\varepsilon_r S}$$

再利用式（7.12），得

$$C=\frac{\varepsilon_0\varepsilon_r S}{d} \tag{7.13}$$

此结果表明，平行板电容器的电容只由电容器本身的结构来决定。

在国际单位制中，电容的单位是法，用F来表示。实际上1F是非常大的，常用的单位是μF或者pF等较小的单位。

$$1\mu\mathrm{F}=10^{-6}\mathrm{F}$$
$$1\mathrm{pF}=10^{-12}\mathrm{F}$$

例7.5　求一圆柱形电容器的电容，如图7.23所示。设圆柱筒长为 L，内、外半径分别为 R_1 和 R_2，两筒间充满相对介电常数为 ε_r 的电介质。

解　设两筒（电容器两极）分别带有电荷量 $+Q$ 和 $-Q$，即外筒的内表面和内筒的外表面分别带有电荷量 $-Q$ 和 $+Q$。忽略边缘效应，根据自由电荷和电介质分布的轴对称性，构造如图所示的封闭圆柱面，此圆柱面的高为 l，半径为 r。利用 D 的高斯定理，有

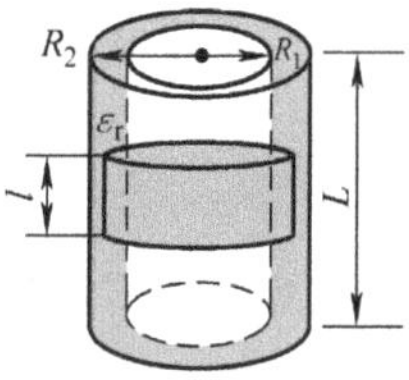

图7.23　例7.5用图

$$\oint_S \boldsymbol{D}\cdot \mathrm{d}\boldsymbol{S} = \sum q_{0\mathrm{int}}$$

$$\int_{S_上}\boldsymbol{D}\cdot \mathrm{d}\boldsymbol{S}+\int_{S_下}\boldsymbol{D}\cdot \mathrm{d}\boldsymbol{S}+\int_{S_侧}\boldsymbol{D}\cdot \mathrm{d}\boldsymbol{S}=\lambda_0 l$$

式中，λ_0 为圆柱面电荷的线密度，$\lambda_0=\frac{Q}{L}$。由于均匀带电圆柱面在空间中产生的电场处处垂直

于圆柱表面，呈轴对称分布，如图7.24所示，因此在上面的通量积分中，上、下底面$\boldsymbol{D}$的高斯积分为零（因为$\boldsymbol{D}$的方向和面元$\mathrm{d}\boldsymbol{S}$的方向垂直），而侧面上$\boldsymbol{D}$和面元$\mathrm{d}\boldsymbol{S}$的方向处处平行，而且在同一半径上的圆柱侧面上$\boldsymbol{D}$的大小处处相等，因此有

$$0+0+DS_{侧}=\lambda_0 l$$

$$D2\pi rl=\lambda_0 l$$

$$D=\frac{\lambda_0}{2\pi r}$$

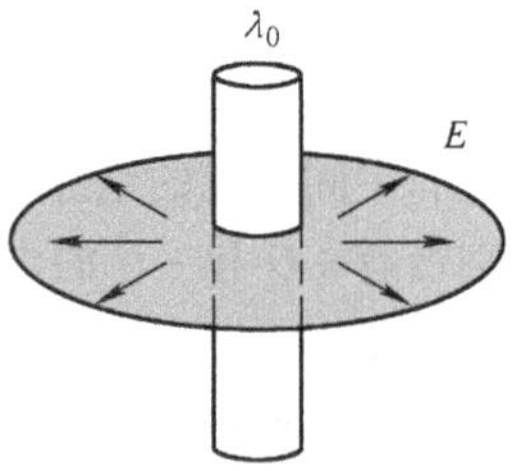

图7.24 无限长均匀带电圆柱产生的电场

再根据$\boldsymbol{D}=\varepsilon_0\varepsilon_r\boldsymbol{E}$，有

$$E=\frac{\lambda_0}{2\pi\varepsilon_0\varepsilon_r r}$$

此即两圆筒之间的电场强度的大小，方向沿着圆筒半径的方向。

根据电压和电场强度的关系，知

$$U=\int_{R_1}^{R_2}\boldsymbol{E}\cdot\mathrm{d}\boldsymbol{r}=\int_{R_1}^{R_2}\frac{\lambda_0}{2\pi\varepsilon_0\varepsilon_r r}\mathrm{d}r=\frac{\lambda_0}{2\pi\varepsilon_0\varepsilon_r}\ln\frac{R_2}{R_1}=\frac{Q}{2\pi\varepsilon_0\varepsilon_r L}\ln\frac{R_2}{R_1}$$

再由电容公式$C=\frac{Q}{U}$，得

$$C=\frac{2\pi\varepsilon_0\varepsilon_r L}{\ln\frac{R_2}{R_1}} \tag{7.14}$$

例7.5 如图7.25所示，一球形电容器的内、外半径分别为R_1和R_2，两球面间充满相对介电常数为ε_r的电介质，求其电容。

解 设球形电容器内、外表面分别带有电荷量$+Q$和$-Q$。根据球对称分布，在电介质内部构造一个同心的球面，球面半径为r，求这个球面的电位移矢量通量积分，有

$$\oint_S\boldsymbol{D}\cdot\mathrm{d}\boldsymbol{S}=Q$$

$$D\cdot4\pi r^2=Q$$

$$D=\frac{Q}{4\pi r^2}$$

$$E=\frac{Q}{4\pi\varepsilon_0\varepsilon_r r^2}$$

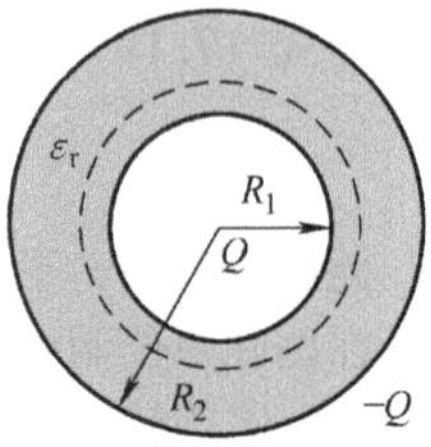

图7.25 例7.5用图

根据$U=\int_{R_1}^{R_2}\boldsymbol{E}\cdot\mathrm{d}\boldsymbol{r}$，知

$$U=\int_{R_1}^{R_2}\boldsymbol{E}\cdot\mathrm{d}\boldsymbol{r}=\int_{R_1}^{R_2}\frac{Q}{4\pi\varepsilon_0\varepsilon_r r^2}\mathrm{d}r=\frac{Q}{4\pi\varepsilon_0\varepsilon_r}\left(\frac{1}{R_1}-\frac{1}{R_2}\right)$$

再由电容公式$C=\frac{Q}{U}$，得

$$C=\frac{4\pi\varepsilon_0\varepsilon_r R_1R_2}{R_2-R_1} \tag{7.15}$$

在这个结果中，令$R_2\to\infty$，将R_1改写成R，则有

$$C=4\pi\varepsilon_0\varepsilon_r R \tag{7.16}$$

这是孤立球体的电容，令$\varepsilon_r=1$，即得空气中孤立球体的电容

$$C = 4\pi\varepsilon_0 R \tag{7.17}$$

7.6.2 电容器的串并联

电容器的基本连接方式有两种：串联和并联。串联方式如图 7.26a 所示，这时各电容器极板上的电荷量相等，都等于总电荷量 Q，而电压等于各电容器分压之和，即

$$U = \sum U_i$$

这样，

$$\frac{1}{C} = \frac{U}{Q} = \frac{\sum U_i}{Q} = \sum \frac{U_i}{Q} = \sum \frac{1}{C_i} \tag{7.18}$$

从上式可以看出，对于串联电容器，总电容变小了（比分电容）。

对于并联电容器，如图 7.26b 所示，这时各电容器上的电压相同，都等于总电压 U，而电荷量等于各电容器电荷量之和，即

$$Q = \sum Q_i$$

于是，有

$$C = \frac{Q}{U} = \frac{\sum Q_i}{U} = \sum \frac{Q_i}{U} = \sum \frac{Q_i}{U} = \sum C_i \tag{7.19}$$

从式（7.19）可以看出，对于并联电容器，总电容变大了（比分电容）。

一个实际的电容器有两个指标：①电容；②耐压。在使用电容器时，电容器的电压不能超过它的耐压值，否则电介质中就会产生过大的电场，有被击穿的风险。在电容器的实际使用中，当电容或者耐压能力不能满足需求时，可以通过串并联来实现合适的工作状态。串联电容器的总电容虽然变小了，但是耐压能力提高了。而并联电容器的耐压能力受到了耐压能力最低的那个电容器的限制，但是总电容却提高了。

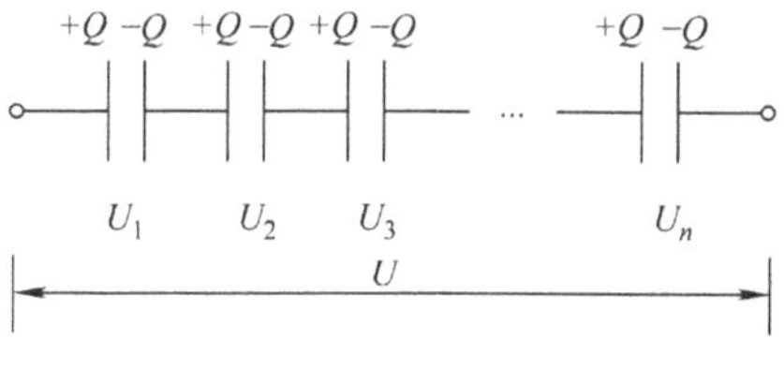

a) 串联电路

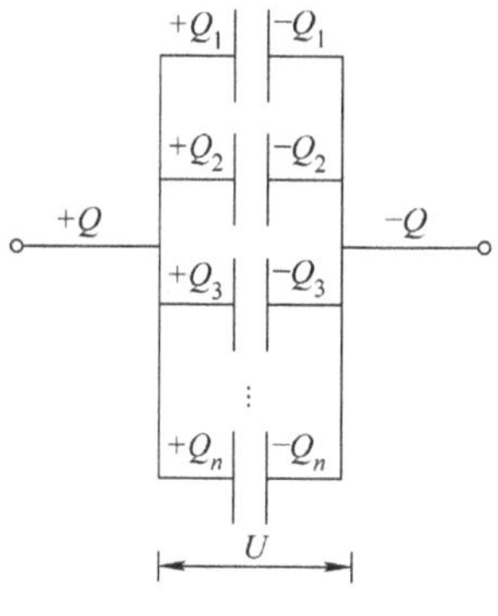

b)并联电路

图 7.26　电容器的串、并联

7.7 电容器的能量

我们以平行板电容器的充电过程为例，讨论电容器的储能。考虑一个正在充电的平行板电容器，如图 7.27 所示，电容为 C，正负极板所带电荷量为$\pm q$，两极板间电压为 U。把 $\mathrm{d}q$ 从负极板移至正极板，外力需克服静电力做功，为

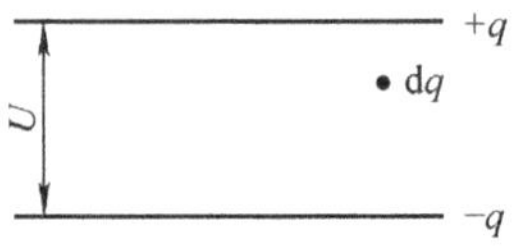

图 7.27 电容器充电

$$dA = U dq = \frac{q}{C} dq$$

由此可知，在两极板间电荷量由 0 积累到 $\pm Q$ 的过程中，外力所做的功为

$$A = \int_0^Q dA = \int_0^Q \frac{q}{C} dq = \frac{1}{2} \frac{Q^2}{C}$$

根据功能原理，外力克服静电力所做的功等于电容器所储存的电能，即

$$W = A = \frac{1}{2} \frac{Q^2}{C} = \frac{1}{2} QU = \frac{1}{2} C U^2 \tag{7.20}$$

按照我们前面第 6 章所阐述的思想，电容器的能量是储存在电场中的，因此我们把式 (7.20) 用电场强度 $\boldsymbol{E}$ 表示出来，即

$$W = \frac{1}{2} CU^2 = \frac{1}{2} \frac{\varepsilon_0 \varepsilon_r S}{d} (Ed)^2 = \left(\frac{1}{2} \varepsilon E^2\right) Sd$$

式中，S 为平行板的面积；d 为平行板之间的距离；Sd 为平行板之间电场存在空间的体积，则电场能量密度 w_e 为

$$w_e = \frac{W}{Sd} = \frac{1}{2} \varepsilon E^2 = \frac{1}{2} \boldsymbol{D} \cdot \boldsymbol{E} \tag{7.21}$$

尽管式 (7.21) 是从平行板电容器的模型推导出来的，但是可以证明它对于任何电介质的电场都是成立的。有了电场能量密度，任意电场的总能量可以通过电场能量密度的体积分得到，即

$$W = \int_V w_e dV = \int_V \left(\frac{1}{2} \boldsymbol{D} \cdot \boldsymbol{E}\right) dV = \int_V \frac{1}{2} \varepsilon E^2 dV \tag{7.22}$$

例 7.6 一球形电容器的内、外半径分别为 R_1 和 R_2，两极板间充满介电常数为 ε_r 的电介质，当此电容器带有电荷量 Q 时，求电容器的储能。

解 我们可以通过两种方法来计算电容器储能。

方法一：利用电容器储能公式 (7.20) 和球形电容器电容公式 (7.15)，有

$$W = \frac{1}{2} \frac{Q^2}{C} = \frac{1}{2} \frac{Q^2 (R_2 - R_1)}{4\pi\varepsilon_0 \varepsilon_r R_1 R_2} = \frac{Q^2 (R_2 - R_1)}{8\pi\varepsilon_0 \varepsilon_r R_1 R_2}$$

方法二：利用电场能量公式 (7.22) 计算。

球形电容器的电场强度 $\boldsymbol{E}$ 居于两个球面之间，即

$$E = \frac{Q}{4\pi\varepsilon_0 \varepsilon_r r^2}$$

将其代入到电场能量公式 (7.22) 中，有

$$W = \int_V \frac{1}{2} \varepsilon E^2 dV = \int_{R_1}^{R_2} \frac{1}{2} \varepsilon \left(\frac{Q}{4\pi\varepsilon_0 \varepsilon_r r^2}\right)^2 4\pi r^2 dr$$

$$= \frac{Q^2}{8\pi\varepsilon_0 \varepsilon_r} \left(\frac{1}{R_1} - \frac{1}{R_2}\right)$$

可以看出，两种方法得到的结果是完全一致的。

本章思维导图

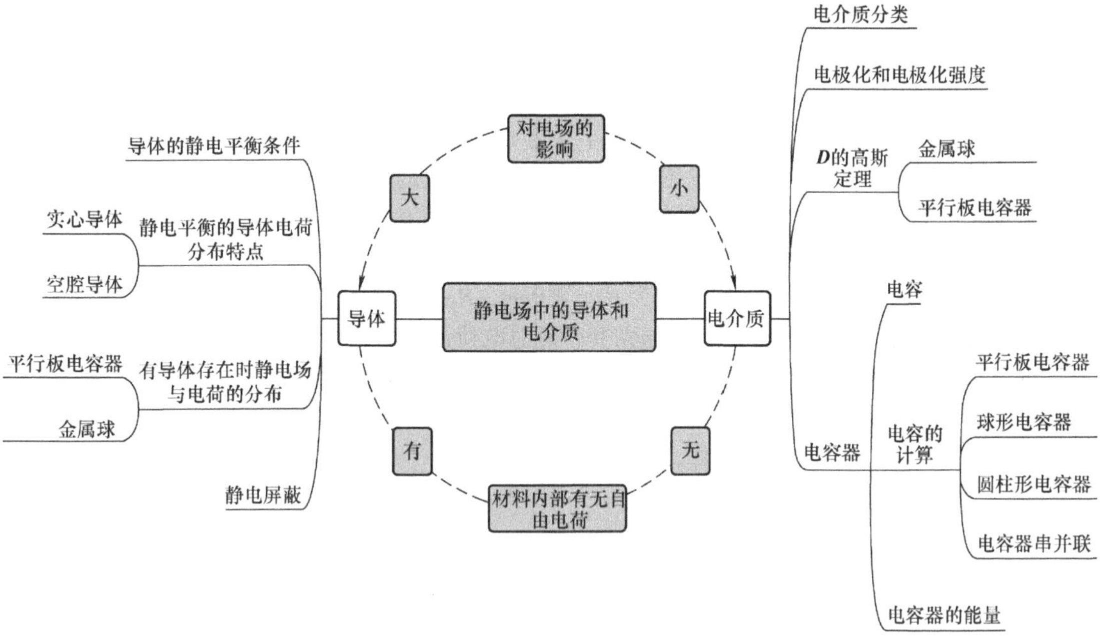

思　考　题

7.1　导体的静电平衡条件是什么？如何理解导体接地？

7.2　导体表面附近的电场强度和导体表面电荷密度的关系是 $E=\dfrac{\sigma}{\varepsilon_0}$，平行板电容器中的电场强度 $E=\dfrac{\sigma}{2\varepsilon_0}$，如何理解两者之间的关系？

7.3　平行板电容器充电后，电源断开，将两极板之间的距离加大，请问极板电荷量、极板间电压、电容、电场能量如何变化？如果电源没有断开，将两极板之间的距离加大，请问极板电荷量、极板间电压、电容、电场能量又将如何变化？

7.4　有两个半径不同的金属球，半径分别为 R_1 和 R_2，其中一个球带电荷量为 Q，如果将两个球进行接触后分离，问每个球带的电荷量是多少？

7.5　如何理解位移电流？位移电流和传导电流的区别与联系是什么？

7.6　孤立导体所带电荷量 Q 是不是可以无限大？

7.7　比较电位移矢量的高斯定理和电场强度的高斯定理有何不同？

7.8　电介质和导体的区别是什么？它们在外电场作用下的表现有何不同？

7.9　将一电介质匀速插入一个平行板电容器，在插入的过程中，外力是做正功还是负功？

习　　题

7.1　三块互相平行的导体板，相互之间的距离 d_1 和 d_2 比板面积线度小得多，外面两块板用导线连接。中间板上带电，设左、右两面上的电荷面密度分别为 σ_1 和 σ_2，如图 7.28 所示，那么 σ_1/σ_2 的比值为多少?

7.2　如图 7.29 所示，三块金属板 A、B、C 彼此平行放置，A、B 之间的距离是 B、C 之间距离的一半。用导线将外侧的两板 A、C 相连并接地，中间 B 板带电 $3\times10^{-6}\mathrm{C/m^2}$，问三块导体板的六个表面上的电荷量各为多少?

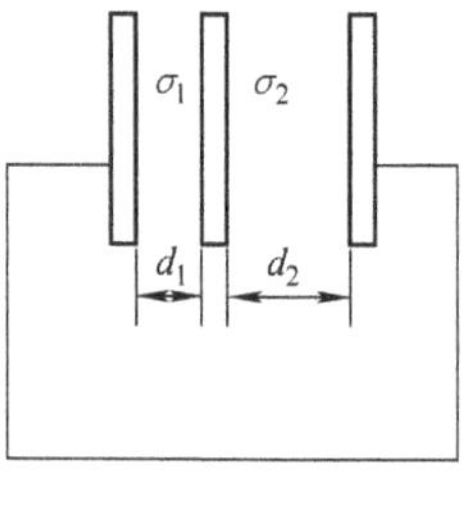

图 7.28　习题 7.1 用图

7.3　如图 7.30 所示，不带电导体球的半径为 R，在距球心 r 处放一点电荷 $+q$。求：(1) 金属球上的感生电荷在球心处产生的电场强度及此时导体球的电势；(2) 若将金属球接地，球上的净电荷为何?

7.4　在一半径为 $R_1=6.0\mathrm{cm}$ 的金属球 A 外面套有一个同心的金属球壳 B。已知球壳 B 的内、外半径分别为 $R_2=8.0\mathrm{cm}$，$R_3=10.0\mathrm{cm}$。设球 A 带有总电荷量 $Q_A=3.0\times10^{-8}\mathrm{C}$，球壳 B 带有总电荷量 $Q_B=2.0\times10^{-8}\mathrm{C}$。(1) 求球壳 B 内、外表面上所带的电荷量以及球 A 和球壳 B 的电势；(2) 将球壳 B 接地然后断开，再把金属球 A 接地，求球 A 和球壳 B 内、外表面上所带的电荷量以及球 A 和球壳 B 的电势。

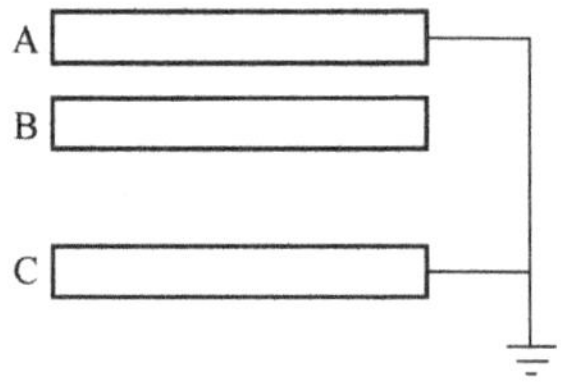

图 7.29　习题 7.2 用图

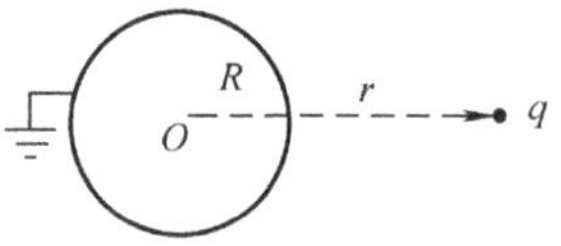

图 7.30　习题 7.3 用图

7.5　在 A 点和 B 点之间有 5 个电容器，其连接如图 7.31 所示，$C_1=4\mu\mathrm{F}$，$C_2=8\mu\mathrm{F}$，$C_3=6\mu\mathrm{F}$，$C_4=2\mu\mathrm{F}$，$C_5=24\mu\mathrm{F}$。(1) 求 A、B 两点之间的等效电容；(2) 若 A、B 之间的电压为 12V，求 U_{AC}、U_{CD} 和 U_{DB}。

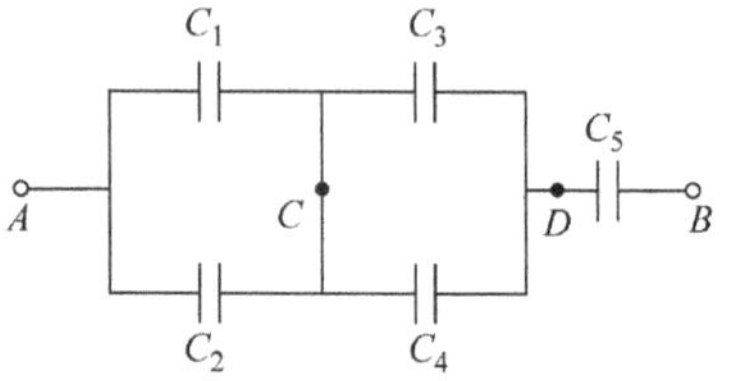

图 7.31　习题 7.5 用图

7.6　一片二氧化钛晶片，其面积为 $1.0\mathrm{cm}^2$，厚度为 0.10mm，相对电容率 $\varepsilon_r=173$。把平行平板电容器的两极板紧贴在晶片两侧。(1) 求电容器的电容；(2) 当在电容器的两板上加上 12V 电压时，极板上自由电荷和极化电荷面密度各为多少? (3) 求电容器内的电场强度。

7.7　如图 7.32 所示，半径 $R=10\mathrm{cm}$ 的导体球带有电荷 $Q=1.0\times10^{-8}\mathrm{C}$，导体外有两层均匀介质，一层介质的 $\varepsilon_r=5.0$，厚度 $d=10\mathrm{cm}$，另一层介质为空气，充满其余空间。求：(1) 离球心为 $r=5\mathrm{cm}$、15cm、25cm 处的 $\boldsymbol{D}$ 和 $\boldsymbol{E}$；(2) 离球心为 $r=5\mathrm{cm}$、15cm、25cm 处的电势；(3) 介质外表面的极化电荷面密度 σ 和介质内表面的极化电荷面密度 σ'。

图 7.32　习题 7.7 用图

7.8　一平行板电容器充电后极板上电荷面密度为 $\sigma_0=4.5\times10^{-3}\mathrm{C\cdot m^{-2}}$。现将两极板与电源断开，然后再把相对介电常数为 $\varepsilon_r=2.0$ 的电介质插入两极板之间。此时电介质中的 $\boldsymbol{D}$、$\boldsymbol{E}$ 和 $\boldsymbol{P}$ 各为多少?

7.9　如图 7.33 所示，球形电极浮在相对介电常数为 $\varepsilon_r=3.0$ 的油槽中。球的一半浸没在油中，另一半在空气中。已知电极所带净电荷 $Q_0=2.0\times10^{-6}$C。问球的上、下部分各自所带的电荷量是多少？

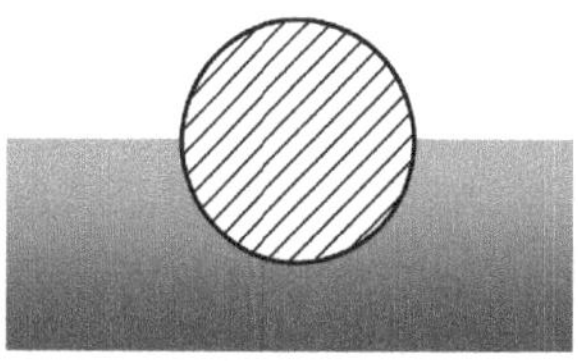

图7.33　习题7.9用图

7.10　一平行板空气电容器，极板面积为 S，极板间距为 d，充电至带电 Q 后与电源断开，然后用外力缓缓地把两极板间距离拉开到 $2d$。求：(1) 电容器电场能量的改变；(2) 此过程中外力所做的功，并讨论此过程中的功能转换关系。

7.11　一空气平行板电容器，两极板面积均为 S，板间距离为 d（d 远小于极板线度），在两极板间平行地插入一面积也是 S、厚度为 t（$<d$）的金属板，问：

(1) 电容 C 等于多少？

(2) 金属板放在两极板间的位置对电容值有无影响？

(3) 若是电介质，情况如何？

7.12　已知空气的击穿电场强度 $E_b=3.0\times10^6$V/m，空气中半径分别为1.0cm和0.10cm的长直导线上，导体表面电荷面密度最大为多少？

7.13　如图7.34所示，在平板电容器中填入两种介质，每种介质各占一半体积，试证其电容为 $C=\dfrac{\varepsilon_0 S}{d}\dfrac{\varepsilon_{r1}+\varepsilon_{r2}}{2}$。

7.14　一平行板电容器的面积为 S，间距为 d，相对介电常数为 ε_{r1} 和 ε_{r2} 的两种电介质各充满极板间的一半，如图7.35所示，问：(1) 此电容器带电后，两介质所对的极板上自由电荷面密度是否相等？(2) 此时两介质内的 $\boldsymbol{D}$ 是否相等？(3) 电容器的电容是多少？

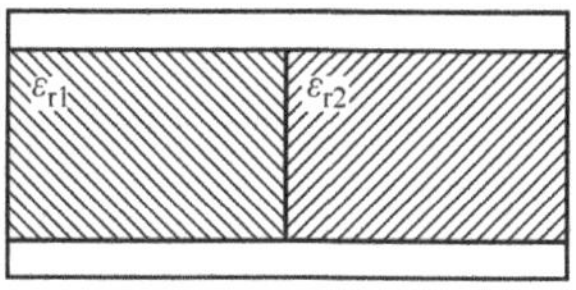

图7.34　习题7.13用图

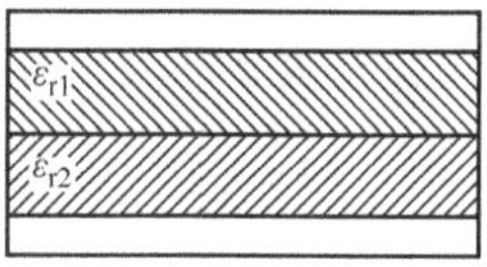

图7.35　习题7.14用图

第8章 稳恒电流

本章介绍电流的基本规律，包括电流密度、电阻、电动势等基本概念，以及稳恒电路中欧姆定律、电流连续性原理以及基尔霍夫定律。最后，简单介绍一下电容器充放电过程中电流的变化规律。

8.1 电流和电流密度

电流是电荷的定向移动，它等于单位时间内通过导线某一横截面的电荷量，用 I 来表示，即

$$I=\frac{\Delta q}{\Delta t} \tag{8.1}$$

在国际单位制中，电流的单位是安培，简称安，符号为 A，按照式（8.1），有 1A = 1C/s，电流是标量，但是有“方向”。

在实际问题中，电流在导体内的分布往往是不均匀的，这时电流的描述就不够精确了，需要引入电流密度的概念。**电流密度**表示通过垂直于电流方向的单位面积的电流，是矢量，用 $\boldsymbol{J}$ 来表示。

如图 8.1 所示，电流密度 $\boldsymbol{J}$ 的大小可以表示为

$$J=\frac{\mathrm{d}I}{\mathrm{d}S_{\perp}} \tag{8.2}$$

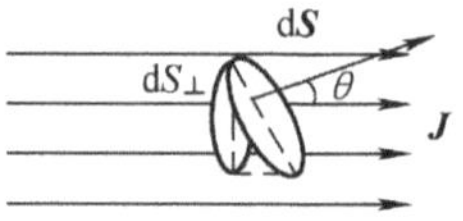

图 8.1 电流密度和电流的关系

$\mathrm{d}S_{\perp}$ 是垂直于电场方向的一个面积微元，它是 $\mathrm{d}\boldsymbol{S}$ 在垂直于电流方向的投影，因此有

$$\mathrm{d}S_{\perp}=\mathrm{d}S\cos\theta$$

式中，θ 为电流方向与面元 $\mathrm{d}\boldsymbol{S}$ 法线方向的夹角。考虑到电流密度的方向（即电流方向），式（8.2）可以表示为

$$\mathrm{d}I=\boldsymbol{J}\cdot\mathrm{d}\boldsymbol{S} \tag{8.3}$$

电流密度矢量的方向和电流方向一致，对于正的载流子，电流密度的方向就是载流子运动的方向，对于负的载流子，电流密度的方向和载流子的运动方向相反。

电流是电荷的定向移动，接下来我们讨论宏观电流和微观载流子运动速度的关系。为了简化，考虑电流场中只有一种载流子，它们带的电荷量都是 q，且都以相同速率 v 向着同一方向运动。如图 8.2 所示，面元 $\mathrm{d}\boldsymbol{S}$ 的法线方向和载流子的速度方向之间的夹角为 θ。按照电流的定义式（8.1）可知，在 $\mathrm{d}t$ 时间内，通过 S 面的载流子个数应是在底面积为 $\mathrm{d}S$、斜长为 $v\mathrm{d}t$ 的斜柱体内的所有载流子。此斜柱体的体积为 $v\mathrm{d}t\mathrm{d}S\cos\theta$，以 n 表示单位体积内载流子的浓度，则单位时间内通过 $\mathrm{d}S$ 的电荷量，也就是通过 $\mathrm{d}S$ 的电流为

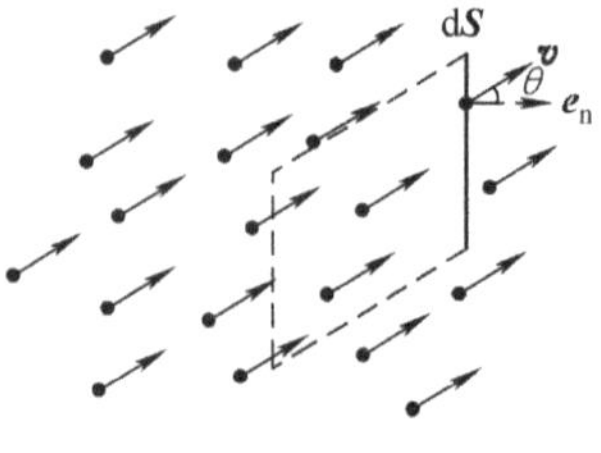

图 8.2 电流和载流子运动速度的关系

$$dI=\frac{qnv\mathrm{d}t\cos\theta\mathrm{d}S}{\mathrm{d}t}=qnv\cos\theta\mathrm{d}S$$

令 $\mathrm{d}\boldsymbol{S}=\mathrm{d}S\boldsymbol{e}_n$，于是有

$$\mathrm{d}I=qn\,\boldsymbol{v}\cdot\mathrm{d}\boldsymbol{S} \tag{8.4}$$

再进一步由式（8.3）知

$$\boldsymbol{J}=qn\,\boldsymbol{v} \tag{8.5}$$

实际的导体中如果有几种载流子，以 n_i、q_i 和 v_i 分别表示第 i 种载流子的粒子数密度、电荷量和速度，以 $\boldsymbol{J}_i$ 表示这种载流子形成的电流密度，则通过 $\mathrm{d}S$ 面的电流应为

$$\mathrm{d}I=\sum q_i n_i \boldsymbol{v}_i\cdot\mathrm{d}\boldsymbol{S}=\sum \boldsymbol{J}_i\cdot\mathrm{d}\boldsymbol{S}$$

金属中只有一种载流子，即**自由载流子**，但是电子的速度各不相同，设电子电荷量为 e，单位体积内以速度 $\boldsymbol{v}_i$ 运动的电子数目为 n_i，则

$$\boldsymbol{J}=\sum \boldsymbol{J}_i=e\sum n_i\boldsymbol{v}_i$$

以 $\bar{\boldsymbol{v}}$ 表示平均速度，有

$$\bar{\boldsymbol{v}}=\frac{\sum n_i\boldsymbol{v}_i}{n}$$

其中，n 为单位体积内的总电子数。利用平均速度，则金属中的电流密度可以表示为

$$\boldsymbol{J}=ne\,\bar{\boldsymbol{v}}$$

在无外场的情况下，金属中的电子做无规则热运动，$\bar{\boldsymbol{v}}=\boldsymbol{0}$，因此没有宏观电流。而在外电场中，金属中的电子将有一个平均定向速度 $\bar{\boldsymbol{v}}$，由此形成电流。这一平均定向速度叫作**漂移速度**。

式（8.3）给出了通过一个小面积 $\mathrm{d}S$ 的电流，对于电流区域内一个有限的面积 S，通过它的电流应为

$$I=\int_S \boldsymbol{J}\cdot\mathrm{d}\boldsymbol{S} \tag{8.6}$$

由此可见，在电流场中，通过某一面积的电流就是通过该面积的电流密度的通量。

通过一个封闭曲面 S 的电流（见图8.3）可以表示为

$$I=\oint_S \boldsymbol{J}\cdot\mathrm{d}\boldsymbol{S} \tag{8.7}$$

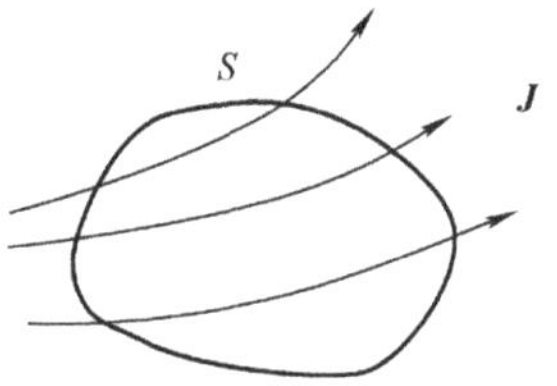

图8.3 封闭曲面的电流通量

根据 $\boldsymbol{J}$ 的意义可知，式（8.7）表示净流出封闭面的电流，也就是单位时间内从封闭面内流出的正电荷的电荷量。根据电荷守恒定律，通过封闭面流出的电荷量应等于封闭面内电荷 q_{int} 的减少量。因此有

$$I=\oint_S \boldsymbol{J}\cdot\mathrm{d}\boldsymbol{S}=-\frac{\mathrm{d}q_{\text{int}}}{\mathrm{d}t} \tag{8.8}$$

这一关系式称为**电流的连续性方程**。

8.2 稳恒电流与稳恒电场

稳恒电流是导体内各处的电流密度都不随时间变化的电流。稳恒电流有一个重要的性质，就是通过任一封闭曲面的稳恒电流为零，即

$$\oint_S \boldsymbol{J}\cdot\mathrm{d}\boldsymbol{S}=0\ (\text{稳恒电流}) \tag{8.9}$$

如果电流密度通过任一封闭曲面的电流通量不为零，则由电流的连续性方程知，此封闭面内所包围的电荷数随时间而不断变化，这违反了电荷守恒定律，故对于稳恒电流，式（8.9）必定成立。

由式（8.9）可知，通过任意封闭面的“净”电流为零，如图8.4a所示，对于封闭面 S 来说，流出电流和流入电流一定相等。对于恒定电流电路中的节点（即几个电流的汇合点），如图8.4b所示，流出节点的电流和流入节点的电流也一定相等。我们定义节点电流流出为正，流入为负，则有 $I_2-I_1-I_3-I_4=0$。

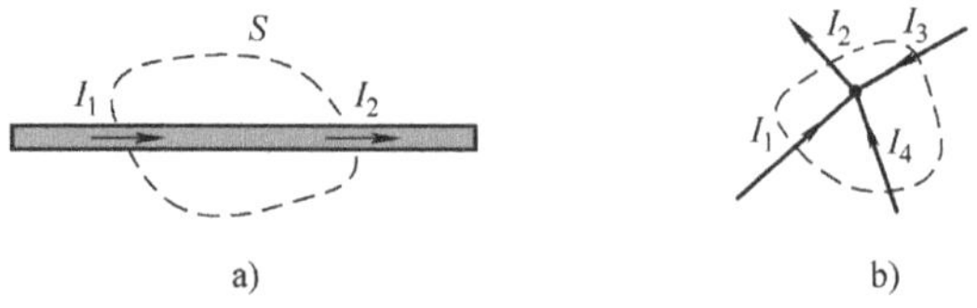

图8.4 通过封闭曲面的电流密度通量为零

在稳恒电路中，通过任意节点的流出电流和流入电流相等，即

$$\sum I_i = 0 \tag{8.10}$$

式（8.10）叫**节点电流方程**，也叫**基尔霍夫第一方程**，它是电流的连续性原理和稳恒电流的必然结果。

对于稳恒电路，导体内的电流分布不随时间变化，这种不随时间变化的电流分布产生不随时间变化的电场，这种电场叫**稳恒电场**。导体内恒定的不随时间变化的电荷分布就像静止的固定电荷一样，因此稳恒电场和静电场有很多相似之处。例如，它们都遵守高斯定律和安培环路定理。对于稳恒电场，用 $\boldsymbol{E}$ 来表示它的电场强度，则应有

$$\oint \boldsymbol{E}\cdot \mathrm{d}\boldsymbol{S} = \frac{q_{\text{int}}}{\varepsilon_0} \tag{8.11}$$

$$\oint \boldsymbol{E}\cdot \mathrm{d}\boldsymbol{r} = 0 \tag{8.12}$$

式（8.12）表明，稳恒电场的电场强度沿着任意闭合路径积分一周恒等于零，这说明稳恒电场是保守场，可以引入电势的概念。根据电势的定义，$\boldsymbol{E}\cdot\mathrm{d}\boldsymbol{r}$ 即表示通过线元 $\mathrm{d}\boldsymbol{r}$ 的电势降落。因此，式（8.12）也可以表达成：在稳恒电场中，沿着任意闭合回路一周的电势降落的代数和等于零，即

$$\sum U_i = 0 \tag{8.13}$$

这个方程叫**回路电压方程**，也叫**基尔霍夫第二方程**。

尽管如此，稳恒电场和静电场还是有重要区别的。稳恒电场中的电荷分布虽然不随时间变化，但是这种分布总是伴随着电荷的运动，这种电荷持续的运动总要伴随着能量的转换。而静电场是由固定电荷产生的，它的存在是不需要能量转换的。另外，静电平衡时，导体内部静电场为零，而导体内部可以存在稳恒电场。

8.3 电阻 欧姆定律

实验表明：在稳恒电路中，一段导体两端的电压降 U 和通过这段导体的电流 I 之间服从欧姆定律，即

$$U=IR \tag{8.14}$$

式中，R 为这段导体的电阻。在国际单位制中，电阻的单位是欧姆，简称欧，用 Ω 来表示。式

(8.14) 是**宏观的欧姆定律**。

导体的电阻 R 是由导体本身的尺寸和性质决定的，如图 8.5 所示，设导体的电阻率为 ρ，导体的长度为 l，横截面面积为 S，则导体的电阻可以表示为

$$R=\rho\frac{l}{S} \tag{8.15}$$

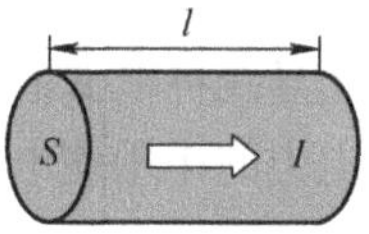

图 8.5 一段导体的电阻

电阻率 ρ 的国际单位是欧姆·米，符号是 $\Omega\cdot m$。电阻率是电导率的倒数，即 $\rho=1/\sigma$，σ 叫作导体材料的**电导率**，电导率的国际单位是西门子每米，符号是 S/m。

对于截面不均匀材料的电阻，需要进行积分运算，即

$$R=\int dR=\int\rho\frac{dl}{S} \tag{8.16}$$

例 8.1 测量接地电阻。如图 8.6 所示，将一半径为 a 的导体球埋入地下，已知大地的电导率为 σ，埋入深度 h 远远大于球的半径，求接地电阻。

解 因为 $h>>a$，所以可以把大地看成是一个无限大的导体，并且导体材料关于导体球成球对称分布。将大地分割成一个个半径为 r，厚度为 dr 的球壳，大地的电阻是由一层一层的球壳电阻组成的，利用式 (8.16)，得

$$R=\int\rho\frac{dl}{S}=\int_a^{+\infty}\frac{dr}{\sigma4\pi r^2}=\frac{1}{4\pi\sigma a}$$

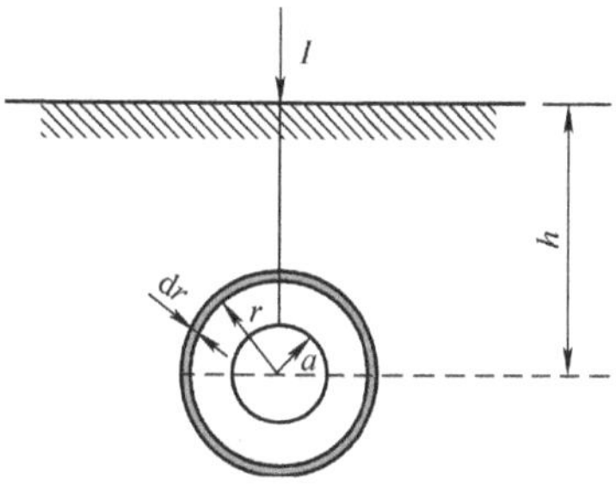

图 8.6 例 8.1 题用图

式 (8.14) 给出的是宏观的欧姆定律，下面我们推导它的微分形式。将 $U=\varphi_1-\varphi_2=El$，$R=\rho\frac{l}{S}$ 以及 $J=\frac{I}{S}$ 代入式 (8.14)，可得

$$J=\frac{E}{\rho}=\sigma E$$

再考虑到电流密度的方向和电场强度的方向相同，因此有

$$\boldsymbol{J}=\sigma\boldsymbol{E} \tag{8.17}$$

欧姆定律的微分形式虽是从稳恒电路中得到的，但是在变化不太快的时候，对非稳恒情况也适用。在这一点上，它比积分形式的欧姆定律更普遍。

8.4 电动势 一段含源电路的欧姆定律

8.4.1 非静电力

稳恒电路必然是闭合的。进一步分析可知，仅有静电场不可能实现稳恒电流。一般来讲，当把两个不同电势的导体用导线连接起来时，在导线中就会有电流产生，如图 8.7 所示。就像电容器的放电一样，电荷从高电势的导体迁移到低电势的导体，直到两个导体的电势相等，电荷不再移动。这种电荷移动是不能持续下去的，不能形成稳恒电场。电容器的放电过程就是一个电流逐渐减小的过程。要形成稳恒电场，必须有一个“力”能把电荷再从低电势端搬运到高电势端，这个力肯定不能是静电力，因为静电场的方向是从高电势指向低电势的。这个力使正电荷逆着静电场的方向运动（见图 8.8），这种其他类型的力统称为非静电力 $\boldsymbol{F}_{ne}$。在非静电力和静电力的共同作用下，电路中的电荷可以达到一个稳定分布，从而产生稳恒电场，得到稳恒

电流。

提供非静电力的装置叫**电源**，如图 8.8 所示。电源有正、负两个电极，正极的电势高于负极，用导线将电源的两个电极相连时，在静电力的作用下，电荷从正极流向负极。在电源内部，非静电力的作用使电流从负极流向正极，从而使电荷的流动形成闭合的循环。

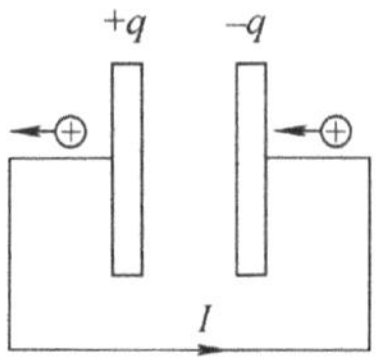

图 8.7 非闭合电路中的电流

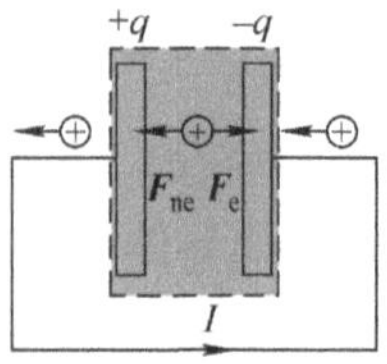

图 8.8 闭合电路中的电流

电源的类型有很多，不同类型的电源其非静电力的本质不同。例如，化学电池如干电池、蓄电池中，非静电力是和离子的溶解与沉积过程相联系的一种化学作用；在温差电源中，非静电力是与温度差和电子浓度差相联系的扩散作用；在发电机中，电磁力提供一种非静电力。从能量的角度来看，非静电力反抗静电力做功，实现其他形式的能量向电势能的转化。例如，化学电池中化学能转化成电能，发电机中机械能转化为电能。

8.4.2 电动势

在不同的电源内，由于非静电力的性质不同，使相同电荷从负极转移到正极，非静电力做的功不同，这说明不同的电源能量转化的本领是不同的。为了定量地描述电源转化能量本领的大小，我们引入电动势的概念。一个电源的**电动势** $\mathscr{E}$ 定义为把单位正电荷从负极搬运到正极时，非静电力所做的功，即

$$\mathscr{E}=\frac{A_{ne}}{q} \tag{8.18}$$

式中，A_{ne} 表示非静电力的功。电动势是标量，它的大小是由电源本身的性质决定的，与外电路无关。电动势的单位和电势的单位相同，也是伏特。虽然电动势是标量，但是它也有“方向”，我们通常把电源内部从负极指向正极的方向定义为电动势的方向。

如果我们把电源内部这种非静电力等效于一种场，用 $\boldsymbol{E}_{ne}$ 来表示这种非静电场的电场强度，则它对电荷 q 的非静电力就是 $\boldsymbol{F}_{ne}=q\boldsymbol{E}_{ne}$。在电源内，电荷 q 由负极板移动到正极板，非静电力做的功为

$$A_{ne}=\int_{(-)}^{(+)} q\boldsymbol{E}_{ne}\cdot \mathrm{d}\boldsymbol{r}$$

将此式代入式 (8.18) 可得

$$\mathscr{E}=\int_{(-)}^{(+)} \boldsymbol{E}_{ne}\cdot \mathrm{d}\boldsymbol{r} \tag{8.19}$$

在有些情况下，非静电力存在于整个电流回路中，这时整个回路的总电动势应为

$$\mathscr{E}=\oint_L \boldsymbol{E}_{ne}\cdot \mathrm{d}\boldsymbol{r}$$

8.4.3 含源电路的欧姆定律

当回路中有电动势时，如何确定电流呢？如图 8.9 所示，一个简单回路中有电动势和电阻。在这个回路中有非静电力和静电力，回路中的电流密度 $\boldsymbol{J}$ 应由非静电场强度 $\boldsymbol{E}_{ne}$ 和稳恒电场强度

$\boldsymbol{E}$ 共同决定，这时欧姆定律可以写成

$$\boldsymbol{J}=\sigma(\boldsymbol{E}+\boldsymbol{E}_{\mathrm{ne}}) \tag{8.20}$$

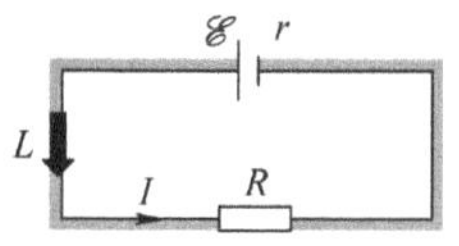

图8.9　简单电路

由稳恒电场的保守性，我们有

$$\oint_L \boldsymbol{E}\cdot \mathrm{d}\boldsymbol{l}=0$$

将式（8.20）代入上式，可得

$$\oint_L \boldsymbol{E}\cdot \mathrm{d}\boldsymbol{l}=\oint_L\left(\frac{j}{\sigma}-\boldsymbol{E}_{\mathrm{ne}}\right)\cdot \mathrm{d}\boldsymbol{l}=0$$

$$-\oint_L \boldsymbol{E}_{\mathrm{ne}}\cdot \mathrm{d}\boldsymbol{l}+\oint_L\frac{(j\cdot \mathrm{d}\boldsymbol{l})}{\sigma}=0 \tag{8.21}$$

式中，$\oint_L \boldsymbol{E}_{\mathrm{ne}}\cdot \mathrm{d}\boldsymbol{l}=\mathscr{E}$。下面我们整理第二项，在这项中 $\mathrm{d}\boldsymbol{l}$ 为回路方向上的一个元位移，其方向和电流方向一致，故

$$\oint_L\frac{(\boldsymbol{J}\cdot \mathrm{d}\boldsymbol{l})}{\sigma}=\oint_L\frac{j\mathrm{d}l}{\sigma}=\oint_L\frac{jS\mathrm{d}l}{S\sigma}$$

其中，S 为电流回路的截面面积，故 $JS=I$，又由于回路中各处电流处处相等，所以有

$$\oint_L JS\mathrm{d}l/S\sigma=I\oint_L\frac{\mathrm{d}l}{S\sigma}$$

而 $\oint_L \mathrm{d}l/S\sigma$ 为整个回路的总电阻 R_L，它包括电源内阻 r 和电源外的电阻 R，因此

$$\oint_L\frac{\mathrm{d}l}{S\sigma}=R+r$$

于是，式（8.21）可以写作

$$-\mathscr{E}+I(R+r)=0 \tag{8.22}$$

这就是**全电路的欧姆定律**，它适用于电路中只有一个回路的情况。

对于复杂电路，电路中有多个回路，我们可以针对每一个回路，按照全电路欧姆定律列一个全电路电压方程。回路中电动势和电流符号的选取原则是：首先，规定一个回路 L 的绕行方向，如果电动势 $\mathscr{E}$ 的方向和回路 L 的绕行方向相同，$\mathscr{E}$ 取负号，相反取正号；电流方向与回路 L 方向相同时 I 取正号，相反取负号。如图8.10所示，回路电压方程为

$$-\mathscr{E}_1+I_1r_1+I_2R_2+\mathscr{E}_2+I_3(r_2+R_3)-I_4R_1=0$$

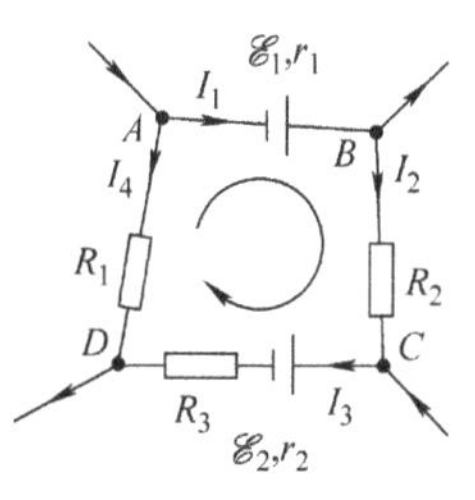

图8.10　一个闭合回路

例8.2　如图8.11所示电路，已知 $\mathscr{E}_1=10\mathrm{V}$，$r_1=5\Omega$，$\mathscr{E}_2=5\mathrm{V}$，$r_2=12\Omega$，$R_1=20\Omega$，$R_2=20\Omega$，$R_3=15\Omega$，$R_4=33\Omega$，求电流分布。

解　先标定各支路电流，对于节点 A，根据基尔霍尔第一方程（节点电流方程），可以列出

$$-I_1-I_2+I_3=0$$

针对回路 $ABCDEA$ 和回路 $AEDCA$，根据基尔霍夫第二方程（回路电压方程），有

$ABCDEA$：　$-\mathscr{E}_2+I_2r_2+I_2R_4-I_1R_2-I_1R_3+\varepsilon_1-I_1r_1=0$

$AEDCA$：　$-\mathscr{E}_1+I_1r_1+I_1R_3+I_1R_2+(I_1+I_2)R_1=0$

整理后，得

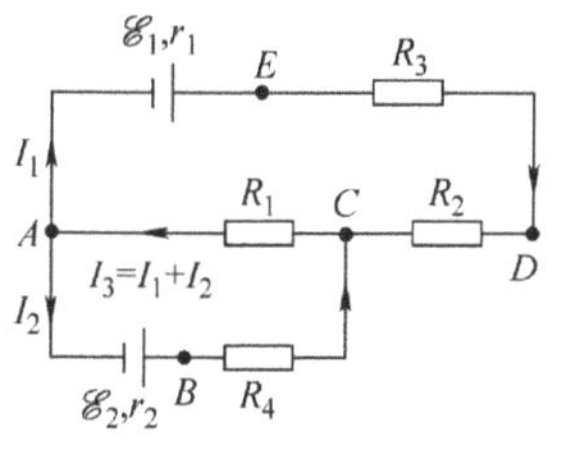

图8.11　例8.2用图

$$\begin{cases} -I_1(R_2+R_3+r_1)+I_2(r_2+R_4)=\mathscr{E}_2-\mathscr{E}_1 \\ I_1(r_1+R_3+R_2+R_1)+I_2R_1=\mathscr{E}_1 \end{cases}$$

代入数值，得 $I_1=0.1\text{A}$，$I_2=0.2\text{A}$，$I_3=0.3\text{A}$。此结果中电流为正值，说明实际电流方向与图中标定方向相同。

8.5 电容器的充电与放电

在如图 8.12 所示电路中，将电键开关 S 倒向左边，电源向电容器充电，电容器极板上的电荷量逐渐增加直到充电完成。而将电键开关 S 倒向右边，电容器又通过电阻 R 放电，电容器极板上的电荷量又逐渐减少，直到电荷全部放掉。这种过程尽管是非稳恒情况，但是根据相对论理论，电场的建立是以光速进行的，速度比电荷量的变化快很多，我们可以近似地认为这个电场是由该时刻的电荷分布瞬时建立起来的，因此这种电场可以按稳恒电场来处理。这种变化缓慢（和光速比）的电场叫**似稳电场**，仍然可以应用基尔霍夫方程来求解。

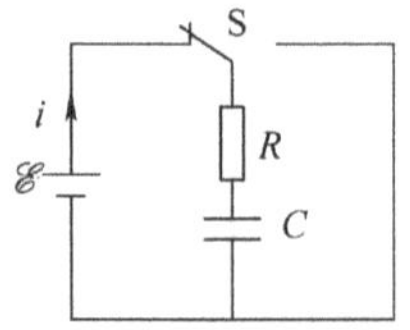

图 8.12 电容器充放电电路

先分析电容器的充电过程。设在某一时刻电路中的电流为 i，电容器上的电荷量为 q，两板间电压为 u，设回路绕行方向和电流的方向一致，则整个回路的基尔霍夫第二方程为

$$-\mathscr{E}+iR+u=0 \tag{8.23}$$

在充电电路中，电流等于电容器正极板上电荷量随时间的变化率，即

$$i=\frac{\mathrm{d}q}{\mathrm{d}t}$$

同时，电容器两端电压

$$u=\frac{q}{C}$$

将上两式代入式（8.23）中，得到

$$R\frac{\mathrm{d}q}{\mathrm{d}t}+\frac{q}{C}=\mathscr{E} \tag{8.24}$$

这是电容电阻（RC）电路充电过程中电容器极板上的电荷量满足的微分方程，结合初始条件：$t=0$，$q=0$，可解得

$$q=C\mathscr{E}\left(1-\mathrm{e}^{-\frac{t}{RC}}\right) \tag{8.25}$$

$$i=\frac{\mathrm{d}q}{\mathrm{d}t}=\frac{\mathscr{E}}{R}\mathrm{e}^{-\frac{t}{RC}} \tag{8.26}$$

电荷量和电流随时间变化的曲线分别如图 8.13a、b 所示。

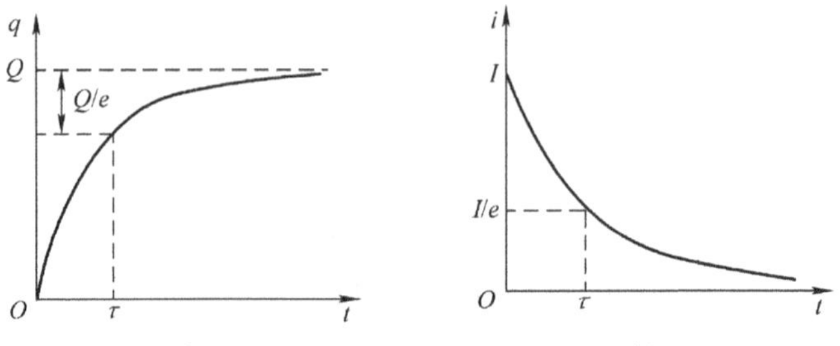

图 8.13 电容器充电曲线

由式（8.25）和式（8.26）可知，电荷量和电流随时间均按指数规律变化，变化的快慢由乘积 RC 决定，这一乘积具有时间的量纲，我们称其为**时间常数 τ**。当开始充电至时间 τ 时，极板上的电荷量将增大到与最大值的差值为最大值的 1/e（约 37%），而电流则将减小到它的最大值的 1/e。τ 越大，意味着充电时间越长，充电过程越慢。

如图 8.12 所示，如果电容器充电至带电荷量为 Q 后，将电键开关扳向右侧，则电容器开始放电。我们仍以电流方向为回路绕行正方向，设某个时刻电路电流为 i，电容器的电荷量为 q，则由基尔霍夫第二方程有

$$iR-u=0 \tag{8.27}$$

在放电过程中，电流 i 应等于电容器极板上电荷量的减少率，即

$$i=-\frac{\mathrm{d}q}{\mathrm{d}t}$$

而

$$u=\frac{q}{C}$$

将上两式代入式（8.27）中，有

$$R\frac{\mathrm{d}q}{\mathrm{d}t}+\frac{q}{C}=0 \tag{8.28}$$

这是电容器放电过程中极板电荷量满足的微分方程，结合初始条件：$t=0$，$q=Q$，可解得

$$q=Q\mathrm{e}^{-\frac{t}{RC}} \tag{8.29}$$

$$i=\frac{Q}{RC}\mathrm{e}^{-\frac{t}{RC}} \tag{8.30}$$

这个结果表明，在电容器充放电时，电荷量和电流都随时间按指数规律减小，时间常数也是 $\tau=RC$。

本章思维导图

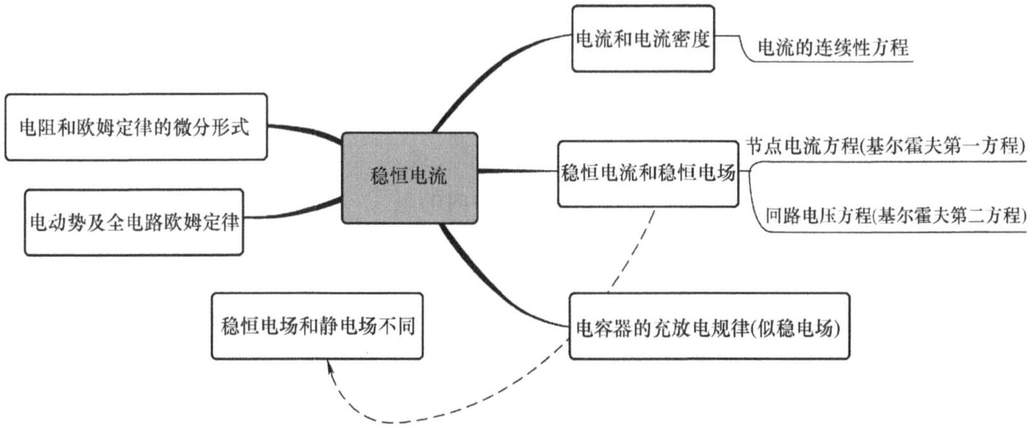

思 考 题

8.1 稳恒电场和静电场有何不同？

8.2 我们用电流线来描述电流场，电流线的切线方向代表该点电流密度的方向，电流线密

度即垂直于电流方向单位面积上电流线的条数代表电流密度的大小。稳恒电流的电流线可以中断吗?

8.3 在真空中电子运动的轨迹并不总是逆着电场线，为什么在金属导体内电流线永远与电场线重合?

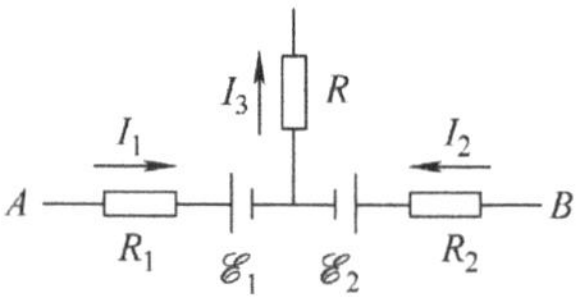

图 8.14 思考题 8.4 用图

8.4 在如图 8.14 所示的电路中，两电源的电动势分别为 $\mathscr{E}_1$、$\mathscr{E}_2$，内阻分别为 r_1、r_2。三个负载电阻的阻值分别为 R_1、R_2、R。电流分别为 I_1、I_2、I_3，方向如图 8.14 所示，那么由 A 到 B 的电势增量 $\varphi_B-\varphi_A$ 为多少?

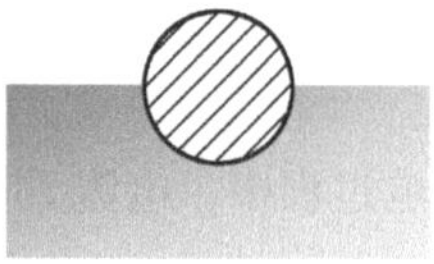
图 8.15 思考题 8.5 用图

8.5 把大地看成均匀的导电介质，其电阻率为 ρ。用一半径为 a 的球形电极与大地表面相接，半个球体埋在地面下（见图 8.15)，电极本身的电阻可以忽略。试证明此电极的接地电阻为 $R=\dfrac{\rho}{2\pi a}$。

8.6 试想一种方法来测量电池的电动势和内阻。

习　题

8.1 在如图 8.16 所示的电路中，已知 $\mathscr{E}_1=2\text{V}$，$\mathscr{E}_2=6\text{V}$，$\mathscr{E}_3=2\text{V}$，$R_1=1\Omega$，$R_2=5\Omega$，$R_3=3\Omega$，$R_4=2\Omega$。求通过电阻 R_2 的电流的大小和方向。

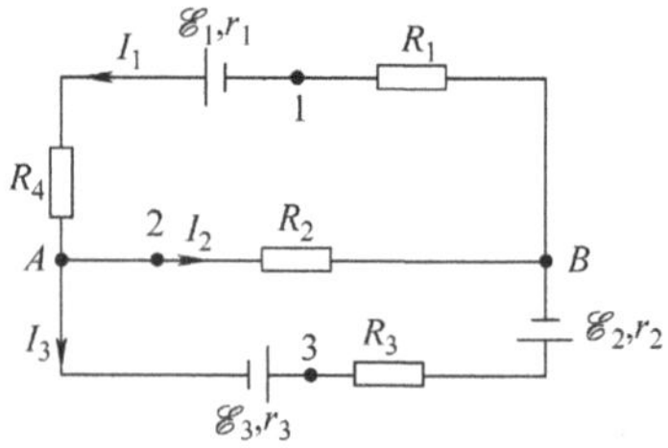

图 8.16 习题 8.1 用图

8.2 球形电容器的内外导体球壳的半径分别为 r_1 和 r_2，中间充满电阻率为 ρ 的电介质，求证它的漏电电阻为 $R=\dfrac{\rho}{4\pi}\left(\dfrac{1}{r_1}-\dfrac{1}{r_2}\right)$。

8.3 截面面积为 10mm^2 的铜线中，允许通过的电流是 60A，试计算铜线中的允许电流密度。设每个铜原子贡献一个自由电子，可算得铜线中的自由电子密度是 $8.5\times10^{28}/\text{m}^3$，试计算铜线中通有允许电流时自由电子的漂移速度。

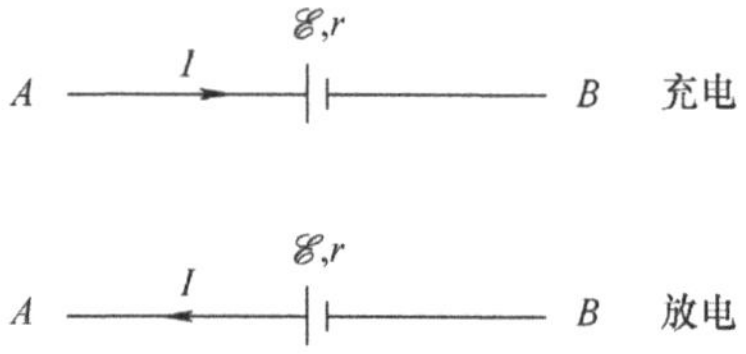

图 8.17 习题 8.5 用图

8.4 一铜棒的截面面积为 $20\times80\text{mm}^2$，长为 2m，两端的电势差为 50mV。已知铜的电导率 $\sigma=5.7\times10^7\text{S/m}$，铜内自由电子的电荷体密度为 $1.36\times10^{10}\text{C/m}^3$。求：(1) 它的电阻；(2) 电流；(3) 电流密度；(4) 棒内的电场强度；(5) 所消耗的功率；(6) 棒内电子的漂移速度。

8.5 如图 8.17 所示，一个蓄电池在充电时通过的电流为 3.0A，此时蓄电池两极间的电势差为 4.25V。当该蓄电池在放电时，通过的电流为 4.0A，此时两极间的电势差为 3.90V。求该蓄电池的电动势和内阻。

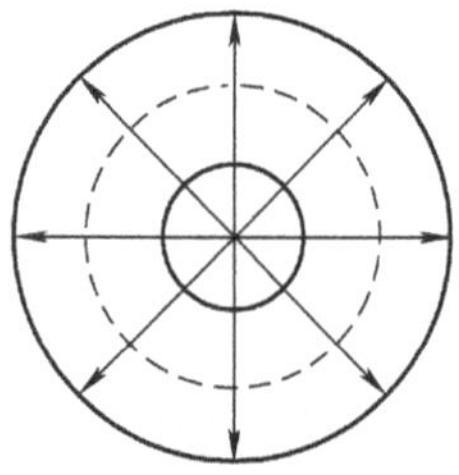
图 8.18 习题 8.6 用图

8.6 电缆的芯线是半径为 $r_1=0.5\text{cm}$ 的铜线，在铜线外面包一层同轴的绝缘层，绝缘层的外半径为 $r_2=1\text{cm}$，电阻率 $\rho=1.0\times10^{12}\Omega\cdot\text{m}$。在绝缘层外面又用铅层保护起来（见图 8.18)。求：(1) 长 $L=1000\text{m}$ 的这种电缆沿径向的电阻；(2) 当芯线与铅层间的电势差为 100V 时，此电缆中沿径向的电流多大?

第9章　稳恒磁场

静止电荷周围空间存在着静电场，第7章和第8章讨论了静电场的基本规律。对于运动电荷而言，其周围不仅存在电场，而且还存在磁场。当电荷定向移动形成稳恒电流时，所产生的磁场的空间分布不随时间变化，这种磁场称之为**稳恒磁场**。稳恒磁场与静电场在研究方法上有诸多相似之处，本章将主要讨论稳恒磁场的性质和规律。

9.1　磁场和磁感应强度

“磁石召铁”，早在春秋战国时期，我国就有了磁石吸引铁材料的记载。事实上磁铁和磁铁之间、磁铁和电流之间以及电流和电流之间都存在着相互作用。这些相互作用的本质是磁力。与电场力类似，磁力并非超距作用，而是通过磁场来实现的，如图9.1所示。

图9.1　磁力作用

磁铁与电流均能激发磁场，其产生的根源是否一样呢？安培曾提出分子环流假说，他认为在原子、分子等物质微粒的内部，存在着一种环形电流——分子电流，使每个微粒成为微小的磁体，当分子电流有规则地排列时，物质就显磁性。磁铁的磁性正是规则排列的分子电流的贡献。而电流在本质上又是电荷的定向运动，因此各种磁相互作用都可以归结为运动电荷之间的相互作用，这种相互作用通过磁场来传递，如图9.2所示。

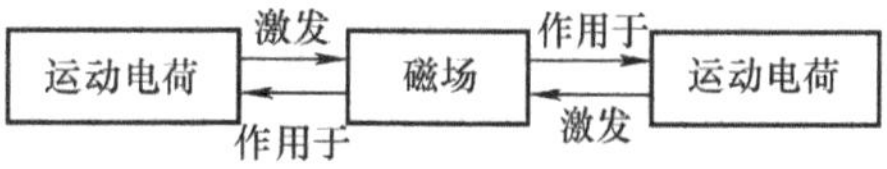

图9.2　运动电荷之间的相互作用

为描述磁场的性质，引入磁感应强度 $\boldsymbol{B}$。在静电场中，我们曾用静止的检验电荷所受的电场力来定义电场强度 $\boldsymbol{E}$。与之类似，在此用运动的检验电荷在磁场中的受力来定义 $\boldsymbol{B}$。

1. $\boldsymbol{B}$ 的方向的规定

令一点电荷 q（检验电荷）在磁场中沿不同方向运动，实验结果表明，电荷的运动方向不同，其受力大小也不同。当沿某一特定方向运动时，运动电荷所受的力为零，而且磁场中各点均有各自的特定方向。将该方向（或者其反方向）定义为磁感应强度 $\boldsymbol{B}$ 的方向，如图9.3a所示。当电荷 q 沿其他方向运动时，所受的磁场力总与 $\boldsymbol{B}$ 及其速度$\boldsymbol{v}$的方向垂直。可据此进一步规定 $\boldsymbol{B}$ 的方向使得$\boldsymbol{v}\times\boldsymbol{B}$的方向（此时检验电荷为正，若检验电荷为负，则为 $-\boldsymbol{v}\times\boldsymbol{B}$ 的方向）为磁场力 $\boldsymbol{F}$ 的方向。

2. $\boldsymbol{B}$ 的大小的规定

实验发现，当电荷的运动方向与 $\boldsymbol{B}$ 的方向垂直时，检验电荷所受的力最大，此力的大小用 F_{max}表示，如图9.3b所示。最大磁场力 F_{max}与运动电荷的电荷量 q 以及速度的大小 v 之乘积成正比，即 $F_{max}\propto qv$。对磁场中某一个定点来说，比值 $\dfrac{F_{max}}{qv}$是一恒量，而对于不同的点而言，它具有不同的确定值。因此，可以用此比值描述磁场中某点磁感应强度的大小，即

$$B = \frac{F_{max}}{qv} \tag{9.1}$$

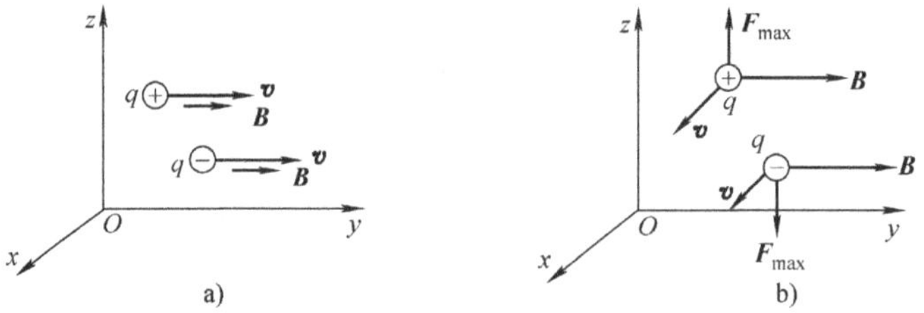

图 9.3　磁感应强度 $\boldsymbol{B}$ 的定义

在 SI 中，磁感应强度 $\boldsymbol{B}$ 的单位是特斯拉，简称“特”，用 T 表示。由式（9.1）

$$1\text{T} = 1\text{N}/(\text{A}\cdot\text{m})$$

激发磁场的电流或运动的电荷称为**磁场的源**，若存在多个磁场源，则它们在空间中所产生的磁场满足叠加原理。与电场强度叠加原理类似，**磁感应强度的叠加原理**可表示为

$$\boldsymbol{B} = \sum_i \boldsymbol{B}_i \tag{9.2}$$

式中，$\boldsymbol{B}_i$ 为第 i 个磁场源单独存在时在空间某点所产生的磁场的磁感应强度；$\boldsymbol{B}$ 为该点总的磁感应强度。

9.2　毕奥 - 萨伐尔定律

在静电场中，利用两个静止点电荷之间的相互作用规律，即库仑定律，得到了静止点电荷所产生的电场之空间分布规律。再由叠加原理，原则上任意电荷分布的场源所产生的静电场便可求出。那么电流（或运动电荷）产生磁场的规律是什么呢？1820 年，法国物理学家毕奥（J. B. Biot，1774—1862）和萨伐尔（F. Savart，1791—1841）通过实验测量了长直载流导线周围小磁针的受力规律，在数学家拉普拉斯的帮助下，得出了电流元产生磁场的规律，即毕奥 - 萨伐尔定律。与静电场类似，根据毕奥 - 萨伐尔定律和磁感应强度叠加原理，原则上任意稳恒电流所产生的磁场的规律就可以求出了。

在通有稳恒电流的载流导线上沿电流流向取一段长为 $\mathrm{d}l$ 的线元，若电流为 I，则把 $I\mathrm{d}\boldsymbol{l}$ 称为**电流元**，电流元为矢量，其方向为电流流向。毕奥 - 萨伐尔定律表明，电流元 $I\mathrm{d}\boldsymbol{l}$ 在空间 P 点产生的磁场为

$$\mathrm{d}\boldsymbol{B} = \frac{\mu_0}{4\pi}\frac{I\mathrm{d}\boldsymbol{l}\times\boldsymbol{r}}{r^3} \tag{9.3}$$

式中

$$\mu_0 = \frac{1}{\varepsilon_0 c^2} = 4\pi\times10^{-7}\text{N/A}^2$$

称为**真空磁导率**（其中的 c 为光速）。$\boldsymbol{r}$ 为由 $\mathrm{d}\boldsymbol{l}$ 指向 P 点的矢量。$\mathrm{d}\boldsymbol{B}$ 为电流元 $I\mathrm{d}\boldsymbol{l}$ 在 P 点产生的元磁感应强度。如图 9.4 所示，$\mathrm{d}\boldsymbol{B}$ 的方向由 $I\mathrm{d}\boldsymbol{l}$ 与 $\boldsymbol{r}$ 的叉积决定，即 $\mathrm{d}\boldsymbol{B}$ 垂直于 $I\mathrm{d}\boldsymbol{l}$ 与 $\boldsymbol{r}$ 所决定的平面。$\mathrm{d}\boldsymbol{B}$ 的方向也可以由右手螺旋法则判定：用右手四指从 $I\mathrm{d}\boldsymbol{l}$ 经小于 180°的角转到 $\boldsymbol{r}$，则伸直的大拇指的指向就是 $\mathrm{d}\boldsymbol{B}$ 的方向。

$\mathrm{d}\boldsymbol{B}$ 是矢量，它的大小为

$$dB = \frac{\mu_0}{4\pi}\frac{Idl\sin\theta}{r^2} \tag{9.4}$$

式中，θ 为 $I\mathrm{d}\boldsymbol{l}$ 与 $\boldsymbol{r}$ 的夹角。

因电流元不能孤立存在，故式（9.3）并非对实验数据的直接总结，而是通过对实验结果的数学分析得到的。

如前所述，磁场也服从叠加原理。这意味着整个载流导线在空间中某点所产生的磁感应强度 $\boldsymbol{B}$，等于导线上所有电流元 $I\mathrm{d}\boldsymbol{l}$ 在该点产生的磁感应强度 $\mathrm{d}\boldsymbol{B}$ 的矢量和，即

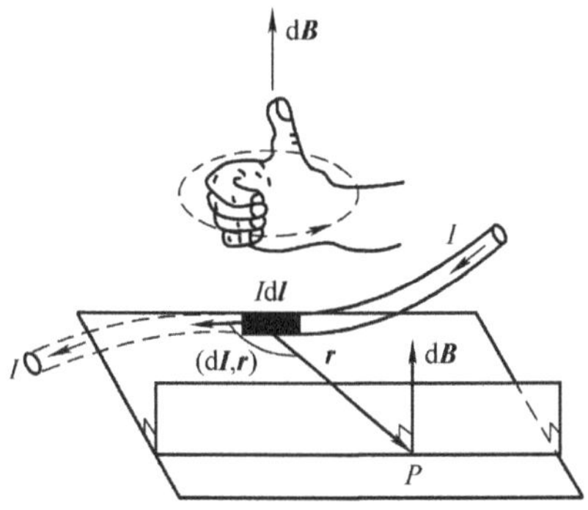

图9.4 电流源产生的磁感应强度

$$\boldsymbol{B} = \int_l \mathrm{d}\boldsymbol{B} = \int_l \frac{\mu_0}{4\pi}\frac{I\mathrm{d}\boldsymbol{l}\times\boldsymbol{r}}{r^3} \tag{9.5}$$

积分号下的 l 表示对整个导线中的电流求积分。上式是一矢量积分，具体计算时可先求它在选定的坐标系中的分量式，然后再确定总磁感应强度的大小和方向。

例9.1 如图9.5所示，载流导线 AB 的长度为 L，通有电流 I，P 点到载流导线的垂直距离为 r_0，求 P 点的磁感应强度。

解 在载流导线上选取线元 $\mathrm{d}l$，设 P 点相对 $\mathrm{d}l$ 的位矢为 $\boldsymbol{r}$，则 $I\mathrm{d}l$ 在 P 点所产生的磁场的磁感应强度的大小为

$$\mathrm{d}B = \frac{\mu_0}{4\pi}\frac{I\mathrm{d}l\sin\theta}{r^2} \quad ①$$

方向垂直于纸面向里。因导线上各电流元在 P 点产生的 $\mathrm{d}\boldsymbol{B}$ 方向都相同，所以 P 点的磁感应强度 B 为

$$B = \int \mathrm{d}B = \int_{AB}\frac{\mu_0}{4\pi}\frac{I\mathrm{d}l\sin\theta}{r^2} \quad ②$$

为求上式结果，需统一变量，有

$$l = -r_0\cot\theta,\quad r = r_0/\sin\theta$$
$$\mathrm{d}l = r_0\mathrm{d}\theta/\sin^2\theta$$

代入式②，得

$$B = \frac{\mu_0 I}{4\pi r_0}\int_{\theta_1}^{\theta_2}\sin\theta\mathrm{d}\theta = \frac{\mu_0 I}{4\pi r_0}(\cos\theta_1 - \cos\theta_2)$$

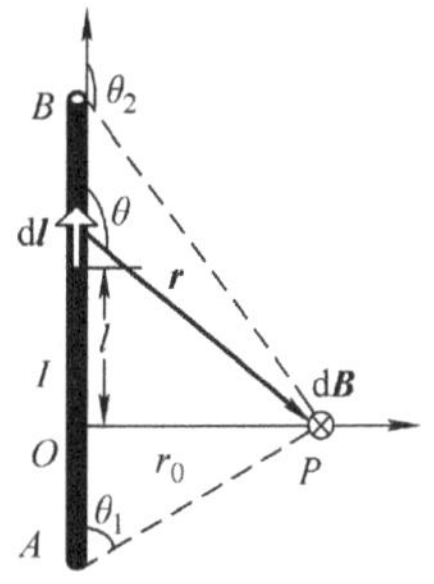

图9.5 例9.1用图

$\boldsymbol{B}$ 的方向垂直于纸面向里。

若载流直导线为无限长，则 $\theta_1\to 0$，$\theta_2\to\pi$，则有

$$B = \frac{\mu_0 I}{2\pi r_0}$$

例9.2 如图9.6所示，半径为 R 的圆线圈，其上通有电流 I，轴线上的 P 点与圆电流中心 O 的距离为 r_0，求 P 点的磁感应强度。

解 在载流导线上选取电流元 $I\mathrm{d}\boldsymbol{l}$，设 P 点相对 $I\mathrm{d}\boldsymbol{l}$ 的位矢为 $\boldsymbol{r}$，$I\mathrm{d}\boldsymbol{l}$ 在 P 点所产生的 $\mathrm{d}\boldsymbol{B}$ 为

$$\mathrm{d}\boldsymbol{B} = \frac{\mu_0}{4\pi}\frac{I\mathrm{d}\boldsymbol{l}\times\boldsymbol{r}}{r^3}$$

$\mathrm{d}\boldsymbol{B}$ 的大小为

$$dB = \frac{\mu_0}{4\pi}\frac{Idl}{r^2}$$

根据对称性，有

$$B = B_x = \int dB\sin\varphi = \int \frac{\mu_0}{4\pi}\frac{Idl}{r^2}\sin\varphi$$

式中，$\sin\varphi = R/r$，$r^2 = R^2 + r_0^2$，代入后有

$$B = \frac{\mu_0 IR}{4\pi(r_0^2 + R^2)^{3/2}}\int_0^{2\pi R} dl = \frac{\mu_0 IR^2}{2(r_0^2 + R^2)^{3/2}}$$

方向沿轴向，且背离圆心。

当 $x = 0$ 时，$B = \frac{\mu_0 I}{2R}$。

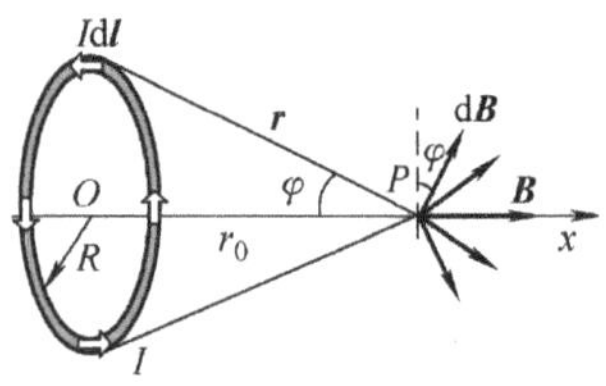

图9.6　例9.2用图

9.3　磁场线　磁场的高斯定理

在静电场中为形象描述电场的空间分布，引入了电场线。与之类似，在稳恒磁场中，为了形象地表示磁感应强度的空间分布，引入磁场线，也称 **B** 线。磁场线与电场线的规定是一样的，曲线上任一点的切线方向与该点的磁场方向一致，磁场线的疏密程度表示磁感应强度的大小，任意两条磁场线不会相交。在实验上可用铁屑来描述磁场线的分布。

通过分析各类磁场线的图形，可得出如下结论：

1）与电场线不同，磁场线是无头无尾的闭合曲线；

2）磁场线与产生磁场的电流相互套连，并且满足右手螺旋关系，如图9.7所示。

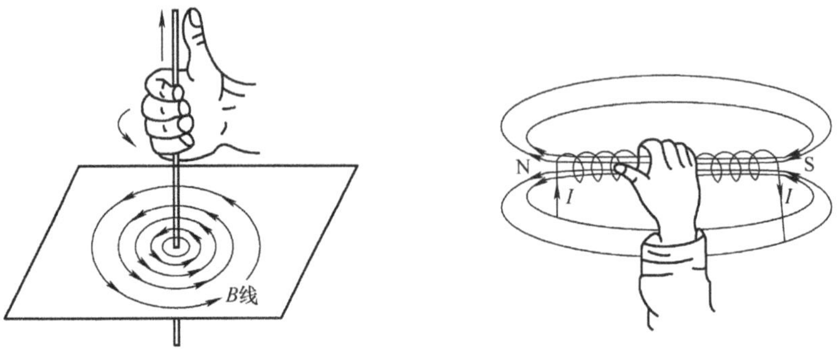

图9.7　磁场线的分布

就矢量场而言，对其通量的研究是至关重要的。与电场类似，在磁场中穿过任意面元的磁通量定义为

$$d\Phi_m = \boldsymbol{B}\cdot d\boldsymbol{S} = B\cos\alpha dS \tag{9.6}$$

式中，$d\boldsymbol{S} = dS\cdot \boldsymbol{e}_n$，$\alpha$ 为 $d\boldsymbol{S}$ 的法线 $\boldsymbol{e}_n$ 与 $\boldsymbol{B}$ 之间的夹角，如图9.8所示。穿过任意面积 S 的磁通量为

$$\Phi_m = \int_S \boldsymbol{B}\cdot d\boldsymbol{S} \tag{9.7}$$

若 S 为封闭曲面，规定曲面的外法线方向为正，如图9.9所示。当磁场线穿出曲面时，由于曲面正法线方向与 $\boldsymbol{B}$ 之间的夹角 $\alpha_1 < 90°$，所以磁通量 $d\Phi_m > 0$。反之，当磁场线穿入曲面时，

因曲面正法线方向与 $\boldsymbol{B}$ 之间的夹角 $\alpha_2>90°$，故 $\mathrm{d}\Phi_m<0$。

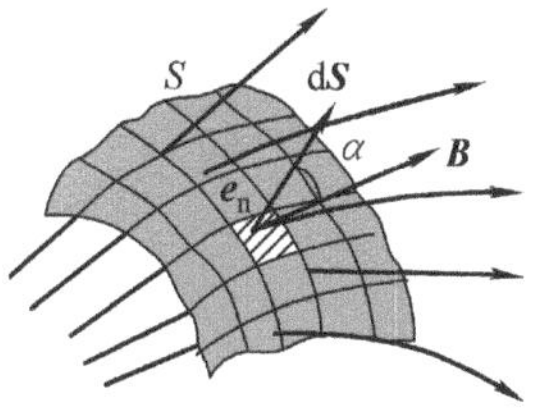

图9.8 磁通量

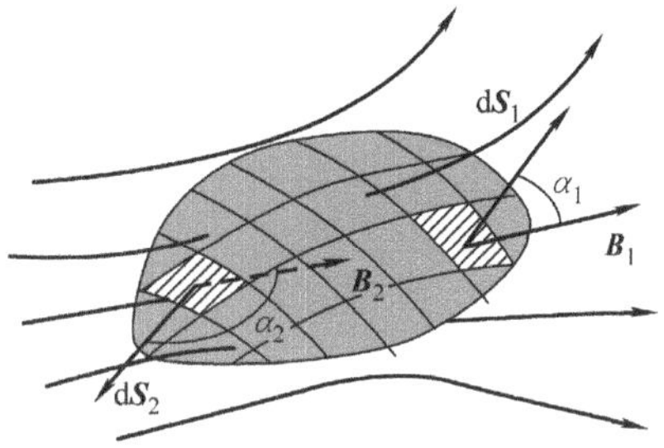

图9.9 通过封闭曲面的磁通量

因磁场线是无头无尾的闭合曲线，所以对于一封闭曲面而言，磁场线从某点穿入，必然会从另一点穿出，因此有

$$\oint_S \boldsymbol{B}\cdot \mathrm{d}\boldsymbol{S}=0 \tag{9.8}$$

上式表明，磁场中通过任意闭合曲面的磁通量为零，该结论称为**磁通连续定理**或**磁场的高斯定理**。显然，这是磁场线无头无尾的必然结果，无头无尾意味着既没有源头，又没有尾闾，所以磁场是无源场。可见，高斯定理是反映磁场性质的一个重要定理。

9.4 安培环路定理

上一节讨论了磁场的高斯定理。对于一矢量场而言，除了其通量以外，环量也是至关重要的。如静电场的环路定理 $\oint_l \boldsymbol{E}\cdot \mathrm{d}\boldsymbol{l}=0$，表明静电场是保守场。相应地，在稳恒磁场中，磁感应强度 $\boldsymbol{B}$ 的环量 $\oint_l \boldsymbol{B}\cdot \mathrm{d}\boldsymbol{l}$ 也能反映磁场的性质，这条基本规律称为**安培环路定理**。

9.4.1 安培环路定理的表述

在任意稳恒电流产生的稳恒磁场中，磁感应强度 $\boldsymbol{B}$ 沿着任意闭合路径的线积分（$\boldsymbol{B}$ 的环量），等于穿过这个环路的所有电流的代数和的 μ_0 倍，即

$$\oint_l \boldsymbol{B}\cdot \mathrm{d}\boldsymbol{l}=\mu_0\sum I_{in} \tag{9.9}$$

下面以无限长直电流产生的磁场为例对安培环路定理进行证明。

根据例9.1的结果，无限长直电流在相距为 R 处所产生的磁感应强度为

$$B=\frac{\mu_0 I}{2\pi R}$$

以长直导线为中心，构造一半径为 R 的圆形回路 l，如图9.10a所示，其绕行方向与电流成右螺旋关系，则

$$\oint_l \boldsymbol{B}\cdot \mathrm{d}\boldsymbol{l}=\oint_l \frac{\mu_0 I}{2\pi R}\mathrm{d}l=\frac{\mu_0 I}{2\pi R}\oint_l \mathrm{d}l=\mu_0 I \tag{9.10}$$

上式表明，若闭合回路 l 包围电流 I，则该电流对 $\boldsymbol{B}$ 的环量的贡献为 $\mu_0 I$。

若回路的绕向相反，则

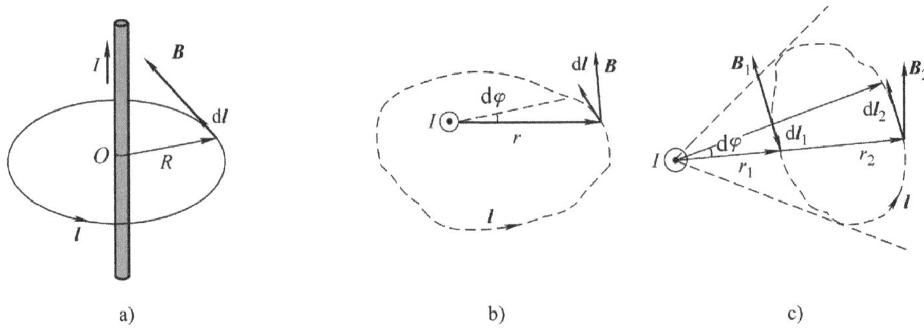

图 9.10 安培环路定理的证明

$$\oint_l \boldsymbol{B}\cdot \mathrm{d}\boldsymbol{l} = -\mu_0 I$$

此时电流对 $\boldsymbol{B}$ 的环量的贡献为 $-\mu_0 I$，可见积分的结果与环路的绕向有关。通常规定电流与绕行方向满足右手螺旋关系时为正，否则为负。这样，$\boldsymbol{B}$ 的环路积分可用式（9.10）进行统一表示。

若包围长直电流的回路为任意形状，如图 9.10b 所示，则

$$\oint_l \boldsymbol{B}\cdot \mathrm{d}\boldsymbol{l} = \oint_l \frac{\mu_0 I}{2\pi r} r\mathrm{d}\varphi = \oint_l \frac{\mu_0 I}{2\pi}\mathrm{d}\varphi = \mu_0 I$$

仍满足式（9.10）。

若回路在电流之外，如图 9.10c 所示，则

$$B_1 = \frac{\mu_0 I}{2\pi r_1},\quad B_2 = \frac{\mu_0 I}{2\pi r_2}$$

$$\boldsymbol{B}_1\cdot \mathrm{d}\boldsymbol{l}_1 = -\boldsymbol{B}_2\cdot \mathrm{d}\boldsymbol{l}_2 = -\frac{\mu_0 I}{2\pi}\mathrm{d}\varphi$$

$$\boldsymbol{B}_1\cdot \mathrm{d}\boldsymbol{l}_1 + \boldsymbol{B}_2\cdot \mathrm{d}\boldsymbol{l}_2 = 0$$

所以

$$\oint_l \boldsymbol{B}\cdot \mathrm{d}\boldsymbol{l} = 0$$

可见，闭合回路 l 不包围电流时，该电流对 $\boldsymbol{B}$ 的环量的贡献为零。

上述讨论只涉及在垂直于长直电流平面内的闭合回路。可以证明，对非平面闭合回路，式（9.10）依然成立。还可进一步证明对于任意闭合稳恒电流所产生的磁场，式（9.10）均成立。再利用磁场的叠加原理，可得当有多个闭合稳恒电流存在时，满足式（9.9），即

$$\oint_l \boldsymbol{B}\cdot \mathrm{d}\boldsymbol{l} = \mu_0 \sum I_{\mathrm{in}}$$

有关安培环路定理，做如下几点说明：

1）安培环路定理中的 $\boldsymbol{B}$ 为 $\mathrm{d}l$ 处的磁感应强度，由空间中所有电流共同产生，包括不被回路 l 所套连的电流。

2）I_{in} 为与 l 套连的电流，$\sum I_{\mathrm{in}}$ 是电流的代数和，与 l 绕行方向成右手螺旋关系的电流为正，否则为负。

3）安培环路定理中的电流都是闭合恒定电流，对于一段恒定电流的磁场，安培环路定理不成立。

4）安培环路定理表明稳恒磁场为非保守场，也称涡旋场。

9.4.2 利用安培环路定理求磁场的分布

在静电场中，可以利用高斯定理方便地计算出某些具有对称分布的带电体的电场强度分布。在恒定磁场中，同样也可以利用稳恒磁场的安培环路定理方便地计算出某些具有对称性的载流导线的磁感应强度。

当利用安培环路定理计算磁感应强度时，首先进行对称性分析，包括分析 $\boldsymbol{B}$ 的大小、方向等特点；然后在此基础上选取合适的安培环路 l，以便使 $\oint_l \boldsymbol{B}\cdot\mathrm{d}\boldsymbol{l}$ 中的 $\boldsymbol{B}$ 能够以标量形式从积分号内提出来；最后用环路定理计算磁感应强度。下面举几个实际应用中常见的例子来说明。

例 9.3 求无限长载流圆柱面内外的磁场分布。设圆柱面半径为 R，通有恒定电流 I。

解 先求柱面外的磁场分布。

如图 9.11 所示，将圆柱面分为无限多窄条，每个窄条可看作是载有电流 $\mathrm{d}I$ 的无限长直导线，任取一对相对于图中 r 对称的窄条 $\mathrm{d}I_1$、$\mathrm{d}I_2$，它们在图中 P 点产生的磁感应强度分别为 $\mathrm{d}\boldsymbol{B}_1$、$\mathrm{d}\boldsymbol{B}_2$，其合磁感应强度 $\mathrm{d}\boldsymbol{B}$ 在垂直于轴线的平面内，且垂直于 $\boldsymbol{r}$ 方向；因窄条是成对的，故叠加后 P 点的磁感应强度 $\boldsymbol{B}$ 一定垂直于 $\boldsymbol{r}$ 的方向。由电流分布的轴对称性可知，柱面外任一点的 $\boldsymbol{B}$ 均垂直于相应的 $\boldsymbol{r}$ 方向，且与轴线距离相同的场点，$\boldsymbol{B}$ 的大小相同。由上面的分析可知，环路 L 应选为垂直于轴线且过 P 点的半径为 r 的圆形环路，环路正方向如图。

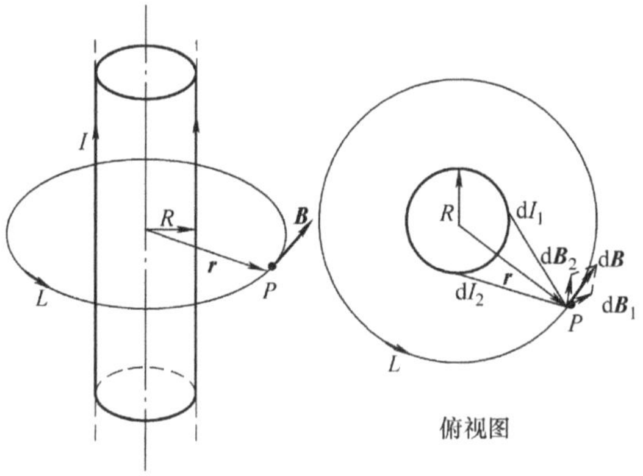

图 9.11 例 9.3 用图

根据安培环路定理

$$\oint_L \boldsymbol{B}\cdot\mathrm{d}\boldsymbol{l} = \mu_0 \sum I_{\text{in}}$$

有

$$\oint_L \boldsymbol{B}\cdot\mathrm{d}\boldsymbol{l} = \mu_0 I$$

$$B\oint_L \mathrm{d}l = \mu_0 I$$

可得

$$B_{外} = \frac{\mu_0 I}{2\pi r}$$

同理，可求圆柱面内的磁感应强度为 $B_{内}=0$。

磁场分布曲线如图9.12所示。

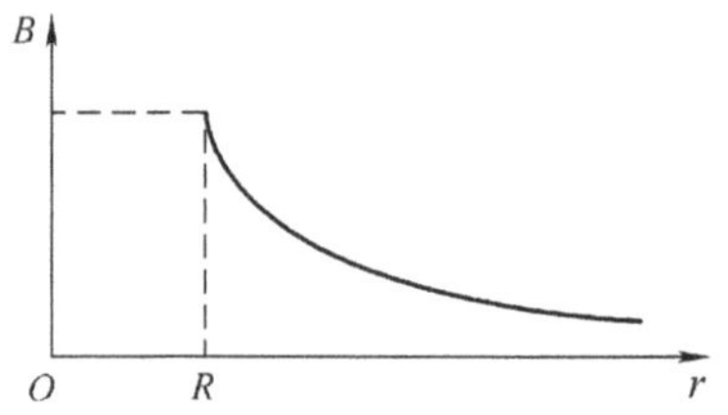

图9.12 载流无限长圆柱面内外的磁场分布

例9.4 求无限长载流直螺线管内的磁场分布。设线圈单位长度上的匝数为 n，线圈中的电流为 I。

解 (1) 因螺旋线圈无限长，由电流分布的对称性可知，线圈内任意 P 点的 $\boldsymbol{B}$ 都沿着轴线方向，即螺旋线圈内的磁场线是一组平行于轴线的直线，因为螺线管外部的磁场弥散于整个外部空间，所以外部磁感应强度趋于零，即 $B_{外} \approx 0$。

(2) 根据以上分析，可选如图9.13所示的矩形环路 L。

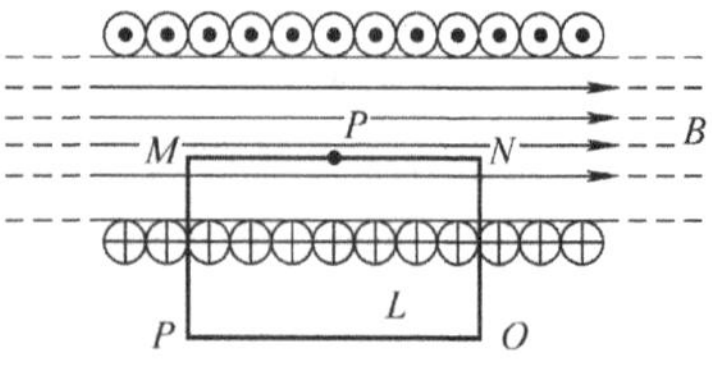

图9.13 例9.4用图

由环路定理 $\oint_l \boldsymbol{B} \cdot \mathrm{d}\boldsymbol{l} = \mu_0 \sum I_{in}$，有

$$\oint_l \boldsymbol{B} \cdot \mathrm{d}\boldsymbol{l} = \int_{MN} \boldsymbol{B} \cdot \mathrm{d}\boldsymbol{l} + \int_{NO} \boldsymbol{B} \cdot \mathrm{d}\boldsymbol{l} + \int_{OP} \boldsymbol{B} \cdot \mathrm{d}\boldsymbol{l} + \int_{PM} \boldsymbol{B} \cdot \mathrm{d}\boldsymbol{l}$$

其中右端第二、三、四项均为零

得 $$B \cdot \overline{MN} = \mu_0 n \overline{MN} I$$

结果为

$$B = \mu_0 n I$$

可见，无限长直载流螺管内部的磁感应强度与位置无关，处处相等，即 $B_{内} = B_{轴} = \mu_0 n I$；外部磁场为零。

例9.5 求螺绕环内部的磁场。设螺绕环有 N 匝线圈，线圈中通电流 I，各尺寸如图9.14所示。

解 由对称性，螺绕环内任一点 P 的磁场方向如图（可用分析长直螺旋线圈内部磁场的方法来分析），且距中心同远处，磁感应强度的大小相同。

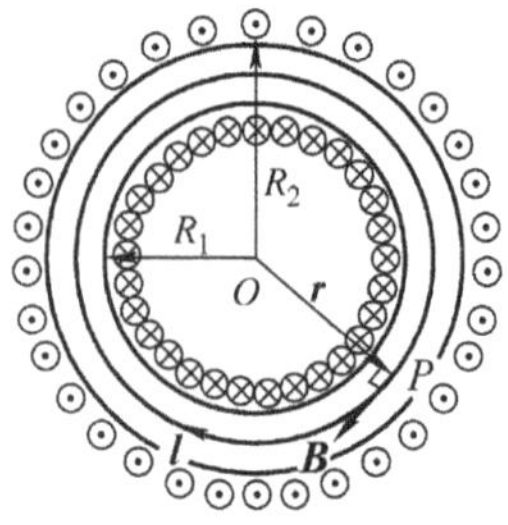

图9.14 例9.5用图

选如图的环路 l，由环路定理

$$\oint_l \boldsymbol{B} \cdot \mathrm{d}\boldsymbol{l} = \mu_0 \sum I_{in},$$

有 $$\oint_l B \mathrm{d}l = \mu_0 N I$$

即 $$B \oint_l \mathrm{d}l = \mu_0 N I$$

结果为

$$B = \frac{\mu_0 N I}{2\pi r}$$

特例：对细螺绕环（$R_2 - R_1 \ll R_1$ 或 R_2），上述结果中的 r 可用环的中心线半径 $R_{中}$ 来代替，于是

$$B = \frac{\mu_0 N I}{2\pi R_{中}} = \mu_0 n I$$

其中，$n = \dfrac{N}{2\pi R_{中}}$ 为单位周长上的匝数。可见，在细螺绕环的情形下，其内部的磁场可视为是均匀的。

9.5 磁场对运动电荷的作用

磁相互作用可以归结为运动电荷之间的相互作用，这种相互作用通过磁场来传递。实验表明，运动电荷在磁场中所受的力 $\boldsymbol{F}$ 与其电荷量 q、运动速度 $\boldsymbol{v}$、磁感应强度 $\boldsymbol{B}$ 有如下关系：

$$\boldsymbol{F} = q\boldsymbol{v}\times\boldsymbol{B} \tag{9.11}$$

我们把运动电荷在磁场中所受的力叫作**洛伦兹力**。根据矢积定义，洛伦兹力的大小为

$$F = qvB\sin\theta \tag{9.12}$$

式中，θ 为 $\boldsymbol{v}$ 与 $\boldsymbol{B}$ 之间的夹角。当 $\theta=0$ 或者 π 时，$F=0$；当 $\theta=\pi/2$ 时，$F=|q|vB$，为最大值。

洛伦兹力的方向和电荷的正负有关，当 q 为正时，$\boldsymbol{F}$ 的方向为 $\boldsymbol{v}\times\boldsymbol{B}$ 的方向；当 q 为负时，$\boldsymbol{F}$ 的方向为 $-\boldsymbol{v}\times\boldsymbol{B}$ 的方向。由矢积定义，洛伦兹力的方向与 $\boldsymbol{v}$ 和 $\boldsymbol{B}$ 构成的平面垂直，可用右手螺旋法则确定：以右手四指由 $\boldsymbol{v}$ 经由小于180°的角转向 $\boldsymbol{B}$，则拇指的指向就是正电荷所受洛伦兹力的方向。若电荷为负，则洛伦兹力的方向与此方向相反。

因洛伦兹力方向总与电荷运动方向垂直，故洛伦兹力对运动电荷永远不做功，它只是改变电荷的运动方向。根据动能定理，它不改变运动电荷的动能，因而不改变电荷的速度大小，这是洛伦兹力的重要特点。

若在一个空间里既有电场又有磁场，这时运动电荷受到的力就既有电场力 $\boldsymbol{F}_e$ 又有磁场力 $\boldsymbol{F}_m$，这时它所受的合力 $\boldsymbol{F}$ 为

$$\boldsymbol{F} = \boldsymbol{F}_e + \boldsymbol{F}_m \tag{9.13}$$

而

$$\boldsymbol{F}_e = q\boldsymbol{E} \quad (\boldsymbol{E}\text{ 为电荷所在处的电场强度})$$

$$\boldsymbol{F}_m = q\boldsymbol{v}\times\boldsymbol{B} \quad (\boldsymbol{B}\text{ 为电荷所在处的磁感应强度})$$

所以

$$\boldsymbol{F} = q\boldsymbol{E} + q\boldsymbol{v}\times\boldsymbol{B} \tag{9.14}$$

上式称为**广义的洛伦兹力公式**。

下面讨论带电粒子在匀强磁场中的运动。设空间中存在磁感应强度为 $\boldsymbol{B}$ 的均匀磁场，质量为 m、电荷量为 q 的带电粒子以速度 $\boldsymbol{v}_0$ 进入该磁场，分下述三种情况讨论：

1. $\boldsymbol{v}_0 /\!/ \boldsymbol{B}$

由式（9.11）可知，粒子不受洛伦兹力作用，故粒子在磁场中做速度为 $\boldsymbol{v}_0$ 的匀速直线运动，如图9.15a所示。

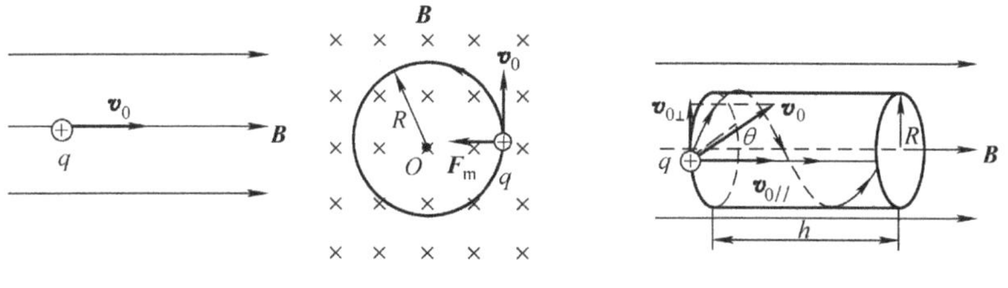

a) $\boldsymbol{v}_0/\!/\boldsymbol{B}$　b) $\boldsymbol{v}_0\perp\boldsymbol{B}$　c) v_0与B之间有夹角θ

图9.15　带电粒子在磁场中的运动

2. $\boldsymbol{v}_0\perp\boldsymbol{B}$

此时 $\theta=\pi/2$，$F=|q|vB$，粒子进入磁场后将做垂直于磁场方向的匀速圆周运动，如图

9.15b 所示。设圆周运动的半径为 R，则向心加速度为$\frac{v_0^2}{R}$，洛伦兹力即为维持粒子圆周运动的向心力

$$F_{向} = qv_0B$$

根据牛顿第二定律

$$F_{向} = ma = m\frac{v_0^2}{R}$$

故

$$qv_0B = m\frac{v_0^2}{R}$$

$$R = \frac{mv_0}{qB} \tag{9.15}$$

上式表明，R 与 v_0成正比，与 $\boldsymbol{B}$ 及$\frac{q}{m}$成反比。$\frac{q}{m}$是带电粒子的电荷量与其质量之比，叫作**荷质比**。

根据粒子的角速度 $\omega = \frac{v_0}{R}$，可得

$$\omega = \frac{q}{m}B \tag{9.16}$$

上式表明，荷质比一定的带电粒子在均匀磁场中做圆周运动时，其角速度均相同，与其速率大小无关。所以这些粒子在相同时间内必然转过相同的角度，也就必有相同的周期。粒子旋转一周所需的时间称为**回旋周期**，用 T 表示

$$T = \frac{2\pi R}{v_0} = \frac{2\pi m}{qB} = \frac{2\pi}{B}\ \frac{m}{q} \tag{9.17}$$

粒子在单位时间里旋转的圈数叫作**回旋频率**，

$$f = \frac{1}{T} = \frac{1}{2\pi}\ \frac{q}{m}B \tag{9.18}$$

可见，回旋周期与回旋频率均与速度无关，仅取决于粒子的荷质比$\frac{q}{m}$及磁感应强度 B，带电粒子的这些特点在科学技术中具有重要的意义。比如在质谱仪和回旋加速器中的应用。

3. $\boldsymbol{v}_0$ 与 $\boldsymbol{B}$ 之间有夹角 θ

如果一个带电粒子进入磁场时的速度方向与磁场的方向不垂直，设二者的夹角为 θ，可将入射速度分解为平行于磁场方向的分速度 $v_{0/\!/}$和垂直于磁场方向的分速度 $v_{0\perp}$，由图 9.15c 有，

$$v_{0/\!/} = v_0\cos\theta,\quad v_{0\perp} = v_0\sin\theta$$

根据洛伦兹力公式　$\boldsymbol{F} = q\boldsymbol{v}\times\boldsymbol{B}$，有

$$F_{/\!/} = qv_{0/\!/}B\sin 0 = 0$$

$$F_{\perp} = qv_{0\perp}B\sin\frac{\pi}{2} = qv_{0\perp}B = qBv_0\sin\theta$$

$F_{/\!/} = 0$ 表明粒子在平行于 $\boldsymbol{B}$ 的方向上做匀速直线运动；$F_{\perp}$使粒子在垂直于 $\boldsymbol{B}$ 的平面内做匀速圆周运动。由于带电粒子同时参与上述两种运动，所以带电粒子合运动的轨迹是螺旋线。螺旋线的半径为

$$R = \frac{mv_{0\perp}}{qB} = \frac{mv_0\sin\theta}{qB} \tag{9.19}$$

粒子旋转运动的周期为

$$T = \frac{2\pi R}{v_{0\perp}} = \frac{2\pi m}{qB} \tag{9.20}$$

每旋转一周前进的距离（称为螺距）为

$$h = v_{0/\!/}T = \frac{v_{0/\!/}2\pi m}{qB} = \frac{2\pi m}{qB}v_0\cos\theta \tag{9.21}$$

可见，螺距只取决于 v_0 的平行分量 $v_{0/\!/}$ 的大小，与 $v_{0\perp}$ 无关。

运动的带电粒子在磁场中的螺旋运动被广泛应用于“磁聚焦”技术中。

9.6 霍尔效应

在磁场中，载流导体或半导体上出现横向电势差的现象称为**霍尔效应**。该现象是由美国物理学家霍尔（Edwin H. Hall）在1879年发现的。

如图9.16所示，将一通有电流 I 的长方形半导体窄条（宽度为 d，厚度为 b）放在磁场中，电流方向与磁场方向垂直，则在半导体窄条的两侧产生电势差 $U_2 - U_1$，称为霍尔电压，用 U_H 表示。

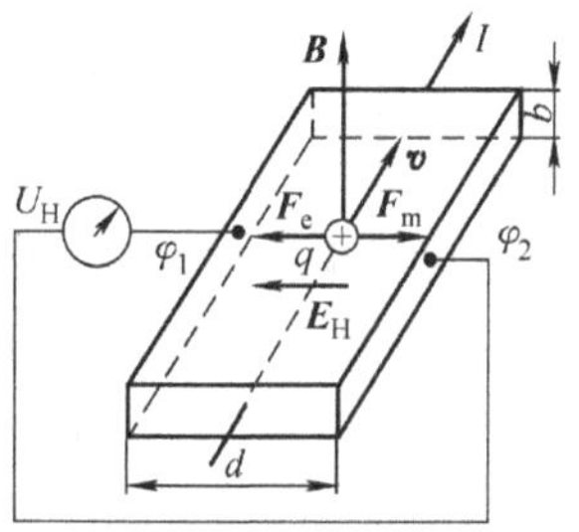

图9.16 霍尔效应

实验表明，当磁场不太强时，霍尔电压 U_H 与电流 I 及磁感应强度 B 成正比，与板的厚度 b 成反比，即

$$U_H = k\frac{IB}{b} \tag{9.22}$$

霍尔效应实质上是带电粒子在磁场中受到洛伦兹力作用而产生的效应。假设图中的载流子为正电荷，即电流是由正电荷的定向运动产生的，则当加上如图所示的磁场时，正电荷就会受到向右方向的洛伦兹力 $\boldsymbol{F}_m$，使得正电荷在板的右侧积累，同时在板的左侧出现相应的负电荷，于是在板的内部就产生了向左的电场。该电场对正电荷产生一个与洛伦兹力方向相反的电场力 $\boldsymbol{F}_e$。当洛伦兹力和电场力相等时，半导体板两侧就建立起稳定的电势差。

设正电荷的漂移速度为 v，则载流子受到的洛伦兹力的大小为

$$F_m = qvB$$

方向向右。设板内部向左的电场的电场强度为 E_H，则正电荷所受的电场力的大小为

$$F_e = qE_H$$

方向向左。当两力平衡时，不再有电荷的横向漂移，左、右两端形成稳定的电势差 U_H，根据 $F_e = F_m$，有

$$qE_H = qvB$$

$$E_H = vB$$

于是

$$U_H = \varphi_2 - \varphi_1 = E_H d = vBd \tag{9.23}$$

设载流子的浓度为 n，根据电流 I 与 v 的关系，有

$$I = nSqv = nbdqv$$

则

$$v = \frac{I}{nbqd} \tag{9.24}$$

将式（9.24）代入式（9.23）中，有

$$U_H = E_H d = \frac{1}{nq}\frac{IB}{b} \tag{9.25}$$

设 $k=\frac{1}{nq}$，称为霍尔系数，则

$$U_H = k\frac{IB}{b}$$

即证明了式（9.22）。

霍尔效应有着广泛的应用。例如，运用霍尔效应可以判断半导体的载流子类型。如图9.16所示，若半导体窄条左侧为高电势、右侧为低电势，则说明此时电子导电。反之，若左侧为低电势、右侧为高电势，则说明此时空穴导电。还可以利用式（9.25）计算载流子的浓度 n，也可以用制备好的半导体薄片通以已知电流，在校准好的情况下通过测量霍尔电压测量磁场 $\boldsymbol{B}$。

9.7 磁场对载流导线的作用

运动的电荷在磁场中要受到洛伦兹力作用。电流是由电荷的定向运动产生的，所以当把通有电流的导体置于磁场中时，其中的电荷必然都会受到洛伦兹力的作用。由于这些电荷受到导体的约束，就将这个力传递给导体，表现为该载流导体受到一个磁场力，通常把此力称为**安培力**。磁场对载流导线的安培力，其本质是磁场对导线中形成电流的运动电荷的洛伦兹力。

下面我们从运动电荷所受的洛伦兹力导出安培力公式。

如图9.17所示，一金属导体棒上通有电流 I，置于磁感应强度为 $\boldsymbol{B}$ 的磁场中。取一段长为 $\mathrm{d}l$ 的电流元，设其横截面面积为 S。电流元内每一定向移动的电子所受到的洛伦兹力为

$$\boldsymbol{F}_m = -e\boldsymbol{v}_d \times \boldsymbol{B}$$

式中，$\boldsymbol{v}_d$ 为电子定向漂移速度。洛伦兹力的大小为

$$F_m = ev_d B\sin\theta$$

其中，θ 为 $\boldsymbol{v}_d$ 与 $\boldsymbol{B}$ 之间的夹角。

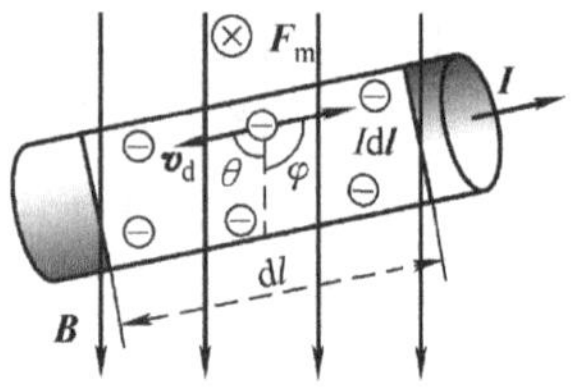

图9.17 安培力公式的推导示意图

电流元在磁场中所受力的大小为

$$\mathrm{d}F = NF_m = n\mathrm{d}VF_m = nS\mathrm{d}lF_m = nev_d S\mathrm{d}lB\sin\theta \tag{9.26}$$

式中，N 为线元 $\mathrm{d}l$ 长度内的电子数目；n 为线元 $\mathrm{d}l$ 长度内的电子数密度。

将

$$I = nev_d S$$

代入式（9.26）中，有

$$\mathrm{d}F = I\mathrm{d}lB\sin\theta = I\mathrm{d}lB\sin\varphi$$

式中，φ 为电流元 $I\mathrm{d}\boldsymbol{l}$ 与 $\boldsymbol{B}$ 之间的夹角。

考虑到力的方向，可以将 $\mathrm{d}\boldsymbol{F}$ 写成矢量式，即

$$\mathrm{d}\boldsymbol{F} = I\mathrm{d}\boldsymbol{l} \times \boldsymbol{B} \tag{9.27}$$

上式就是磁场对电流元的作用力，通常称为**安培力公式**，又叫**安培定律**。

安培定律表明，磁场对电流元的作用力，其数值等于电流元 $I\mathrm{d}\boldsymbol{l}$ 的大小、电流元所在处的磁

感强度 $\boldsymbol{B}$ 的大小以及电流元和磁感应强度之间的夹角 φ 的正弦之乘积。其方向可用右手螺旋法则判定：用右手四指从 $I\mathrm{d}\boldsymbol{l}$ 经小于 180°角转到 $\boldsymbol{B}$，则大拇指伸直的指向就是 $\mathrm{d}\boldsymbol{F}$ 的方向，如图 9.18 所示。

安培力的本质是自由电子与晶格之间的相互作用，使导线在宏观上看起来受到了磁场的作用力，力的方向与每一定向移动的电子所受到的洛伦兹力 $\boldsymbol{F}$ 的方向一致。

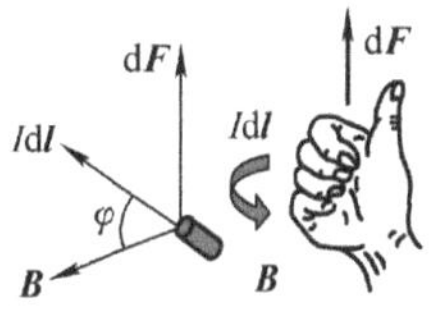

图 9.18　安培力的方向

根据力的叠加原理，有限长载流导线 L 所受的安培力等于各电流元所受安培力的矢量和，即

$$\boldsymbol{F} = \int \mathrm{d}\boldsymbol{F} = \int_L I\mathrm{d}\boldsymbol{l} \times \boldsymbol{B} \tag{9.28}$$

例如，将长为 L、通有电流 I 的直导线放到磁感应强度为 $\boldsymbol{B}$ 的匀强磁场中，如图 9.19 所示，它所受的安培力的大小为

$$F = \int \mathrm{d}F = \int_L IB\mathrm{d}l\sin\varphi = IB\sin\varphi\int_L \mathrm{d}l = ILB\sin\varphi$$

式中，φ 为电流方向与磁场方向之间的夹角。安培力的方向垂直于纸面向里。

当 $\varphi = 0°$时，即通电直导线平行于磁场方向时，$F = 0$；当 $\varphi = 90°$，即通电直导线垂直于磁场方向时，载流直导线所受的磁场力最大，为 $F_{\max} = ILB$。

例 9.6　如图 9.20 所示，求均匀磁场对半圆形导线的作用力。

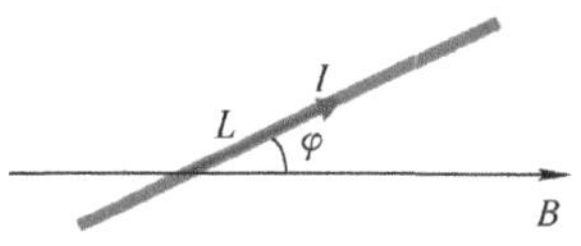

图 9.19　载流直导线在均匀磁场中的受力

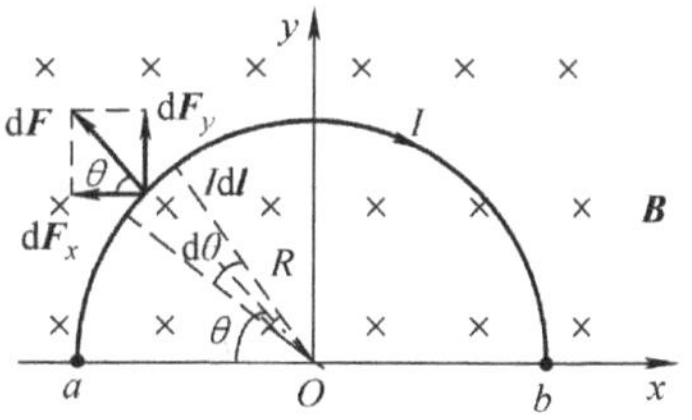

图 9.20　例 9.6 用图

解　在半圆形导线上任取电流元 $I\mathrm{d}l$，它所受的安培力的大小为

$$\mathrm{d}F = (I\mathrm{d}l)B$$

方向沿半圆形导线的径向。以半圆形的 O 点为坐标原点，建立水平向右的 x 轴和竖直向上的 y 轴。$\mathrm{d}\boldsymbol{F}$ 沿两轴的分量为

$$\mathrm{d}F_x = \mathrm{d}F\cos\theta$$

$$\mathrm{d}F_y = \mathrm{d}F\sin\theta = I\mathrm{d}lB\ \sin\theta = IRB\ \sin\theta\mathrm{d}\theta$$

式中，$\mathrm{d}\theta$ 为 $\mathrm{d}l$ 所对的圆心角。由电流分布的对称性可得

$$F_x = \int \mathrm{d}F_x = 0$$

所以

$$F = F_y\int \mathrm{d}F_y = \int_0^{\pi} IRB\sin\theta\mathrm{d}\theta = 2IRB = I(2R)B$$

方向向上。

所求结果 $I(2R)B$ 等效于沿图中直径 ab 放置的载流直导线所受到的力。可以证明，均匀磁

场对任一弯曲载流导线的作用力，等效于对弯曲导线起点到终点的矢量方向的一根直导线的作用力。

在电磁仪表和电动机中，常常利用载流线圈在磁场中所受到的力矩驱动其转动，下面分析载流线圈在匀强磁场中所受的力矩。

如图 9.21a 所示，在磁感应强度为 $\boldsymbol{B}$ 的匀强磁场中，有一刚性矩形载流线圈 $abcd$，通有电流 I，ab 边的长度为 l_1，bc 边的长度为 l_2。线圈平面的正法线方向 $\boldsymbol{e}_n$ 与电流流向符合右手螺旋关系，$\boldsymbol{e}_n$ 与 $\boldsymbol{B}$ 之间的夹角为 θ，ab 边与 $\boldsymbol{B}$ 之间的夹角为 φ。由安培定律，ad 边受到的作用力为

$$F_1 = BIl_2$$

bc 边受到的作用力为

$$F_2 = -F_1$$

ab 边受到的作用力为

$$F_3 = BIl_1\sin(\pi - \varphi)$$

cd 边受到的作用力为

$$F_4 = -F_3$$

所以有

$$F = \sum_{i=1}^{4} F_i = 0 \tag{9.29}$$

$\boldsymbol{F}_1$ 和 $\boldsymbol{F}_2$ 尽管大小相等、方向相反，但是因不在一条直线上，所以形成力偶。力矩为

$$M = 2F_2(l_1/2)\sin\theta = IBl_2l_1\sin\theta = IBS\sin\theta \tag{9.30}$$

其中，$S = l_2l_1$，为该线圈的面积。由图 9.21b 可以看出，此力矩的方向沿逆时针方向。

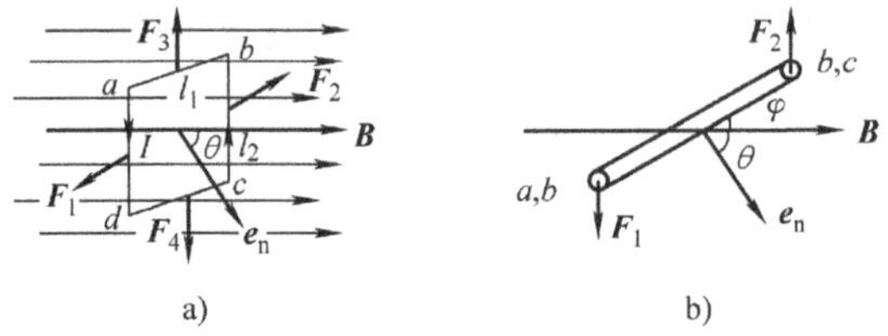

图 9.21 载流线圈在匀强磁场中所受的力矩

引入载流线圈的磁偶极矩（简称磁矩）$\boldsymbol{p}_m$，其定义为

$$\boldsymbol{p}_m = IS\boldsymbol{e}_n \tag{9.31}$$

所以载流线圈所受的力矩可表示为

$$\boldsymbol{M} = \boldsymbol{p}_m \times \boldsymbol{B} \tag{9.32}$$

上式与电矩为 $\boldsymbol{p}_e = q\boldsymbol{l}$ 的电偶极子在均匀电场 $\boldsymbol{E}$ 中所受的力矩公式相似。如果线圈是由 N 匝组成的，那么线圈的磁矩 $\boldsymbol{p}_m = NIS = NIS\boldsymbol{e}_n$，相应的力矩 $\boldsymbol{M}$ 的大小为

$$M = NIBS\sin\theta \tag{9.33}$$

式（9.32）虽然是由矩形线圈推导出来的，但可以证明对任意形状的载流平面线圈，$\boldsymbol{M} = \boldsymbol{p}_m \times \boldsymbol{B}$ 都是适用的。

由上述讨论可见，在匀强磁场中，任何形状的载流平面线圈所受合力为零，但是却受到一

个力矩作用，这个力矩总是力图使线圈的磁矩 $\boldsymbol{p}_m$ 转到磁感应强度 $\boldsymbol{B}$ 的方向，所受的力矩由外磁场 $\boldsymbol{B}$、描述线圈本身性质的磁矩 $\boldsymbol{p}_m$ 以及两者之间的夹角 θ 决定，当 $\boldsymbol{p}_m$ 与 $\boldsymbol{B}$ 的夹角 $\theta=\pi/2$ 时，即线圈平面与磁场方向平行时，力矩值最大，这时力矩的大小为

$$M=p_mB=NBIS$$

当 $\theta=0$ 或 π 时，即线圈平面与磁场方向垂直时，力矩 $M=0$。不同的是，当 $\theta=0$ 时，线圈处于稳定平衡状态。当 $\theta=\pi$ 时，线圈处于非稳定平衡状态。若线圈稍微偏离此平衡位置，它将在磁力矩作用下继续偏离，直到 $\boldsymbol{p}_m$ 转向 $\boldsymbol{B}$ 的方向为止。

直流电动机就是根据上述通电线圈在磁场中受到力矩的原理制成的。这里不加以介绍。另外，磁电式电流计也是利用载流矩形线圈在磁场中受一力矩而转动的原理制成的，它可以改装成电流表、电压表和欧姆表等，因而在电磁测量中具有广泛的应用价值。

9.8 平行载流导线间的相互作用力

如图9.22所示，两根平行放置的长直导线分别载有电流 I_1 和 I_2，相距为 d。下面分析每根导线在单位长度上所受的另一导线的作用力。

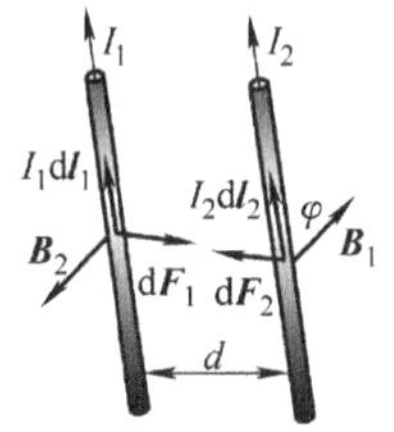

图9.22 平行载流导线间的相互作用力

由长直电流的磁场公式可知，导线1在导线2处所产生的磁感应强度的大小为

$$B_1=\frac{\mu_0I_1}{2\pi d}$$

方向如图所示。同理，导线2在导线1处所产生的磁感应强度的大小为

$$B_2=\frac{\mu_0I_2}{2\pi d}$$

方向如图所示。根据安培定律，导线2上的电流元 $I_2\mathrm{d}\boldsymbol{l}_2$ 受到的磁场力的大小为

$$\mathrm{d}F_2=B_1I_2\mathrm{d}l_2\sin\varphi,$$

因为

$$\varphi=90°,\ \sin\varphi=1$$

所以

$$\mathrm{d}F_2=B_1I_2\mathrm{d}l_2=\frac{\mu_0I_1I_2\mathrm{d}l_2}{2\pi d} \tag{9.34}$$

$\mathrm{d}\boldsymbol{F}_2$ 的方向在 I_1、I_2 所确定的平面内，与电流方向垂直并指向导线1。同理，导线1上的电流元 $I_1\mathrm{d}\boldsymbol{l}_1$ 受到的磁场力为

$$\mathrm{d}F_1=B_2I_1\mathrm{d}l_1=\frac{\mu_0I_2I_1\mathrm{d}l_1}{2\pi d} \tag{9.35}$$

$\mathrm{d}\boldsymbol{F}_1$ 的方向在 I_1、I_2 所确定的平面内，与电流方向垂并指向导线2。所以每根导线在单位长度上所受的力为

$$\frac{\mathrm{d}F_2}{\mathrm{d}l_2}=\frac{\mathrm{d}F_1}{\mathrm{d}l_1}=\frac{\mu_0I_2I_1}{2\pi d} \tag{9.36}$$

上式表明，平行放置的载流长直导线相互作用在彼此单位长度上的作用力大小相等。可见这两个作用力符合牛顿第三定律。此外，由相互作用力的方向可知，两个流向相同的平行直导线电流之间的磁场力是相互吸引的。上述讨论与实验结果完全一致。不难证明，当导线1与导线2中的电流流向相反时，两者之间的磁场力是相斥的。

在国际单位制中，把电流的单位安培（A）作为基本单位，它的定义是以安培力公式导出的平行直导线电流间的相互作用力公式（9.36）为依据的。

在真空中两平行长直导线相距1m，通有大小相等、方向相同的电流，若每根导线每米长度上受到的作用力为$2\times10^{-7}\mathrm{N\cdot m^{-1}}$，则每根导线通有的电流就规定为1A。

9.9 磁介质简介

前面我们学习了真空中磁场的规律。在实际应用中，常涉及介质存在时的磁场问题。因介质的分子或原子中均有运动的电荷，故介质处于磁场中时，其内部的运动电荷因受到磁场力而使介质处于一种特殊的状态，处于这种特殊状态的介质又会反过来影响磁场的分布。在讨论介质与磁场互相影响的问题时，介质统称为磁介质。本节简要介绍磁介质存在时磁场的基本规律。

9.9.1 磁介质的分类

当把磁介质放在外磁场中时，将会发现，在外磁场的作用下，本来没有磁性的磁介质变得具有磁性，并能激发一附加磁场，这种现象称为**磁介质的磁化**。

设磁介质由于磁化而产生了磁感应强度为$\boldsymbol{B}'$的附加磁场，它叠加在原来的磁感应强度为$\boldsymbol{B}_0$的外磁场上，这时磁介质中总的磁感应强度$\boldsymbol{B}$为$\boldsymbol{B}_0$和$\boldsymbol{B}'$的矢量和，即

$$\boldsymbol{B}=\boldsymbol{B}_0+\boldsymbol{B}' \tag{9.37}$$

这样，在一般情况下，磁介质的存在将使总的磁场发生改变。一般说来，对于不同的磁介质，在同样的外磁场作用下，附加磁场的磁感应强度$\boldsymbol{B}'$的大小和方向是不同的。根据$\boldsymbol{B}'$和$\boldsymbol{B}_0$的关系不同，可将磁介质分为顺磁质、抗磁质和铁磁质三类。

① 如果$\boldsymbol{B}'$与$\boldsymbol{B}_0$同方向，且B'略小于B_0，则这种磁介质称为**顺磁质**。

② 如果$\boldsymbol{B}'$与$\boldsymbol{B}_0$反方向，且B'略小于B_0，则这种磁介质称为**抗磁质**。

③ 如果$\boldsymbol{B}'$与$\boldsymbol{B}_0$同方向，且B'远大于B_0，则这种磁介质称为**铁磁质**。

实验表明，若磁介质是各向同性的，则$\boldsymbol{B}$和$\boldsymbol{B}_0$满足如下关系：

$$\boldsymbol{B}=\mu_r\boldsymbol{B}_0 \tag{9.38}$$

其中，μ_r是无量纲的常数，是反映介质磁特性的物理量，称为磁介质的**相对磁导率**。若$\mu_r>1$，这类磁介质就是顺磁质，如氧、铝、锰等。若$\mu_r<1$，这类磁介质就是抗磁质，如氢、铜、汞等。若$\mu_r>>1$，这类磁介质就是铁磁质，如铁、钴、镍等。

9.9.2 介质磁化的机理解释

根据分子电流理论，物质内部分子中的任何一个电子都同时参与两种运动：一种是环绕原子核的轨道运动，形成轨道电流，具有一定的轨道磁矩；另一种是自旋运动，带电体的自旋形成自旋磁矩。原子核也有自旋运动，不过核自旋磁矩大小比前两者小得多，可以忽略。所以一个分子的磁性主要来源于分子内所有电子的各种磁矩磁效应的总和，它可以用一等效的圆电流来代替，等效的圆电流称为**分子电流**，分子电流的磁矩简称**分子磁矩**，用$\boldsymbol{m}$表示，称为分子的固有磁矩。

在无外磁场存在时，有些分子的固有磁矩为零，由这些分子组成的物质就是抗磁质。显然，

无外磁场时抗磁质在宏观上不显磁性。另有一些分子在无外磁场时固有磁矩不为零，由这些分子组成的物质是顺磁质。但由于分子的无规则热运动，顺磁质中每个分子分子磁矩 $\boldsymbol{m}$ 的取向是杂乱无章的，因此无外磁场存在时，顺磁质在宏观上亦不显磁性。

当有外磁场存在时，磁介质将被磁化。可以证明，无论是顺磁质还是抗磁质，都会产生与外磁场 $\boldsymbol{B}_0$ 方向相反的附加磁矩 $\Delta\boldsymbol{m}'$，称为**感生磁矩**，结果会产生与 $\boldsymbol{B}_0$ 方向相反的附加磁场 $\boldsymbol{B}'$。对于抗磁质而言，这是其在磁场中被磁化的唯一原因，所以抗磁质的 $\mu_r<1$。而对于顺磁质而言，上述附加磁矩 $\Delta\boldsymbol{m}'$与其固有磁矩相比小得多，因此可忽略不计。除此之外，因顺磁质存在分子固有磁矩，所以在外磁场的作用下固有磁矩将转向外磁场方向排列，产生一个与 $\boldsymbol{B}_0$ 方向相同的附加磁场 $\boldsymbol{B}'$，因此顺磁质的 $\mu_r>1$。无论是顺磁质还是抗磁质，与 $\boldsymbol{B}'$相对应的电流称为**束缚电流**或者**磁化电流**，可用 I_m表示 。不同于金属导体中自由电子定向移动形成的传导电流，束缚电流是由分子内的电荷运动逐段接合而成的。为区分这两种电流，将传导电流称作**自由电流**，可用 I_c表示。

铁磁质是特殊的磁介质，由于此种物质电子的自旋之间具有特殊相互作用，使得在$10^{-12}\sim10^{-8}\text{m}^3$ 区间内的分子磁矩自发地整齐排列，形成一个个磁畴。在无外磁场存在的情况下，尽管每个磁畴有很强的磁性，但大量磁畴的磁化方向各不相同，故铁磁质在宏观上并不显磁性。若将铁磁质放在磁感应强度为 $\boldsymbol{B}_0$ 的外磁场中，那些自发磁化方向与 $\boldsymbol{B}_0$ 方向成小角度的磁畴的体积将随外磁场的增大而逐渐扩大。而另一些自发磁化方向与 $\boldsymbol{B}_0$ 方向成大角度的磁畴的体积则将逐渐缩小，显示出宏观的磁性。随着 $\boldsymbol{B}_0$ 继续增大，磁畴的磁化方向将在不同程度上转向外加磁场，直到铁磁质中所有磁畴都沿着 $\boldsymbol{B}_0$ 方向排列，磁化达到饱和，此时铁磁质具有很强的磁性。

9.9.3 磁场强度的环路定理

下面讨论有磁介质存在时的环路定理。磁化电流表征了磁场中磁介质的存在，所以讨论有磁介质存在的磁场时，需要考虑磁化电流对传导电流所产生的磁场的影响。在有磁介质存在的磁场中任取一闭合回路 l，假设与闭合回路所套连的传导电流和磁化电流分别用 $I_{c,in}$和 $I_{m,in}$表示，则根据安培环路定理，有

$$\oint_l \boldsymbol{B}\cdot\mathrm{d}\boldsymbol{l}=\mu_0\left(\sum I_{c,in}+\sum I_{m,in}\right)\tag{9.39}$$

式中，$\boldsymbol{B}$ 是由空间中所有的传导电流和束缚电流共同产生的，所以

$$\boldsymbol{B}=\boldsymbol{B}_0+\boldsymbol{B}'\tag{9.40}$$

若空间中不存在磁介质，则真空中磁场的安培环路定理为

$$\oint_l \boldsymbol{B}_0\cdot\mathrm{d}\boldsymbol{l}=\mu_0\sum I_{c,in}\tag{9.41}$$

对各向同性磁介质而言，将 $\boldsymbol{B}=\mu_r\boldsymbol{B}_0$ 代入上式，有

$$\mu_r\oint_l \boldsymbol{B}_0\cdot\mathrm{d}\boldsymbol{l}=\oint_l \boldsymbol{B}\cdot\mathrm{d}\boldsymbol{l}=\mu_0\mu_r\sum I_{c,in}$$

$$\oint_l \frac{\boldsymbol{B}}{\mu_0\mu_r}\cdot\mathrm{d}\boldsymbol{l}=\sum I_{c,in}\tag{9.42}$$

定义磁场强度 $\boldsymbol{H}$ 为

$$H = \frac{B}{\mu_0\mu_r} = \frac{B}{\mu} \tag{9.43}$$

式中，$\mu = \mu_0\mu_r$，称作介质的**磁导率**。式（9.42）可表示为

$$\oint_l \boldsymbol{H} \cdot \mathrm{d}\boldsymbol{l} = \sum I_{c,in} \tag{9.44}$$

上式表明，在有磁介质存在的磁场中，磁场强度 $\boldsymbol{H}$ 沿任意闭合环路的线积分总等于穿过以闭合环路为边界的任意曲面的传导电流的代数和，与磁化电流无关。该结论叫作**磁场强度的环路定理**。通过引入磁场强度 $\boldsymbol{H}$，可把束缚电流的影响隐含起来，这与在有电介质存在的静电场中引入电位移 $\boldsymbol{D}$，把束缚电荷隐含起来的方法是类似的。

在国际单位制中，磁场强度 $\boldsymbol{H}$ 的单位是安培每米，用 A/m 表示。

对于有磁介质存在时的磁场，通常可用式（9.44）先求出 $\boldsymbol{H}$，再由式（9.43）求出 $\boldsymbol{B}$。

例 9.7　一无限长直导线的半径为 R_1，通有电流 I，导线外包有一圆柱状磁介质壳，半径为 R_2，设磁介质为各向同性的顺磁质，相对磁导率为 μ_r，如图 9.23 所示。求磁介质内外的 $\boldsymbol{H}$ 和 $\boldsymbol{B}$。

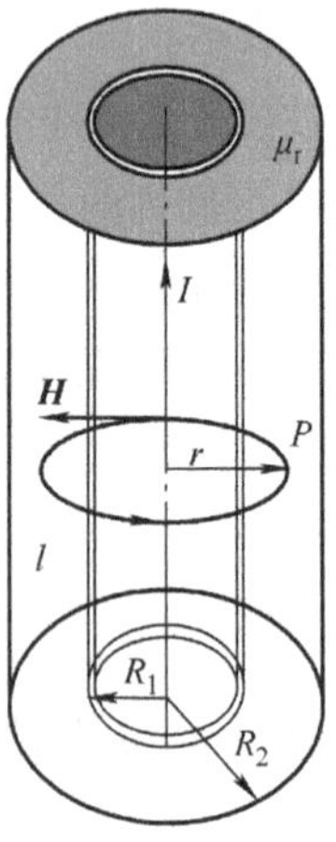

图 9.23　例 9.7 用图

解　先求磁介质内任一点 P（假设 P 到轴的垂直距离为 r）的 $\boldsymbol{H}$ 和 $\boldsymbol{B}$。

由磁介质的各向同性及电流分布的对称性可知，$\boldsymbol{H}$ 和 $\boldsymbol{B}$ 呈轴对称分布，其方向与电流满足右手螺旋关系。过 P 点作以轴为中心、半径为 r 的圆周环路 l，由磁场强度的环路定理，有

$$\oint_l \boldsymbol{H} \cdot \mathrm{d}\boldsymbol{l} = \sum I_{c,in}$$

$$\oint_l H_{in} \mathrm{d}l = I$$

$$2\pi r H_{in} = I$$

则有

$$H_{in} = \frac{I}{2\pi r} \quad (R_1 \leqslant r \leqslant R_2)$$

所以

$$B_{in} = \mu H_{in} = \frac{\mu_0\mu_r I}{2\pi r} = \mu_r B_0 \quad (R_1 \leqslant r \leqslant R_2)$$

同理，对于磁介质壳外的情况，有

$$H_{ext} = \frac{I}{2\pi r} \quad (r > R_2)$$

$$B_{ext} = \mu_0 H_{ext} = \frac{\mu_0 I}{2\pi r} = B_0 \quad (r > R_2)$$

本章思维导图

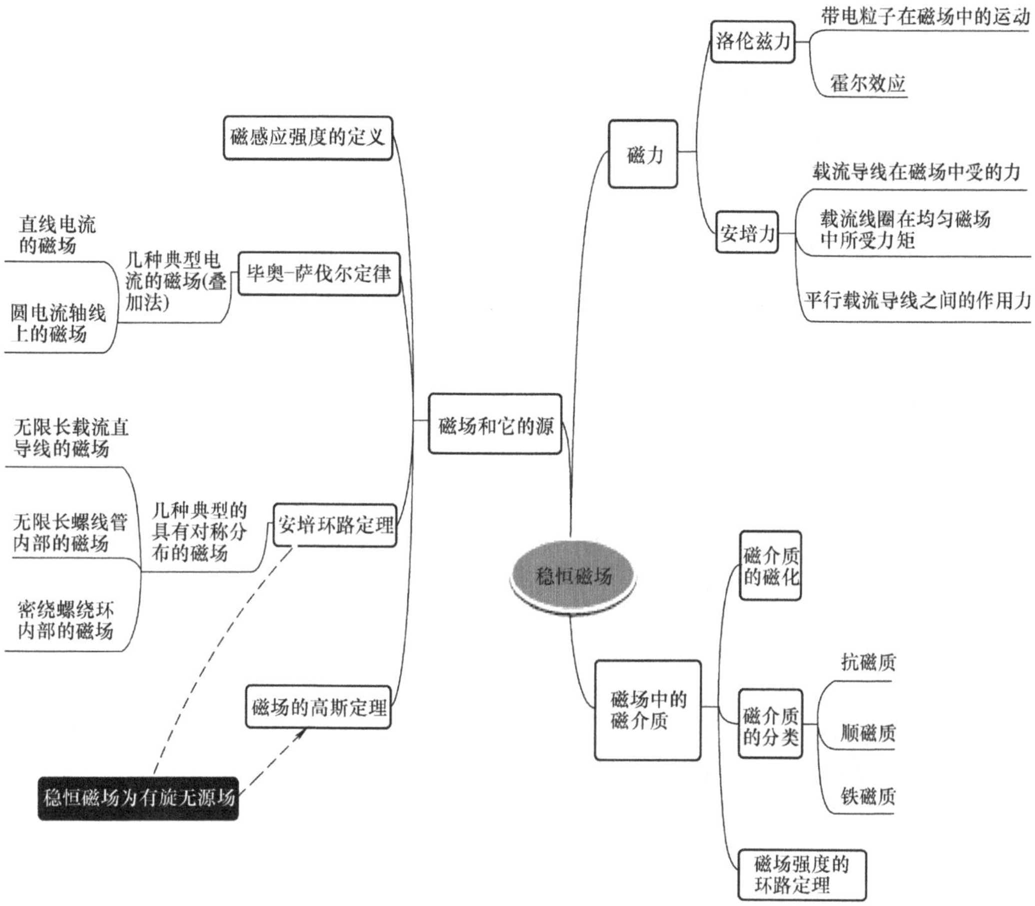

思 考 题

9.1 磁感应强度 $\boldsymbol{B}$ 是怎么定义的?

9.2 毕奥-萨伐尔定律是怎么定义的?写出其矢量表达式。电流元在空间产生的磁场有为零的地方吗?

9.3 磁场的高斯定理中的闭合曲面只能取球面吗?

9.4 有人说安培环路定理公式 $\oint_l \boldsymbol{B}\cdot \mathrm{d}\boldsymbol{l}=\mu_0\sum I_{in}$ 中的磁感应强度只与闭合回路内的电流有关,对否?为什么?

9.5 电流元 $I\mathrm{d}\boldsymbol{l}$ 在某处直角坐标系的 x 轴方向放置时,它不受力;把该电流元转到 y 轴正方向时,它受到的力沿着 z 轴正方向,判断该处磁感应强度 $\boldsymbol{B}$ 的方向?

9.6 如图9.24所示,面积为 S 和 $2S$ 的两圆形线圈1、2如图平行放置,通有相同的电流 I。它们的相互作用力是引力还是斥力?

9.7 用安培环路定理直接求出下列各种截面的长直载流导线表面附近的磁感应强度 B:

（1）圆形面；（2）空心管；（3）半圆形截面；（4）长方形截面。

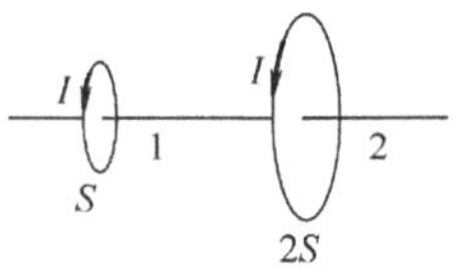

图 9.24 思考题 9.6 用图

9.8 能否用安培环路定理计算两根相互不平行的无限长载流直导线所产生的磁场？

9.9 如果一个带电粒子进入匀强磁场时的初速度方向与磁场的方向不垂直，它将做怎样的运动？

9.10 一束电子发生了侧向偏转，造成这种偏转的原因是电场还是磁场？如果是电场或者是磁场在起作用，那么如何判断是哪一种场存在？

9.11 如图 9.25 所示，一固定的载流大平板的附近有一载流小线框能自由转动或平动。线框平面与大平板垂直，大平板的电流与线框中的电流方向如图所示，那么通电线框的运动情况从大平板向外看是顺时针转动还是逆时针转动？

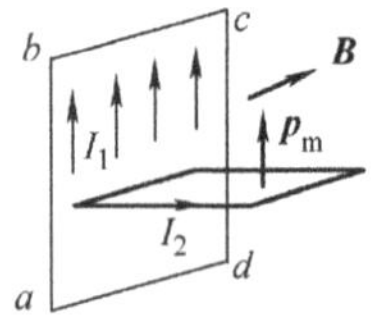

图 9.25 思考题 9.11 用图

9.12 磁介质可以怎么分类？磁场强度矢量是怎么定义的？

9.13 关于稳恒磁场的磁场强度 $\boldsymbol{H}$ 的下列几种说法哪个是正确的？

（A）$\boldsymbol{H}$ 仅与传导电流有关。

（B）若闭合曲线内没有包围传导电流，则曲线上各点的 $\boldsymbol{H}$ 必为零。

（C）若闭合曲线上各点的 $\boldsymbol{H}$ 均为零，则该曲线所包围传导电流的代数和为零。

（D）以闭合曲线 L 为边缘的任意曲面的 $\boldsymbol{H}$ 通量均相等。

9.14 有两根铁棍，不论把它们的哪两端拿来互相靠近，它们总是互相吸引，能否就此得出结论：它们之中有一根一定是未磁化的？

9.15 宇宙射线是由某种外源射到大气层中来的带电粒子。人们发现低能宇宙射线到达地球磁北极和磁南极处的量值，比在磁赤道处到达的多。为什么是这样的？

习　　题

9.1 如图 9.26 所示，有一通有电流的无限长扁平铜片，宽度为 a，厚度不计，电流 I 在铜片上均匀分布，在铜片外与铜片共面，求离铜片右边缘 b 处的 P 点的磁感应强度 $\boldsymbol{B}$ 的大小。

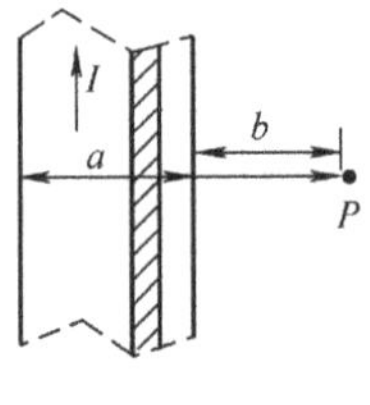

图 9.26 习题 9.1 用图

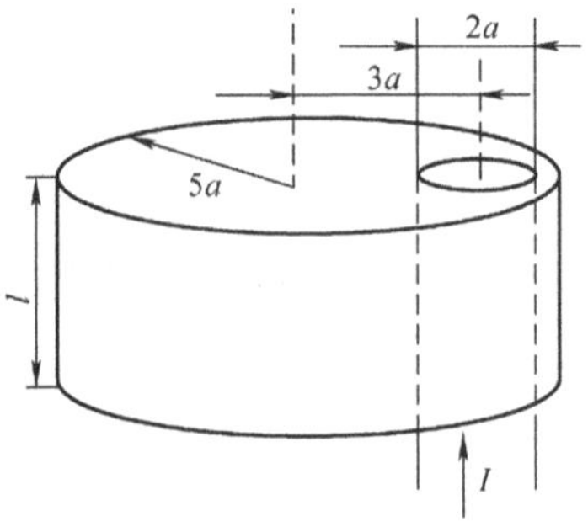

图 9.27 习题 9.2 用图

9.2 一半径为 a 的无限长直载流导线，沿轴向通有均匀的电流 I，若构造一个半径为 $R=5a$、高为 l 的柱形曲面，已知此柱形曲面的轴与载流导线的轴平行且相距 $3a$，如图 9.27 所示。

求 $\boldsymbol{B}$ 在圆柱侧面 S 上的积分 $\iint_S \boldsymbol{B} \cdot \mathrm{d}\boldsymbol{S}$ 。

9.3 已知一均匀磁场，其磁感应强度 $B = 5.0\mathrm{Wb/m^2}$，方向沿 x 轴方向，各边长度如图9.28所示，$\overline{AB} = 0.3\mathrm{m}$，$\overline{AE} = 0.2\mathrm{m}$，$\overline{BC} = 0.2\mathrm{m}$，试求：

（1）通过图中 $ABOE$ 面的磁通量；

（2）通过图中 $BEDO$ 面的磁通量；

（3）通过图中 $ACDE$ 面的磁通量；

9.4 如图9.29所示，电流均匀地流过无限大平面导体薄板，电流面密度为 j，设板的厚度可以忽略不计，试用毕奥－萨伐尔定律求板外任意一点的磁感应强度。

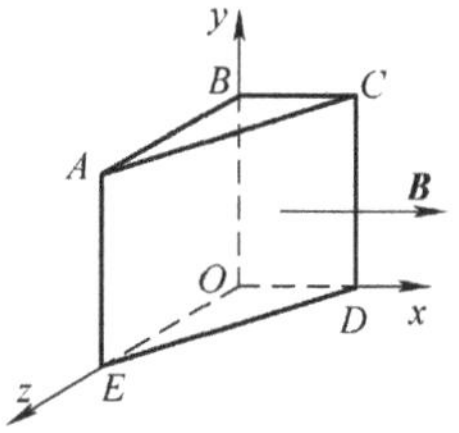

图9.28 习题9.3用图

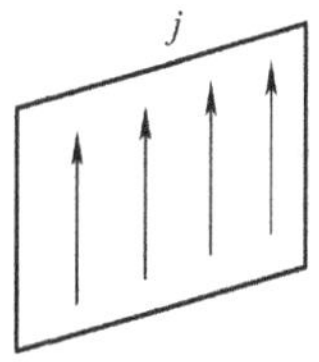

图9.29 习题9.4用图

9.5 如图9.30所示，带电刚性细杆 AB 的电荷线密度为 λ，绕垂直于直线的轴 O 以 ω 角速度匀速转动（O 点在细杆 AB 的延长线上），求：

（1）O 点的磁感应强度 $\boldsymbol{B}_O$；

（2）磁矩 $\boldsymbol{p}_\mathrm{m}$；

（3）若 $a \gg b$，求 $\boldsymbol{B}_O$ 及 $\boldsymbol{p}_\mathrm{m}$。

9.6 如图9.31所示的空间区域内，分布着方向垂直于纸面向里的匀强磁场，在纸面内有一正方形边框 $abcd$（磁场以边框为界），而 a、b、c 三个顶角处开有很小的缺口，今有一束具有不同速度的电子由 a 缺口沿 ad 方向射入磁场区域，若 b、c 两缺口处分别有电子射出，求 b、c 两缺口处射出电子的速率 v_b 与 v_c 之比。

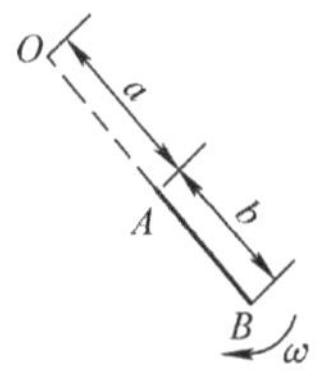

图9.30 习题9.5用图

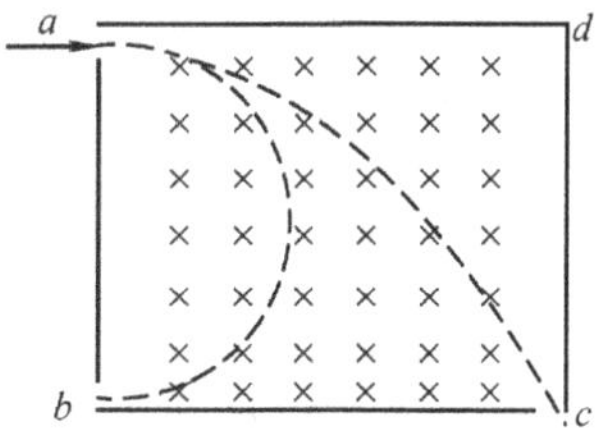

图9.31 习题9.6用图

9.7 如图9.32所示，在真空中有一半径为 a 的3/4圆弧形的导线，其中通以稳恒电流 I，导线置于磁感应强度为 $\boldsymbol{B}$ 的均匀外磁场中，且 $\boldsymbol{B}$ 与导线所在平面垂直。求该载流导线 $\overset{\frown}{bc}$ 所受的磁力大小。

9.8 图9.33中有三种不同的磁介质的 $B-H$ 关系曲线，其中虚线表示的是 $B=\mu_0 H$ 的关系。试说明 a、b、c 各代表哪一类磁介质的 $B-H$ 关系曲线。

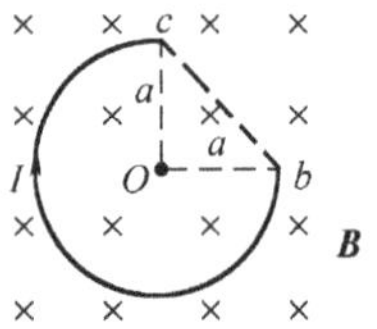

图 9.32 习题 9.7 用图

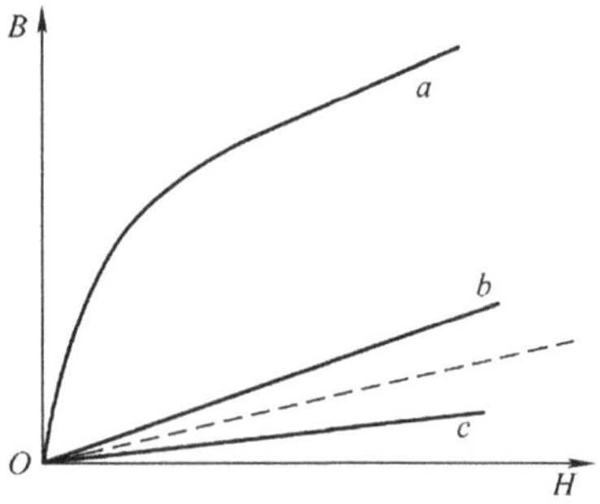

图 9.33 习题 9.8 用图

9.9 如图 9.34 所示，长直电缆由一个圆柱导体和一共轴圆筒状导体组成，两导体中有等值反向均匀电流 I 通过，其间充满磁导率为 μ 的均匀磁介质。求介质中离中心轴距离为 r 的某点处的磁感应强度的大小。

9.10 如图 9.35 所示，一半径为 R 的均匀带电无限长直圆筒，电荷面密度为 σ，该筒以角速度 ω 绕其轴线匀速旋转，试求圆筒内部的磁感应强度。

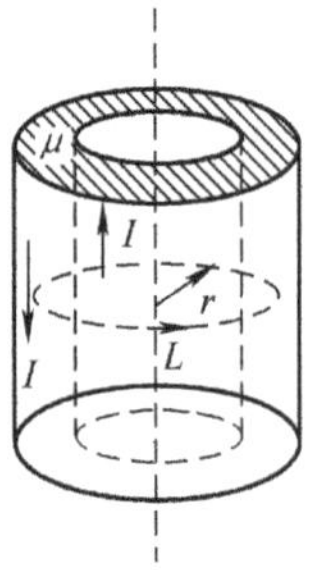

图 9.34 习题 9.9 用图

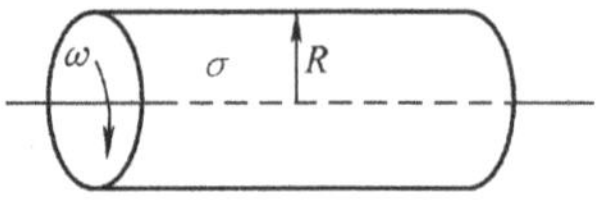

图 9.35 习题 9.10 用图

9.11 如图 9.36 所示，一半径为 R 的带电塑料圆盘，其中有一半径为 r 的阴影部分均匀带正电荷，电荷面密度为 $+\sigma$，其余部分均匀带负电荷，电荷面密度为 $-\sigma$，当圆盘以角速度 ω 旋转时，测得圆盘中心 O 点的磁感应强度为零，问 R 与 r 满足什么关系？

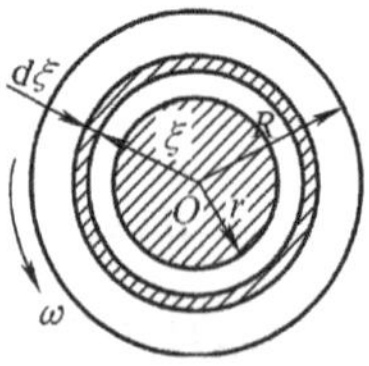

图 9.36 习题 9.11 用图

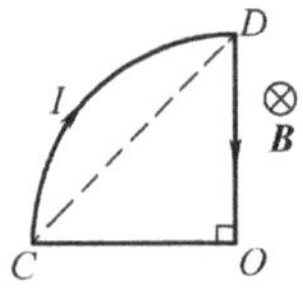

图 9.37 习题 9.12 用图

9.12 如图 9.37 所示，一线圈由半径为 0.1m 的 1/4 圆弧和相互垂直的两条直线组成，通以 3A 的电流，把它放在磁感应强度为 0.3T 的均匀磁场中（磁感应强度 $\boldsymbol{B}$ 的方向如图所示）。求：

（1）当线圈平面与磁场垂直时，圆弧 $\overset{\frown}{CD}$ 所受的磁力；

（2）当线圈平面与磁场成 60°角时，线圈所受的磁力矩。

第 10 章　电磁感应与电磁场

电磁感应现象是电磁学中最重大的发现之一，它揭示了电与磁之间的相互转化和内在联系，在科学和技术上都具有划时代的意义。它的发现不仅丰富了人类对于电磁现象本质的认识，推动了电磁学理论的发展，而且在实践上开拓了广泛应用的前景。

前面我们介绍了静止电荷的静电场和稳恒电流的静磁场的一些基础知识，本章将介绍有关变化的电场和变化的磁场的一些基本现象和规律。

10.1　电磁感应的基本规律

自从 1820 年奥斯特发现电流的磁效应以来，人们自然会想到，能否用磁效应来产生电流呢？很多人都对此问题进行了研究，但都以失败而告终。只有英国物理学家法拉第经过大量实验，终于在 1831 年发现了磁可以产生电的现象，并总结出了电磁感应定律。此发现为后来电动机和发电机的设计与应用提供了重要的实验基础。

什么是电磁感应？它又是如何产生的？

以下我们通过四个演示实验来说明。

如图 10.1a 所示，将线圈 A 直接和检流计相连，形成一个闭合回路。在把一根磁铁棒插入或拔出线圈的过程中，检流计的指针分别发生了左右偏转，说明线圈中产生了电流；磁铁棒插入或拔出的速度越快，检流计指针偏转的角度越大。如图 10.1b 所示，用通电线圈 A′代替磁铁棒重复前面的实验，可以观察到相同的现象。如图 10.1c 所示，使两个线圈固定不动，在接通或断开开关 S 的瞬间或者是接通开关后调节滑动变阻器的过程中，检流计的指针也都发生了偏转。如图 10.1d 所示，把接有检流计而 CD 边可滑动的导体线框 $ABCDA$ 放在磁感应强度为 B 的均匀恒定磁场中，在沿线框左右移动 CD 边的过程中，同样看到检流计的指针发生了偏转，且 CD 边移动得越快，指针偏转的角度越大。

在上面的实验中，它们有一个共同点：当检流计指针偏转时，穿过与检流计相连的回路的磁感应强度的磁通量正在发生变化。其中，图 10.1a ~ c 是由于线圈 A 所在空间的磁场变化引起了线圈磁通量变化，而图 10.1d 中磁场未发生变化，是面积的变化导致线框的磁通量发生变化。这种由于线圈磁通量的变化而使回路中产生电流的现象称为**电磁感应现象**，导体回路中产生的电流叫作**感应电流**。另外，在图 10.1c 中，控制变阻器滑动端的移动速度和在图 10.1d 中控制 CD 边的移动速度的效果是一样的，都使检流计的指针有一个较稳定的偏转。稳定的指针偏转说明导体回路中产生了稳恒的感应电流，稳恒电流的存在说明回路中必有非静电力。非静电力的存在，说明回路是一个电源，存在电动势，闭合导体回路的感应电流是对回路中存在电动势的一种证明。因此，即使不是闭合的导体回路，或者回路中没有导体的存在（是真空或介质），只要穿过回路的磁通量发生变化，回路中就会产生电动势，这种电动势称为**感应电动势**，感应电动势的存在是电磁感应现象的本质。同时得到**产生电磁感应的条件**：当穿过闭合线圈的磁通量发生变化时，就会产生电磁感应。

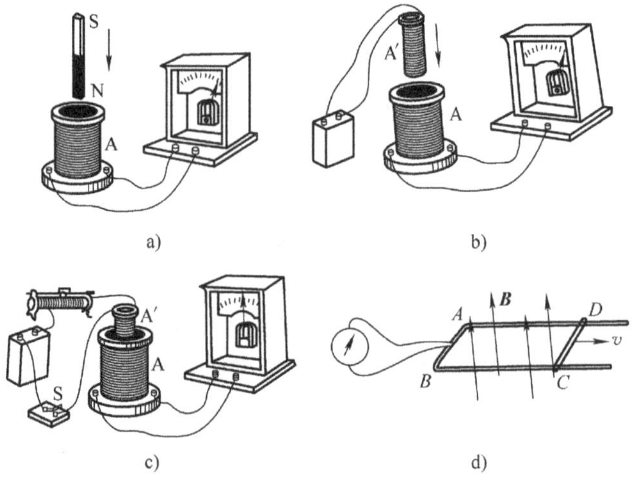

图 10.1 电磁感应现象的演示实验

10.1.1 法拉第电磁感应定律

从上面的实验中我们可以看到，穿过导线回路的磁通量变化越快，感应电动势越大。大量精确的实验证明，闭合线圈的感应电动势的大小 $\mathscr{E}$ 与穿过这个线圈的磁通量的变化率 $\dfrac{\mathrm{d}\Phi}{\mathrm{d}t}$ 成正比，即

$$\mathscr{E}=-K\frac{\mathrm{d}\Phi}{\mathrm{d}t}$$

式中，K 是比例常数，取决于 $\mathscr{E}$、Φ、t 的单位。如果 $\mathscr{E}$ 的单位用伏特，Φ 的单位用韦伯，t 的单位用秒，那么 $K=1$，上式便可改写为

$$\mathscr{E}=-\frac{\mathrm{d}\Phi}{\mathrm{d}t} \tag{10.1}$$

式（10.1）是法拉第电磁感应定律的一般表达式，即：不论任何原因，当使通过回路面积的磁通量发生变化时，回路中产生的感应电动势 $\mathscr{E}$ 与磁通量对时间的变化率 $\mathrm{d}\Phi/\mathrm{d}t$ 之负值成正比。式中的负号反映了感应电动势的方向，它是依赖于磁场的方向与磁通量的变化情况。

下面介绍一种简单判断电动势 $\mathscr{E}$ 方向的方法（正方向法），如图 10.2 所示：

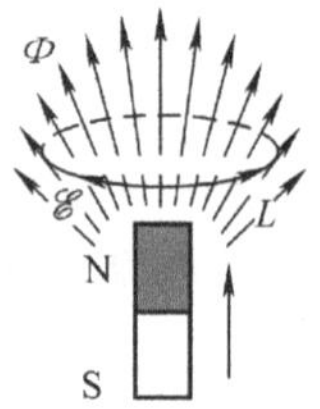

图 10.2 电动势方向的判别

（1）选定回路 L 的正方向。

（2）当 Φ 的方向与回路 L 的正方向成右手螺旋关系时，Φ 为正，反之为负。

（3）若 $\mathrm{d}\Phi>0$，则 $\mathscr{E}<0$，表明 $\mathscr{E}$ 的方向与 L 的正方向相反；若 $\mathrm{d}\Phi<0$，则 $\mathscr{E}>0$，表明 $\mathscr{E}$ 的方向与 L 的正方向相同。

式（10.1）只适合于单匝线圈组成的回路，如果回路不是单匝线圈而是多匝线圈，那么当磁通量变化时，每匝线圈中都将产生感应电动势，由于匝与匝之间的电动势是互相串联的，所以整个线圈的总电动势就等于各匝线圈所产生的电动势之和，即

$$\mathscr{E} = -\frac{d\Psi}{dt}$$

其中，$\Psi = \Phi_1 + \Phi_2 + \cdots + \Phi_N$ 叫作磁通匝链数或全磁通。如果穿过每匝线圈的磁通量相同，均为 Φ，则 $\Psi = N\Phi$，

$$\mathscr{E} = -\frac{d\Psi}{dt} = -N\frac{d\Phi}{dt} \tag{10.2}$$

10.1.2　楞次定律

关于感应电动势的方向问题，1833 年俄国物理学家楞次（H. F. E. Lenz，1804—1865）在法拉第实验的基础上进一步通过实验总结出如下规律：

导体线圈中感应电流应具有这样的方向，即感应电流的磁通总是力图阻碍引起感应电流的磁通变化。

这是楞次定律的第一种表述形式。

楞次定律是判断感应电动势方向的定律，它是通过感应电流的方向来表述的。按照这个定律，感应电流必须采取这样一个方向，使得它所激发的磁通量阻碍引起它的磁通量变化。所谓阻碍一个磁通量的变化是指：当磁通量增加时，感应电流的磁通量与原来的磁通量相反（阻碍它的增加）；当磁通量减小时，感应电流的磁通量与原来磁通量的方向相同（阻碍它的减小）。

楞次定律的第二种表述是：

当导体在磁场中运动时，导体中由于出现感应电流而受到的磁场力必然阻碍此导体的运动。

楞次定律的两种表述有一个共同之处，就是感应电流的后果总是与引起感应电流的原因相对抗。在第一种表述中，“原因”是指引起感应电流的磁通量变化，“后果”是指感应电流激发的磁通量。在第一种表述中，“原因”指导体的运动，“后果”指导体由于其中出现感应电流而受到的安培力。

需要指出，楞次定律实际上是能量守恒定律在电磁感应现象中的表现。如在上述实验的图 10.1d 中，维持滑杆 *CD* 边运动必须外加一力，此过程为外力克服安培力做功转化为焦耳热。

10.2　动生电动势和感生电动势

磁通量的定义式为 $\Phi = \int_S \boldsymbol{B} \cdot d\boldsymbol{S}$，因此，磁通量变化的基本原因有两种。在这一节我们根据磁通量变化的原因不同，相应地分两种情形进行具体讨论。一种是导体或导体回路在恒定磁场中运动，其所产生的感应电动势称为**动生电动势**；另一种是导体回路不动，磁场发生变化，其所产生的感应电动势叫作**感生电动势**。

10.2.1　动生电动势

动生电动势的非静电力场来源于洛伦兹力。

如图 10.3 所示，设在磁感应强度为 $\boldsymbol{B}$ 的均匀磁场中有一长为 l 的导体棒 ab 以恒定的速度 $\boldsymbol{v}$ 沿垂直于磁场的方向向右运动。此时，由于棒内的自由电子被带着以同一速度 $\boldsymbol{v}$ 向右运动，因此每个电子受到的洛伦兹力为

$$\boldsymbol{F}_m = -e\boldsymbol{v} \times \boldsymbol{B} \tag{10.3}$$

方向如图 10.3 所示，$-e$ 为电子电荷量。洛伦兹力 $\boldsymbol{F}_m$ 是非静电力。

导体棒中的自由电子在洛伦兹力作用下向 a 端运动，因而 a 端产生负电荷的积累，在 b 端由于电子的缺少而出现过剩的正电荷，于是在 b、a 间产生静电场。静电场 E 的方向为由 b 指向 a，所以电子受到的静电场力的方向与洛伦兹力的方向相反。当两者大小相等时，电子所受合力为零，这时在导体棒的两端产生一定的电势差。若用导线将 a、b 两端连接起来，在该导线中就会有电流通过，因此在磁场中运动着的导体棒相当于一个电源，而洛伦兹力就是此电源的非静电力。

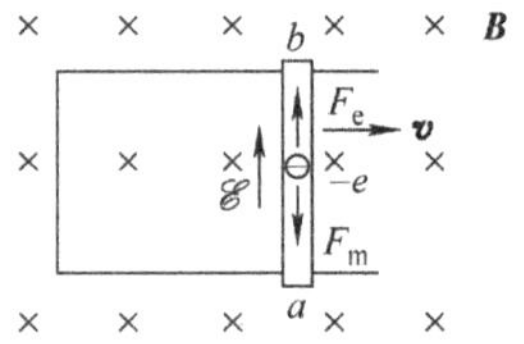

图 10.3 动生电动势的计算

当 $\boldsymbol{F}_m$ 与 $\boldsymbol{F}_e$ 两者大小相等，即 $\boldsymbol{F}_m = -\boldsymbol{F}_e = e\boldsymbol{E}_K$ 时，有对应的“非静力电场”的电场强度 $\boldsymbol{E}_K$ 为

$$\boldsymbol{E}_K = \frac{\boldsymbol{F}_m}{-e} = \boldsymbol{v}\times\boldsymbol{B}$$

由前面的知识我们知道，电源的电动势 $\mathscr{E}$ 为

$$\mathscr{E} = \frac{1}{q}\int_-^+ \boldsymbol{F}\cdot \mathrm{d}\boldsymbol{l} = \int_-^+ \boldsymbol{E}_K\cdot \mathrm{d}\boldsymbol{l}$$

用洛伦兹力 $\boldsymbol{F}_m$ 代替上式中的 F，其中，$q=-e$，b、a 端分别为电源的正、负极，所以电源电动势 $\mathscr{E}$ 为

$$\mathscr{E} = \frac{1}{q}\int_-^+ \boldsymbol{F}\cdot \mathrm{d}\boldsymbol{l} = \frac{1}{-e}\int_0^l -e(\boldsymbol{v}\times\boldsymbol{B})\cdot \mathrm{d}\boldsymbol{l} = \int_0^l(\boldsymbol{v}\times\boldsymbol{B})\cdot \mathrm{d}\boldsymbol{l}$$

或者由 $\boldsymbol{E}_K = \dfrac{\boldsymbol{F}_m}{-e} = \boldsymbol{v}\times\boldsymbol{B}$ 直接得到

$$\mathscr{E} = \int_-^+ \boldsymbol{E}_K\cdot \mathrm{d}\boldsymbol{l} = \int_0^l(\boldsymbol{v}\times\boldsymbol{B})\cdot \mathrm{d}\boldsymbol{l} \tag{10.4}$$

$\mathrm{d}\boldsymbol{l}$ 为棒 ab 上的线元。图示的情况是一种特例，其中 $\boldsymbol{v}\perp\boldsymbol{B}$，并且 $\boldsymbol{v}\times\boldsymbol{B}$ 的方向和 $\mathrm{d}\boldsymbol{l}$ 的方向相同（即在 $\boldsymbol{B}$、$\boldsymbol{v}$ 与直导线 ab 段三者满足相互垂直的条件下），又因为 $\boldsymbol{B}$、v 均为常量，所以上式可写为

$$\mathscr{E} = \int_0^l(\boldsymbol{v}\times\boldsymbol{B})\cdot \mathrm{d}\boldsymbol{l} = \int_0^l vB\sin 90^\circ \mathrm{d}l\cos 0^\circ = Blv$$

积分结果为正，说明导体电动势的方向在导体内部由 a 指向 b，这是中学阶段学过的特殊情况下的结果。

上面讨论的是直导体棒在均匀磁场中匀速运动时的情况。对于任意形状导体在非均匀磁场中运动所产生的动生电动势，可以利用微积分，把导体看作由导体线元 $\mathrm{d}\boldsymbol{l}$ 组成。导体元 $\mathrm{d}\boldsymbol{l}$ 是如此之小，以致导体元的运动可以看作是直线元在均匀磁场中的运动，如果导体元 $\mathrm{d}\boldsymbol{l}$ 的速度为 $\boldsymbol{v}$，所在位置处的磁感应强度为 $\boldsymbol{B}$，则导体元 $\mathrm{d}\boldsymbol{l}$ 上的电动势为

$$\mathrm{d}\mathscr{E} = (\boldsymbol{v}\times\boldsymbol{B})\cdot \mathrm{d}\boldsymbol{l}$$

于是整个导体上的电动势为

$$\mathscr{E} = \int \mathrm{d}\mathscr{E} = \int_l(\boldsymbol{v}\times\boldsymbol{B})\cdot \mathrm{d}\boldsymbol{l} \tag{10.5}$$

上式就是求动生电动势的一般公式。

下面对式（10.5）进行详细的说明。

首先，根据线元 $\mathrm{d}\boldsymbol{l}$ 的速度 $\boldsymbol{v}$ 和该处的磁感应强度 $\boldsymbol{B}$ 以及两者之间小于 180° 的夹角 α，按照矢积的定义，可求得 $\boldsymbol{v}\times\boldsymbol{B}$，其值仍是一个矢量，其大小为 $vB\sin\alpha$，方向按右手螺旋法则确定。

然后，设矢量$\boldsymbol{v}\times\boldsymbol{B}$与d$\boldsymbol{l}$之间小于180°的夹角为$\beta$，则按标积的定义，$(\boldsymbol{v}\times\boldsymbol{B})\cdot\mathrm{d}\boldsymbol{l}$是一个标量，其值即为线元d$\boldsymbol{l}$上的动生电动势，即

$$\mathrm{d}\mathscr{E}=(\boldsymbol{v}\times\boldsymbol{B})\cdot\mathrm{d}\boldsymbol{l}=(vB\sin\alpha)\mathrm{d}l\cos\beta$$

最后，按照电动势的指向$a\rightarrow b$（注意：导线ab不限于直导线，可以是曲线，也可以是三维的分布），对上式进行积分，就可求得整个运动导线上的动生电动势，即

$$\mathscr{E}=\int_l vB\sin\alpha\cos\beta\mathrm{d}l \tag{10.6}$$

式（10.6）是动生电动势［式（10.5）］的具体计算式，今后求动生电动势时，可直接利用它的具体计算式（10.6），但必须搞清楚其中α、β角的含义。

动生电动势的指向可以根据求出的动生电动势$\mathscr{E}$的正、负确定：若$\mathscr{E}>0$，其指向与事先假定的指向$a\rightarrow b$一致，表明a端为电源负极，b端为电源正极；若$\mathscr{E}<0$，其指向则与$a\rightarrow b$相反，即a端为电源正极，b端为电源负极。

10.2.2　感生电动势

导体在磁场中运动产生动生电动势，其非静电力是洛伦兹力；在磁场变化产生感生电动势的情形里，非静电力又是什么呢？实验表明，感生电动势完全决定于回路内磁场的变化，与导体的种类和性质完全无关。这说明感生电动势是由变化的磁场本身引起的。

感生电动势不能用洛伦兹力来说明，那么产生感生电动势的非静电力又是什么呢？麦克斯韦认为变化的磁场在闭合导体中激发了一种电场，正是这种电场提供的非静电力对电荷的驱动才形成了电流。这种随磁场变化而存在的电场称为**感生电场**。感生电场产生的电动势称为**感生电动势**。

感生电场对电荷的作用力规律与静电场相同，设感生电场的电场强度为$\boldsymbol{E}_\mathrm{i}$，则处于感生电场中的电荷受力为

$$\boldsymbol{F}=q\boldsymbol{E}_\mathrm{i} \tag{10.7}$$

当导体回路所包围面积内的磁场发生变化时，在导体回路上就会产生感生电场，导体中的自由电子在感生电场的作用下运动形成了感生电流，麦克斯韦还认为即使导体回路不存在，感生电场仍然存在，它会对电场空间中存在的电荷施以作用力。

感生电场与静电场的不同之处：第一，静电场是由电荷激发的，而感生电场则是由变化的磁场激发的；第二，静电场的电力线自正电荷出发，终止于负电荷，不能形成闭合线，且静电场为有势场，在静电场中电场强度沿任一闭合环路的线积分恒等于零，即

$$\oint_l \boldsymbol{E}_{静}\cdot\mathrm{d}\boldsymbol{l}=0$$

而感生电场的电场线与磁感应线相似，呈涡旋状的闭合曲线，没有起点和终点，根据这个特点，感生电场也叫**涡旋电场**。在涡旋电场中，电场强度沿任一闭合环路的线积分不等于零，用数学表示，即为

$$\oint_l \boldsymbol{E}_{旋}\cdot\mathrm{d}\boldsymbol{l}\neq 0$$

所以涡旋电场是非势场，因此电势的概念不能用于涡旋电场。

前面已讲过，闭合回路的电动势可表示为非静电力电场强度对闭合回路的线积分，对于感生电动势而言，产生感生电动势的非静电力电场强度$\boldsymbol{E}_\mathrm{i}$正是这一涡旋电场的电场强度$\boldsymbol{E}_{旋}$，即

$$\mathscr{E}=\oint_l \boldsymbol{E}_{旋}\cdot\mathrm{d}\boldsymbol{l} \tag{10.8}$$

根据法拉第定律

$$\mathscr{E} = -\frac{\mathrm{d}\Phi}{\mathrm{d}t} \tag{10.9}$$

联立式（10.8）和式（10.9），得

$$\oint_l \boldsymbol{E}_{旋} \cdot \mathrm{d}\boldsymbol{l} = -\frac{\mathrm{d}\Phi}{\mathrm{d}t} = -\frac{\mathrm{d}}{\mathrm{d}t}\int_S \boldsymbol{B} \cdot \mathrm{d}\boldsymbol{S}$$

式中，积分的面积 S 是以闭合回路为边界的任意曲面，在这里闭合回路是固定的，因而可将上式改写为

$$\oint_l \boldsymbol{E}_{旋} \cdot \mathrm{d}\boldsymbol{l} = -\int_S \frac{\partial \boldsymbol{B}}{\partial t} \cdot \mathrm{d}\boldsymbol{S} \tag{10.10}$$

式（10.10）反映了变化磁场与涡旋电场之间的联系。

如果空间中既有静电场 $\boldsymbol{E}_{静}$，又有感生电场 $\boldsymbol{E}_{感}$，则空间中的总电场应为两者的矢量和，即

$$\boldsymbol{E} = \boldsymbol{E}_{静} + \boldsymbol{E}_{感}$$

考虑到

$$\oint_l \boldsymbol{E}_{静} \cdot \mathrm{d}\boldsymbol{l} = 0$$

$$\oint_l \boldsymbol{E}_{旋} \cdot \mathrm{d}\boldsymbol{l} = -\frac{\mathrm{d}}{\mathrm{d}t}\int_S \boldsymbol{B} \cdot \mathrm{d}\boldsymbol{S}$$

得到

$$\oint_l \boldsymbol{E} \cdot \mathrm{d}\boldsymbol{l} = \oint_l (\boldsymbol{E}_{静} + \boldsymbol{E}_{感}) \cdot \mathrm{d}\boldsymbol{l} = \oint_l \boldsymbol{E}_{感} \cdot \mathrm{d}\boldsymbol{l} = \oint_l \boldsymbol{E}_{旋} \cdot \mathrm{d}\boldsymbol{l} = -\int_S \frac{\partial \boldsymbol{B}}{\partial t} \cdot \mathrm{d}\boldsymbol{S} \tag{10.11}$$

这一公式是普遍情况下电场的环路定理，是麦克斯韦方程组的基本方程之一。

10.3 自感和互感

在实际电路中，磁场的变化常常是由于电流的变化而引起的，所以，把感生电动势直接和电流的变化联系起来具有重要的实际意义。互感和自感现象的研究就是要找出这方面的规律。

10.3.1 自感

当一个电流回路的电流 i 随时间变化时，通过回路自身的全磁通也发生变化，因而回路自身也产生感应电动势，如图 10.4 所示，这就是自感现象。这时产生的感应电动势叫**自感电动势**。

如图 10.4 所示，设一回路线圈 l 通有电流 i，根据毕奥－萨伐尔定律，穿过该闭合回路的磁感应强度为

$$\boldsymbol{B} = \oint_l \mathrm{d}\boldsymbol{B} = \oint_l \frac{\mu_0 i}{4\pi r^3}(\mathrm{d}\boldsymbol{l} \times \boldsymbol{r}) \tag{10.12}$$

于是穿过该闭合回路的磁通量为

$$\Phi = \int_S \boldsymbol{B} \cdot \mathrm{d}\boldsymbol{S} \tag{10.13}$$

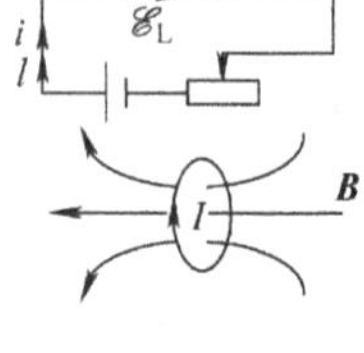

图 10.4 自感现象实验示意图

将式（10.12）代入式（10.13），可得

$$\Phi = \int_S \oint_l \frac{\mu_0 i}{4\pi r^3}[(\mathrm{d}\boldsymbol{l} \times \boldsymbol{r}) \cdot \mathrm{d}\boldsymbol{S}] = \left[\int_S \oint_l \frac{\mu_0}{4\pi r^3}(\mathrm{d}\boldsymbol{l} \times \boldsymbol{r}) \cdot \mathrm{d}\boldsymbol{S}\right] i = Li$$

其中，

$$L = \left[\iint_S \oint_l \frac{\mu_0}{4\pi r^3}(\mathrm{d}\boldsymbol{l} \times \boldsymbol{r}) \cdot \mathrm{d}\boldsymbol{S}\right] \tag{10.14}$$

可见，电流激发的磁场与电流 i 成正比，穿过该闭合回路的磁通量也正比于回路自身电流 i，由上面推导有

$$\Phi = Li \tag{10.15}$$

式中，比例系数 L 称为**自感**。如果周围不存在铁磁质，由式（10.14）可知，自感 L 是一个与电流无关，仅由回路的匝数、形状与大小以及周围磁介质性质决定的物理量。如果这些因素都不改变，自感 L 就是一个常数。在国际单位制中，自感的单位为 H（亨利）。1H（亨利）= 1Wb/A（韦伯/安培），$1\mathrm{mH} = 10^{-3}\mathrm{H}$，$1\mu\mathrm{H} = 10^{-6}\mathrm{H}$。

如果线圈有 N 匝，则磁通匝链数 $\Psi = N\Phi$，自感 $L = \dfrac{\Psi}{i}$。

对自感 L 一定的回路线圈，根据法拉第电磁感应定律，线圈回路中产生的自感电动势为

$$\mathscr{E}_\mathrm{L} = -\frac{\mathrm{d}\Psi}{\mathrm{d}t} = -L\frac{\mathrm{d}i}{\mathrm{d}t} \tag{10.16}$$

式中，负号表明自感电动势产生的感应电流的方向总是阻碍线圈中电流的变化。自感回路 L 的正方向一般就取电流的方向。当电流增大，即 $\dfrac{\mathrm{d}i}{\mathrm{d}t} > 0$ 时，依据式（10.16）可知 $\mathscr{E}_\mathrm{L} < 0$，说明 $\mathscr{E}_L$ 的方向与电流 i 的方向相反；当电流减小，即 $\dfrac{\mathrm{d}i}{\mathrm{d}t} < 0$ 时，$\mathscr{E}_\mathrm{L} > 0$，说明 $\mathscr{E}_L$ 的方向与电流的方向相同。

自感还可以表示为

$$L = -\frac{\mathscr{E}_L}{\mathrm{d}i/\mathrm{d}t}$$

这是自感的一般定义式。

自感在数值上等于线圈中有单位电流变化率时，线圈中产生的自感电动势的大小。

综上所述，$\mathscr{E}_\mathrm{L}$ 具有阻止电流变化的作用；L 在电路中具有阻交流、通直流的作用。自感现象在电路中具有重要的应用，比如镇流器、扼流圈等。同时自感也有不利的一面，比如大电流的电路拉闸时要小心。

在计算自感时，可以采用下面的计算步骤：

1）设环路中的电流 I 是已知的，由 I 经环路定理（$\oint_l \boldsymbol{H} \cdot \mathrm{d}\boldsymbol{l} = I$）可求出 H；

2）再由 $\boldsymbol{H}$（依据 $\boldsymbol{B} = \mu\boldsymbol{H}$）求出 B；

3）由 $\boldsymbol{B}$ 可求出穿越闭合回路中的磁通量 $\Phi = \int_S \boldsymbol{B} \cdot \mathrm{d}\boldsymbol{S}$；

4）再由式（10.15）求出自感 L。

例 10.1　如图 10.5 所示，已知具有 N 匝的长直螺线圈的通电电流为 I，线圈的体积为 V，单位长度上的匝数为 n，求其自感 L。

解　设螺线管中的通电电流为 I，横截面面积为 S，则在其内产生的磁感应强度的大小为 $B = \mu_0 nI$，穿越闭合线圈的磁通量为 $\Phi = BS$，将 B 代入可得 $\Phi = \mu_0 nIS$。

由自感定义式（10.15），可得

$$L=\frac{N\Phi}{I}=\frac{\mu_0 N^2 S}{l}=\mu_0 n^2 V$$

从上式可以看出，L 确实和线圈是否通电无关。

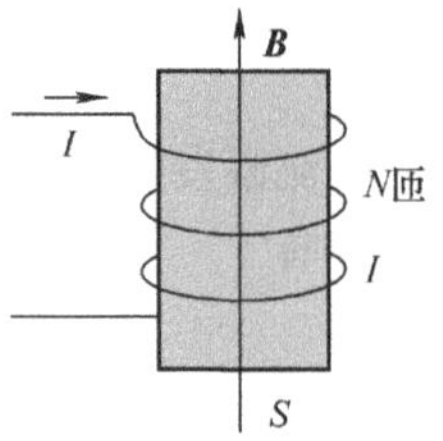

图 10.5 例 10.1 用图

10.3.2 互感

一闭合导体回路，当其中的电流随时间变化时，它周围的磁场也随时间变化，在它附近的导体回路中就会产生感生电动势。这种电动势叫**互感电动势**。

如图 10.6 所示，有两个固定的闭合回路 1 和 2，闭合回路 2 中的互感电动势是由于回路 1 中的电流 i_1 随时间变化引起的，以 $\mathscr{E}_{21}$ 表示此电动势。下面说明 $\mathscr{E}_{21}$ 与 i_1 的关系。

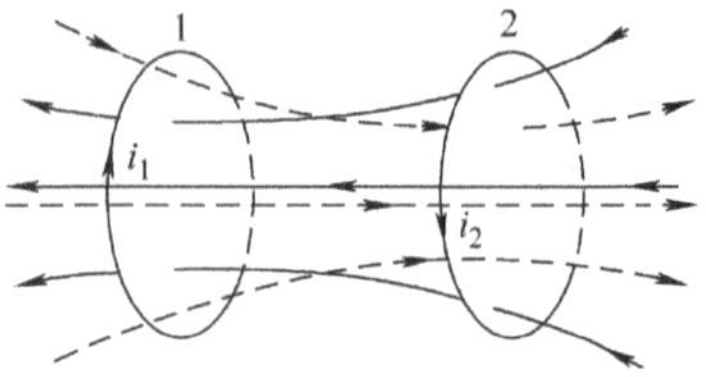

图 10.6 长直螺线管示意图

由毕奥－萨伐尔定律可知，电流 i_1 穿过线圈 2 产生的磁感应强度为

$$\boldsymbol{B}_1=\oint_l \mathrm{d}\boldsymbol{B}_1=\oint_l \frac{\mu_0 i_1}{4\pi r^3}(\mathrm{d}\boldsymbol{l}_1\times r)=\left[\oint_l \frac{\mu_0}{4\pi r^3}(\mathrm{d}\boldsymbol{l}_1\times r)\right] i_1 \tag{10.17}$$

可见 $\boldsymbol{B}_1$ 正比于 i_1。于是通过回路 2 所围面积的、由 i_1 所产生的磁通量为

$$\Phi_{21}=\int_{S_2}\boldsymbol{B}_1\cdot\mathrm{d}\boldsymbol{S}=\int_{S_2}\oint_l \frac{\mu_0 i_1}{4\pi r^3}(\mathrm{d}\boldsymbol{l}_1\times\boldsymbol{r})\cdot\mathrm{d}\boldsymbol{S} \tag{10.18}$$

令

$$\boldsymbol{\Phi}_{21}=M_{21}i_1 \tag{10.19}$$

由式（10.18）可知，
$$M_{21}=\int_{S_2}\oint_l \frac{\mu_0}{4\pi r^3}(\mathrm{d}\boldsymbol{l}_1\times\boldsymbol{r})\cdot\mathrm{d}\boldsymbol{S}。$$

由式（10.19）可知，$\boldsymbol{\Phi}_{21}$ 和 i_1 成正比，其中比例系数 M_{21} 叫作回路 1 对回路 2 的互感，它取决于两个回路的几何形状、相对位置、各自的匝数以及周围磁介质的分布。对于两个固定的回路 1 和 2 来说互感是一个常数。由法拉第电磁感应定律给出

$$\mathscr{E}_{21}=-\frac{\mathrm{d}\boldsymbol{\Phi}_{21}}{\mathrm{d}t}=-M_{21}\frac{\mathrm{d}i_1}{\mathrm{d}t} \tag{10.20}$$

如果图 10.6 中的回路 2 的电流 i_2 随时间变化，则在回路 1 中也会产生感应电动势 $\mathscr{E}_{12}$。依据同样的方法，可以得出通过回路 1 所围面积的磁通 $\boldsymbol{\Phi}_{12}$ 应该与 i_2 成正比，即

$$\boldsymbol{\Phi}_{12}=M_{12}i_2 \tag{10.21}$$

并且

$$\mathscr{E}_{12}=-\frac{\mathrm{d}\boldsymbol{\Phi}_{12}}{\mathrm{d}t}=-M_{12}\frac{\mathrm{d}i_2}{\mathrm{d}t}$$

式（10.21）中的 M_{12} 叫作回路 2 对回路 1 的互感。

对给定的导体回路，可以证明互感 M_{12} 和 M_{21} 相等，即

$$M_{12}=M_{21}=M$$

M 叫作这两个导体回路的**互感**。在国际单位制中，M 的单位为亨利（H）。

10.4 磁场的能量

前边讲过，电场拥有能量，那么磁场是否会像电场一样也具有能量呢？如图 10.7 所示的电

路中 L 为一电感器，当开关 S 断开时，电源不再向灯泡供给能量，与电感器并联的灯泡不会马上由明变暗，而是突然亮一下随后再变暗至熄灭。该现象表明，电感器（螺线管）中的磁场具有能量。当断开回路中的电流时，磁场消失，磁场中的能量就会被释放，从而转换成灯泡闪亮的能量。因此，这种能量就称为磁能。接下来我们讨论磁能的大小及决定因素。

当图 10.8 中的开关 S 闭合时，线圈 L 中的电流将要由零增大到定稳定值 I。这一电流变化便在线圈中产生自感电动势，根据楞次定律，自感电动势的方向与电流方向相反以阻碍电流的增大。此时，外电源不仅要供给电路中产生焦耳热的能量，而且还要反抗自感电动势做功。在 t 到 $t+\mathrm{d}t$ 时间内，外电源反抗自感电动势所做的功是

$$\mathrm{d}W = -\mathscr{E}_L i\mathrm{d}t$$

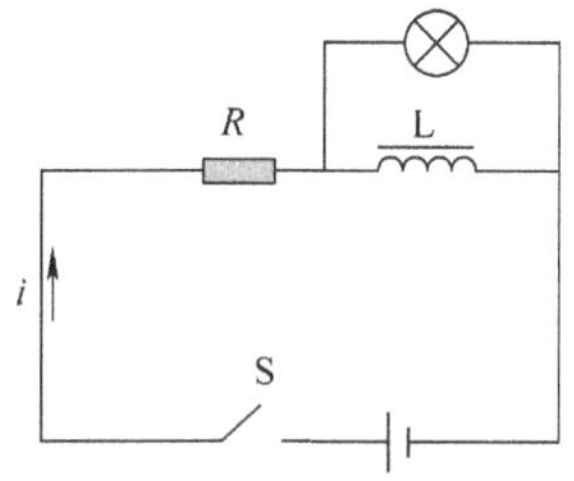

图 10.7　磁场的能量

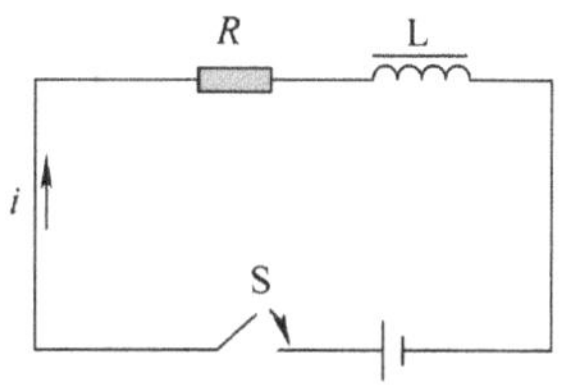

图 10.8　磁场的能量

式中，i 为 t 时刻的电流。然后将自感电动势的表达式（10.16）代入上式，即可得

$$\mathrm{d}W = Li\frac{\mathrm{d}i}{\mathrm{d}t}\mathrm{d}t = Li\mathrm{d}i$$

设自感 L 不随电流变化，那么在线圈中的电流由零增大到稳定值 I 的过程中，外电源反抗自感电动势所做的总功为

$$W_{\mathrm{m}} = \int \mathrm{d}W = \int_0^I Li\mathrm{d}i = \frac{1}{2}LI^2 \qquad (10.22)$$

这部分功就转变为储存在线圈中的能量，称为**自感磁能**。这个公式与电容器储存电能的公式在形式上非常相似。

在 10.3 节例 10.1 中计算了线圈中的自感。下面我们来计算那个例题中自感线圈中的磁场能量。利用 $L=\mu_0 n^2 V_{体}$ 和 $B=\mu_0 nI$，自感线圈中的磁场能量为

$$W_{\mathrm{m}} = \frac{1}{2}LI^2 = \frac{1}{2}\mu_0 n^2 V_{体}\left(\frac{B}{\mu_0 n}\right)^2 = \frac{1}{2}\frac{B^2}{\mu_0}V_{体}$$

引入磁场的能量密度（即单位体积的磁场所具有的能量）的概念，由于理想螺线管的磁能可以认为储存于螺线管内部，所以 $W_{\mathrm{m}}=w_{\mathrm{m}}V_{体}$。与上式对比，则有

$$w_{\mathrm{m}} = \frac{1}{2}\frac{B^2}{\mu_0} \qquad (10.23)$$

利用磁场强度 $\boldsymbol{H}=\boldsymbol{B}/\mu_0$，上式还可以写为

$$w_{\mathrm{m}} = \frac{1}{2}\boldsymbol{B}\cdot\boldsymbol{H} \qquad (10.24)$$

上式虽然是从长直螺线管的特例推出，但适用于普遍情况。对于非均匀磁场，总的磁场能量可由下列积分式计算：

$$W_{\mathrm{m}} = \int w_{\mathrm{m}}\mathrm{d}V = \int \frac{1}{2}(\boldsymbol{B}\cdot\boldsymbol{H})\mathrm{d}V \qquad (10.25)$$

上式的积分遍及磁场占有的全部空间。

10.5　位移电流

我们知道，稳恒电流磁场的安培环路定理具有如下形式：

$$\oint_L \boldsymbol{H}\cdot \mathrm{d}\boldsymbol{l} = \sum I_{c,\text{in}} = I = \int_S \boldsymbol{j}\cdot \mathrm{d}\boldsymbol{S}$$

式中，$\boldsymbol{j}$ 为电流密度；$\sum I_{c,\text{in}}$ 是穿过以闭合曲线 l 为边线的任意曲面的传导电流（也叫电流密度通量）。在如图 10.9a 所示的稳恒电流电路中，穿过以回路 l 为边线的曲面 S_1、S_2的电流相同。如果将安培环路定理应用于含有电容器的交变电路中会如何呢？下面研究如图 10.9b 所示含有电容器的交变电流电路，将安培环路定理应用于闭合曲线 l，显然，对 S_1面有

$$\oint_L \boldsymbol{H}\cdot \mathrm{d}\boldsymbol{l} = \int_{S_1} \boldsymbol{j}\cdot \mathrm{d}\boldsymbol{S} = I \tag{10.26}$$

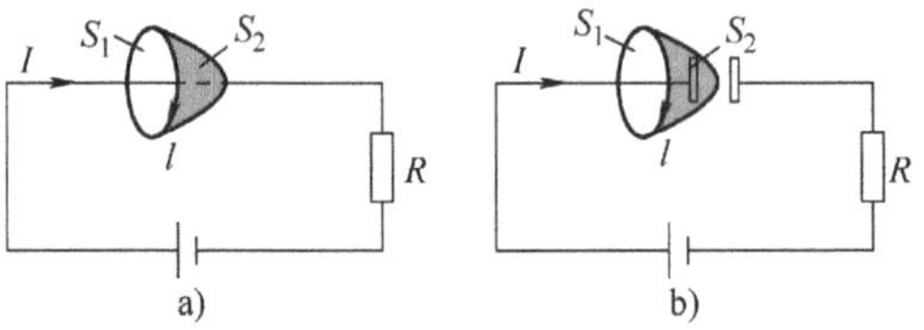

图 10.9　交变电路

而对 S_2面，有

$$\oint_L \boldsymbol{H}\cdot \mathrm{d}\boldsymbol{l} = \int_{S_2} \boldsymbol{j}\cdot \mathrm{d}\boldsymbol{S} = 0 \tag{10.27}$$

由于式（10.26）右边不为 0，而式（10.27）右边为 0，所以式（10.26）和式（10.27）是出现了明显的矛盾。可见在稳恒情况下得到的磁场环路定理式 $\oint_L \boldsymbol{H}\cdot \mathrm{d}\boldsymbol{l} = \sum I_{c,\text{in}} = I = \int_S \boldsymbol{j}\cdot \mathrm{d}\boldsymbol{S}$，一般说来不能应用到可变电流（非稳恒电流）的情况。矛盾所揭示的焦点是：在非稳恒情况下磁场强度的环流应该是一个什么样的表达式呢？下面就来讨论这个问题。

当有电流通过电容器时，电容器每一极板的电荷量 q 随时间发生变化，同时电容器中的电场强度 $\boldsymbol{E}$（和 $\boldsymbol{D}$）也随时间发生变化，在静电场中，q 与 $\boldsymbol{E}$（和 $\boldsymbol{D}$）之间的关系由高斯定理所表述，麦克斯韦假设在一般（非稳恒）情况下高斯定理仍然成立，即有

$$\oint_S \boldsymbol{D}\cdot \mathrm{d}\boldsymbol{S} = q$$

其中，q 为闭合曲面 S 所包围的自由电荷。将上式对时间 t 求导数，有

$$\oint_S \frac{\partial \boldsymbol{D}}{\partial t}\cdot \mathrm{d}\boldsymbol{S} = \frac{\mathrm{d}q}{\mathrm{d}t} \tag{10.28}$$

式中，$\frac{\mathrm{d}q}{\mathrm{d}t}$为闭合面内自由电荷的变化率。由电荷守恒定律可知

$$\frac{\mathrm{d}q}{\mathrm{d}t} = -\oint_S \boldsymbol{j}\cdot \mathrm{d}\boldsymbol{S} \tag{10.29}$$

上式说明，单位时间内进入曲面 S 的电荷量等于曲面 S 内电荷量的增量。将式（10.29）代入式（10.28)得到

$$\oint_S \frac{\partial \boldsymbol{D}}{\partial t} \cdot \mathrm{d}\boldsymbol{S} = -\oint_S \boldsymbol{j} \cdot \mathrm{d}\boldsymbol{S}$$

移项，得

$$\oint_S \left(\frac{\partial \boldsymbol{D}}{\partial t} + \boldsymbol{j} \right) \cdot \mathrm{d}\boldsymbol{S} = 0 \tag{10.30}$$

令 $\boldsymbol{j}_S = \frac{\partial \boldsymbol{D}}{\partial t} + \boldsymbol{j}$，$\boldsymbol{j}_S$ 称为全电流密度，并称$\frac{\partial \boldsymbol{D}}{\partial t}$为**位移电流密度**，用$\boldsymbol{j}_d$ 表示，即

$$\boldsymbol{j}_d = \frac{\partial \boldsymbol{D}}{\partial t} \tag{10.31}$$

于是$\boldsymbol{j}_S = \boldsymbol{j}_d + \boldsymbol{j}$，并且式（10.30）可改写为

$$\oint_S \boldsymbol{j}_S \cdot \mathrm{d}\boldsymbol{S} = 0 \tag{10.32}$$

式（10.30）和式（10.32）的意义：当我们用位移电流密度$\frac{\partial \boldsymbol{D}}{\partial t}$与传导电流密度$\boldsymbol{j}$ 的矢量和构成全电流密度$\boldsymbol{j}_S$ 之后，全电流就是连续的。

由全电流的连续性可以证明，图 10.9b 含有电容器的交变电流电路的矛盾情况就自然解决了。因为通过以闭合曲线 l 为边线的任意曲面的全电流相等，即

$$I_S = \int_{S_1} \left(\frac{\partial \boldsymbol{D}}{\partial t} + \boldsymbol{j} \right) \cdot \mathrm{d}\boldsymbol{S} = \int_{S_2} \left(\frac{\partial \boldsymbol{D}}{\partial t} + \boldsymbol{j} \right) \cdot \mathrm{d}\boldsymbol{S}$$

其中，S_1、S_2是以 l 为边线的两个曲面。

麦克斯韦假设：在非稳恒情况下，磁场强度 $\boldsymbol{H}$ 沿任意闭合曲线的线积分（即环流）满足关系式：

$$\oint_L \boldsymbol{H} \cdot \mathrm{d}\boldsymbol{l} = \int_S \left(\frac{\partial \boldsymbol{D}}{\partial t} + \boldsymbol{j} \right) \cdot \mathrm{d}\boldsymbol{S} \tag{10.33}$$

式中，S 是以 l 为边界的任意曲面。

式（10.33）是麦克斯韦方程组的方程之一，它揭示了这样一个新的物理规律：$\boldsymbol{j}_d = \frac{\partial \boldsymbol{D}}{\partial t}$与传导电流密度$\boldsymbol{j}$ 按相同的规律激发磁场，或者说位移电流与传导电流在激发磁场方面是等效的。

位移电流本质上是变化着的电场。因此，麦克斯韦位移电流假说的中心思想是：变化着的电场激发涡旋磁场。

位移电流和传导电流是两个不同的概念，它们的共同性质是其按相同的规律激发磁场。而其他方面则是截然不同的。首先，真空中的位移电流只相当于电场强度矢量的变化，而不伴有电荷和其他物体的任何运动；其次，传导电流产生焦耳热，而位移电流不产生焦耳热。

10.6　麦克斯韦电磁场理论简介

麦克斯韦在前人实践和理论的基础上，对电磁现象做了系统的研究，他认为感生电动势来源于变化磁场产生的涡旋电场，从而建立了磁场与电场之间的一种联系——随时间变化的磁场激发电场。在将安培环路定理运用于电流随时间变化的电路出现矛盾之后，他又提出了位移电流的假说，即随时间变化的电场激发磁场 - 电场与磁场的另一种联系。在此基础上，麦克斯韦总结出描述电磁场的一组完整的方程式，即麦克斯韦方程组。静电场和稳恒电流的磁场是特例，

随时间变化的电荷分布产生变化的电场，变化的电场激发磁场，而变化的磁场又产生电场，于是形成了变化电磁场在空间的传播，即电磁波。另外，麦克斯韦还认为光是电磁波的一种形态，而大量实验也证明了麦克斯韦理论的正确性。

麦克斯韦把电磁现象的普遍规律概括为四个简洁的方程式，通常称为**麦克斯韦方程组**。麦克斯韦方程组有积分形式和微分形式，这里我们只讨论积分形式。

1. 电场强度沿任意闭合曲线的积分等于以该曲线为边界的曲面的通量变化率的负值

$$\oint_l \boldsymbol{E} \cdot \mathrm{d}\boldsymbol{l} = -\int_S \frac{\partial B}{\partial t} \cdot \mathrm{d}\boldsymbol{S}$$

其中，$\boldsymbol{E}=\boldsymbol{E}_{库}+\boldsymbol{E}_{感}$，$\boldsymbol{E}_{库}$ 指由电荷产生的库仑场，$\boldsymbol{E}_{感}$ 指由变化磁场所产生的涡旋电场，上式是将法拉第电磁感应定律向迅变情况下的假设性推广，即认为该式在迅变条件下成立。

2. 通过任意闭合曲面的电位移通量等于该曲面所包围的自由电荷的代数和

$$\oint_S \boldsymbol{D} \cdot \mathrm{d}\boldsymbol{S} = \sum q_0$$

上式是建立在静止电荷相互作用的实验事实的基础上的，现在把它推广到一般情况，即假定这一方程在电荷与场都随时间变化时仍然成立，这意味着，尽管这时场与电荷之间的关系不像静电场那样由库仑平方反比定律决定，但任一闭合曲面的 $\boldsymbol{D}$ 通量与闭合曲面内自由电荷的电荷量的关系仍然遵从高斯定理。

3. 磁场强度沿任意闭合曲线的线积分等于穿过以该曲线为边界的全电流

$$\oint_L H \cdot \mathrm{d}\boldsymbol{l} = \int_S \left(\boldsymbol{j} + \frac{\partial \boldsymbol{D}}{\partial t}\right) \cdot \mathrm{d}\boldsymbol{S}$$

4. 通过任意闭合曲面的磁通量恒等于零

$$\oint_S \boldsymbol{B} \cdot \mathrm{d}\boldsymbol{S} = 0$$

这是从静场到变场的假设性推广。

归纳起来，麦克斯韦方程组的积分形式为

$$\oint_l \boldsymbol{E} \cdot \mathrm{d}\boldsymbol{l} = -\int_S \frac{\partial \boldsymbol{B}}{\partial t} \cdot \mathrm{d}\boldsymbol{S} \tag{10.34}$$

$$\oint_L \boldsymbol{H} \cdot \mathrm{d}\boldsymbol{l} = \int_S \left(\boldsymbol{j} + \frac{\partial \boldsymbol{D}}{\partial t}\right) \cdot \mathrm{d}\boldsymbol{S} \tag{10.35}$$

$$\oint_S \boldsymbol{D} \cdot \mathrm{d}\boldsymbol{S} = \sum q_0 \tag{10.36}$$

$$\oint_S \boldsymbol{B} \cdot \mathrm{d}S = 0 \tag{10.37}$$

麦克斯韦理论的正确性由其所得到的一系列推论与实验符合得很好而得到证实。

在有介质存在时，$\boldsymbol{E}$ 和 $\boldsymbol{B}$ 都和介质的特性有关，因此上述麦克斯韦方程组尚不完备，还需要再补充描述介质性质的下述方程

$$\boldsymbol{D} = \varepsilon_0 \varepsilon_r \boldsymbol{E} = \varepsilon \boldsymbol{E}$$

$$\boldsymbol{B} = \mu_0 \mu_r \boldsymbol{H} = \mu \boldsymbol{H}$$

$$\boldsymbol{j} = \sigma \boldsymbol{E}$$

上式中的 ε、μ 和 σ 分别为介质的介电常数、磁导率和导体的电导率。

本章思维导图

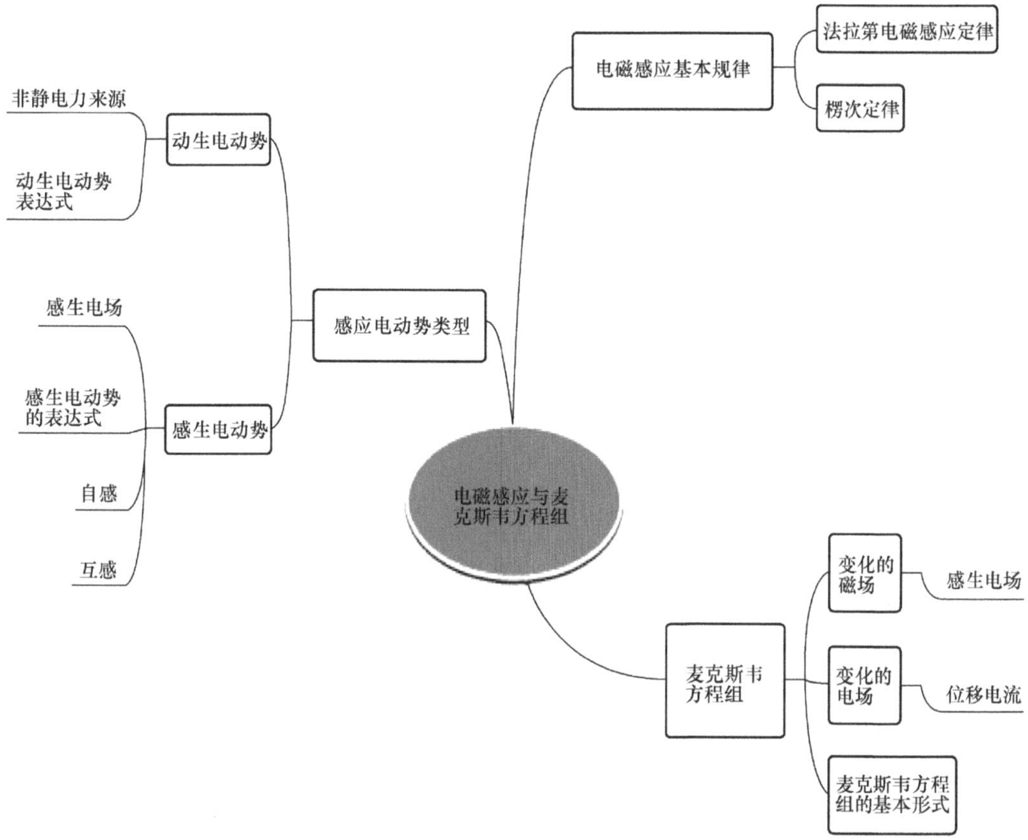

思　考　题

10.1　一导体矩形线圈在匀强磁场中运动，在下列几种情况下哪些会产生感应电流？为什么？

（1）线圈沿磁场方向平移；

（2）线圈沿垂直磁场方向平移；

（3）线圈以自身的一条对角线为轴转动，轴与磁场方向平行；

（4）线圈以自身的一条对角线为轴转动，轴与磁场方向垂直。

10.2　如图 10.10 所示，在无限长载流直导线附近放置一矩形的线圈，开始时线圈与导线在同一平面内，且线圈中的两个边与导线平行。当线圈做下面的三种平动时，能否产生感应电流？若能，感应电流的方向怎样？

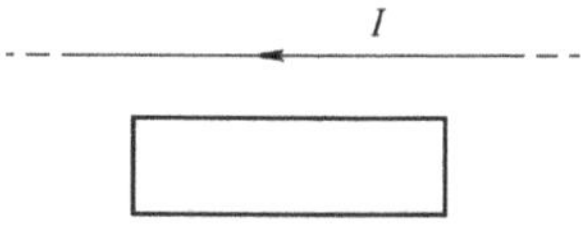

图 10.10　思考题 10.2 用图

（1）线圈平动的方向与导线中电流的方向一致；

（2）线圈平动的方向与导线中电流的方向垂直向下，并且保持与导线在同一平面内；

（3）线圈平动的方向与导线中电流的方向及线圈的平面垂直向里。

10.3　当一块铜板放在磁感应强度正在增大的磁场中时，铜板中出现涡流（感应电流），那么涡流将如何影响原来的磁场？

10.4　一无限长直导体薄板宽度为 l，板面与 z 轴垂直，板的长度方向沿 y 轴，板的两侧与一个伏特计相接，如图 10.11 所示。整个系统放在磁感应强度为 $\boldsymbol{B}$ 的均匀磁场中，$\boldsymbol{B}$ 的方向沿 z 轴正方向，如果伏特计与导体平板均以速度 v 向 y 轴正方向移动，那么判断伏特计指示的电压值为 0 还是 vBl？

10.5　两根无限长平行直导线载有大小相等、方向相反的电流 I，I 以 $\mathrm{d}I/\mathrm{d}t$ 的变化率增长，一矩形线圈位于导线平面内（见图 10.12），那么线圈中感应电流为顺时针方向、逆时针方向还是无感应电流？

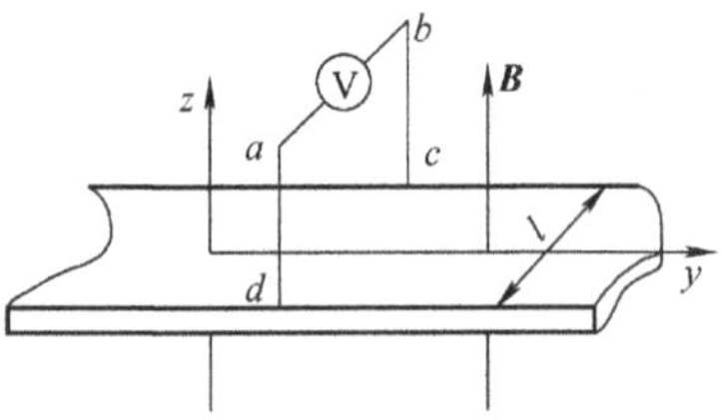

图 10.11　思考题 10.4 用图

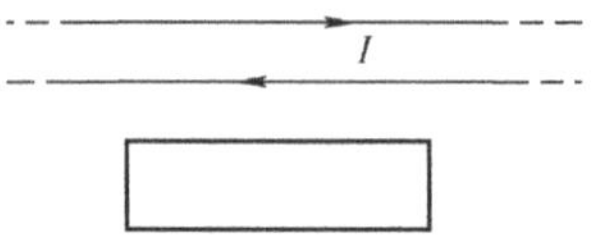

图 10.12　思考题 10.5 用图

10.6　面积为 S 和 $2S$ 的两圆形线圈 1、2 如图 10.13 所示放置，通有相同的电流 I，线圈 1 的电流所产生的通过线圈 2 的磁通量用 Φ_{21} 表示，线圈 2 的电流所产生的通过线圈 1 的磁通量用 Φ_{12} 表示，请问：Φ_{21} 和 Φ_{12} 的大小关系如何？

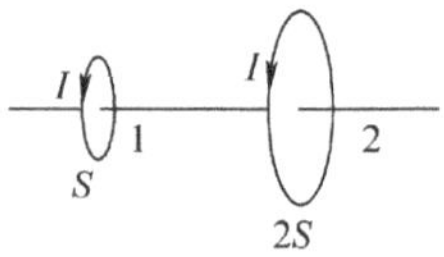

图 10.13　思考题 10.6 用图

10.7　如图 10.14 所示，一导体棒 ab 在均匀磁场中沿金属导轨向右做匀加速运动，磁场方向垂直于导轨所在平面。若导轨电阻忽略不计，并设铁心磁导率为常数，那么达到稳定后在电容器的 M 极板上带什么电荷？

10.8　有两根很长的平行直导线，其间距为 a，与电源组成闭合回路，如图 10.15 所示。已知导线上的电流为 I，在保持 I 不变的情况下，若将导线间距离增大，那么空间的总磁能是增大还是减小？

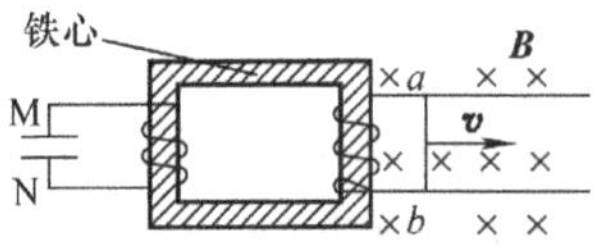

图 10.14　思考题 10.7 用图

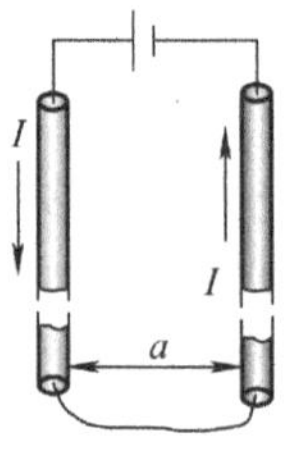

图 10.15　思考题 10.8 用图

10.9　有两个长度相同、匝数相同，其截面面积不同的长直螺线管通以相同大小的电流。现在将小螺线管完全放入大螺线管里（两者轴线重合），且使两者产生的磁场方向一致，那么小螺线管内的磁能密度是原来的多少倍？若使两螺线管产生的磁场方向相反，那么小螺线管中的磁能密度是原来的多少倍？（忽略边缘效应）。

10.10　有一圆形平行板电容器，从 $q=0$ 开始充电，试画出充电过程中，极板间某点 P 电场强度的方向和磁感应强度的方向。

10.11　在一通有电流 I 的无限长直导线所在的平面内，有一半径为 r、电阻为 R 的导线环，环中心距直导线为 a，如图10.16所示，且 $a \gg r$。当直导线的电流被切断后，问沿着导线环流过的电荷量约为多少？

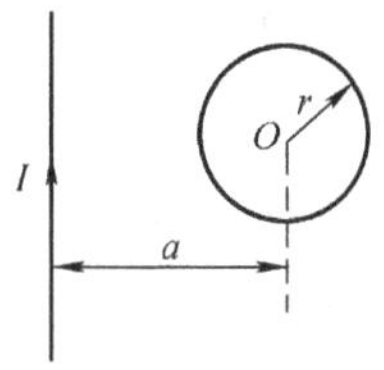

图10.16　思考题10.11用图

习　题

10.1　如图10.17所示，直角三角形金属框架 abc 放在均匀磁场中，磁感应强度 $\boldsymbol{B}$ 的方向平行于 ab 边，bc 边的长为 l。但金属框架绕 ab 边以匀角速度 ω 转动时，讨论 abc 回路中的感应电动势 $\mathscr{E}$ 和 a、c 两点的电势差 $\varphi_a-\varphi_c$ 为多少？

10.2　半径为 L 的均匀导体圆盘绕通过中心 O 的垂直轴转动，角速度为 ω，盘面与磁感应强度为 $\boldsymbol{B}$ 的均匀磁场垂直，如图10.18所示。

（1）在图上标出 Oa 线段中动生电动势的方向；

（2）讨论下列电势差的值（设 ca 段长度为 d）：

$\varphi_a-\varphi_O=$＿＿＿＿＿＿＿＿＿＿，

$\varphi_a-\varphi_b=$＿＿＿＿＿＿＿＿＿＿，

$\varphi_a-\varphi_c=$＿＿＿＿＿＿＿＿＿＿。

10.3　有两个长直密绕螺线管，它们的长度及线圈匝数均相同，半径分别为 r_1 和 r_2。管内充满均匀介质，其磁导率分别为 μ_1 和 μ_2。设 $r_1:r_2=1:2$，$\mu_1:\mu_2=2:1$，当将两只螺线管串联在电路中通电稳定后，问其自感之比 $L_1:L_2$ 与磁能之比 $W_{m1}:W_{m2}$ 分别为多少？

10.4　在圆柱形空间内有一磁感应强度为 $\boldsymbol{B}$ 的均匀磁场，如图10.19所示，$\boldsymbol{B}$ 的大小以速率 $\mathrm{d}B/\mathrm{d}t$ 变化，有一长度为 l_0 的金属棒先后放在磁场的两个不同位置，问金属棒在这两个位置1（$\overline{ab}$）和2（$\overline{a'b'}$）时感应电动势的大小关系如何？

10.5　将一导线弯成如图10.20所示形状，放在磁感应强度为 $\boldsymbol{B}$ 的均匀磁场中，$\boldsymbol{B}$ 的方向垂直图面向里。$\angle bcd=60°$，$\overline{bc}=\overline{cd}=a$。现使导线绕图中的轴 OO' 旋转，转速为 n r/min，试计算 $\mathscr{E}_{OO'}$。

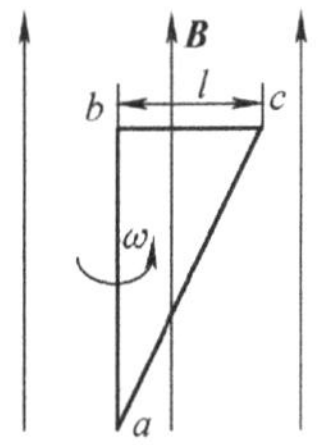

图10.17　习题10.1用图

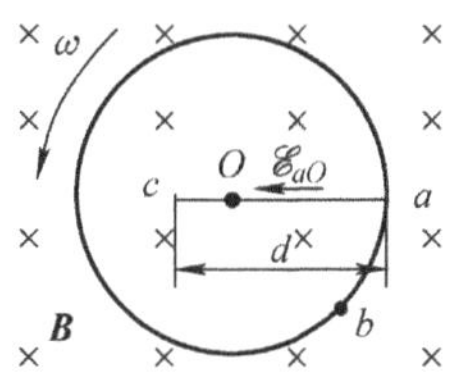

图10.18　习题10.2用图

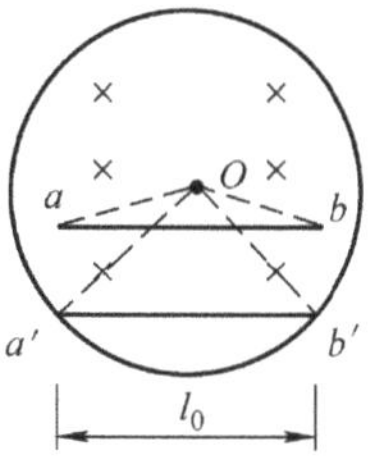

图10.19　习题10.4用图

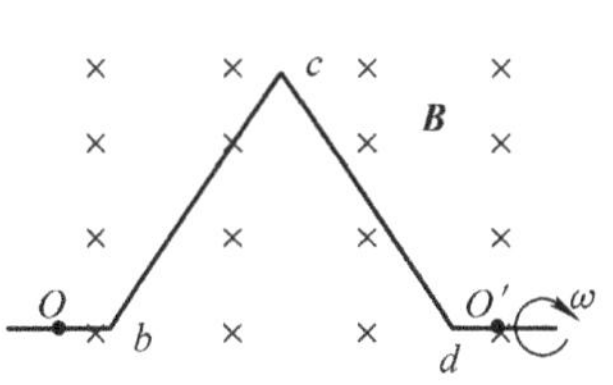

图10.20　习题10.5用图

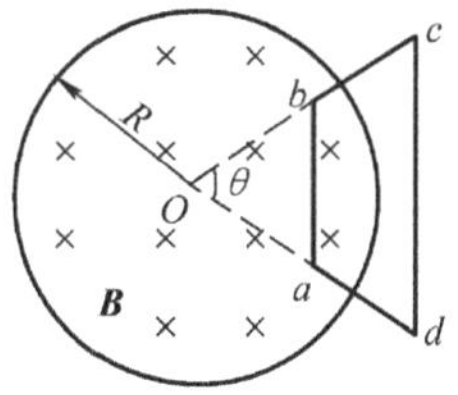

图10.21　习题10.6用图

10.6 磁感应强度为 $\boldsymbol{B}$ 的均匀磁场被限制在半径 $R=10\text{cm}$ 的无限长圆柱空间内，方向垂直纸面向里，取一固定的等腰梯形回路 $abcd$，梯形所在平面的法向与圆柱空间的轴平行，位置如图 10.21 所示。设磁场以 $\mathrm{d}B/\mathrm{d}t=1\text{T/s}$ 的匀速率增加，已知 $\theta=\frac{1}{3}\pi$，$\overline{Oa}=\overline{Ob}=6\text{cm}$，求等腰梯形回路中感生电动势的大小。

10.7 无限长直导线，通以电流 I。有一与之共面的直角三角形线圈 ABC，如图 10.22 所示。已知 AC 边长为 b，且与长直导线平行，BC 边长为 a。若线圈以垂直导线方向的速度 $\boldsymbol{v}$ 向右平移，当 B 点与长直导线的距离为 d 时，求线圈 ABC 内的感应电动势的大小和方向。

10.8 将一宽度为 l 的薄铜片卷成一个半径为 R 的细圆筒，设 $l>>R$，电流 I 均匀分布并通过此铜片（见图 10.23）。

（1）忽略边缘效应，求管内的磁感应强度 $\boldsymbol{B}$ 的大小；

（2）不考虑两个伸展部分，求这一螺线管的自感。

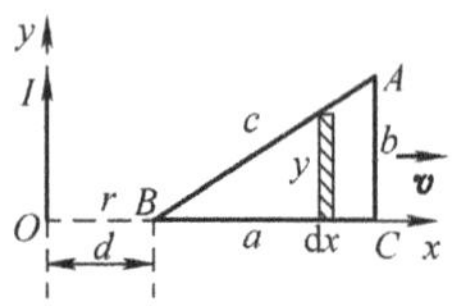

图 10.22 习题 10.7 用图

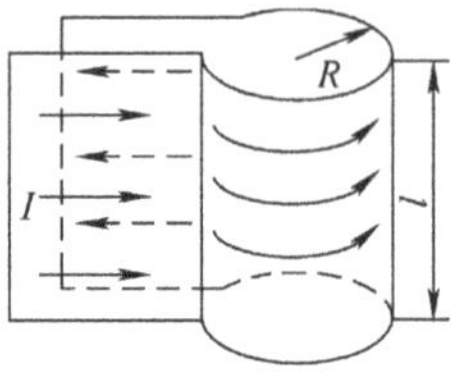

图 10.23 习题 10.8 用图

10.9 截面为矩形的螺绕环共 N 匝，尺寸如图 10.24 所示，图中下半部两矩形表示螺绕环的截面。在螺绕环的轴线上另有一无限长直导线。

（1）求螺绕环的自感；

（2）求长直导线螺绕环间的互感；

（3）若在螺绕环内通一稳恒电流 I，求螺绕环内储存的磁能。

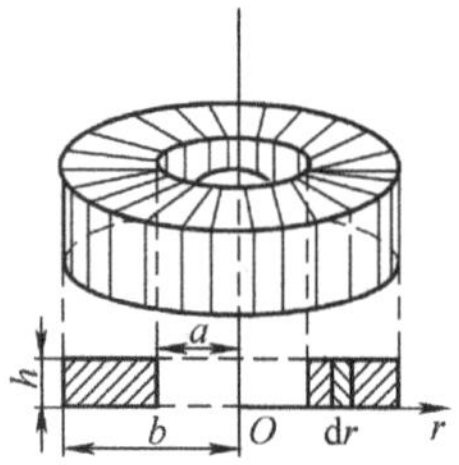

图 10.24 习题 10.9 用图

10.10 给电容为 C 的平行板电容器充电，电流为 $i=0.2\times e^{-t}$（SI）。当 $t=0$ 时电容器极板上无电荷。求：

（1）极板间电压 U 随时间 t 而变化的关系；

（2）t 时刻极板间总的位移电流 I_d（忽略边缘效应）。

附　　录

附录 A　物理常量

物理常量	符号	值
引力常量	G	$6.6742\times10^{-11}\mathrm{N\cdot m^{-2}\cdot kg^{-2}}$
电子电荷量	e	$1.602\times10^{-19}\mathrm{C}$
真空介电常数	ε_0	$8.8541\times10^{-12}\mathrm{C^2/(N\cdot m^2)}$
真空磁导率	μ_0	$4\pi\times10^{-7}\mathrm{N/A^2}$
地球的平均半径		$6.37\times10^{6}\mathrm{m}$
地球的质量		$5.977\times10^{24}\mathrm{kg}$
太阳的直径		$1.39\times10^{9}\mathrm{m}$
太阳的质量		$1.99\times10^{30}\mathrm{kg}$
太阳至地球的平均距离		$1.49\times10^{11}\mathrm{m}$

换算关系：$1\mathrm{eV}=1.6\times10^{-19}\mathrm{J}$

附录 B　常用公式

1. 位移、速度和加速度

(1) $\Delta\boldsymbol{r}=\boldsymbol{r}(t+\Delta t)-\boldsymbol{r}(t)$

(2) $\boldsymbol{v}=\dfrac{\mathrm{d}\boldsymbol{r}}{\mathrm{d}t}$

(3) $\boldsymbol{a}=\dfrac{\mathrm{d}\boldsymbol{v}}{\mathrm{d}t}$

2. 圆周运动

(1) 角速度　$\omega=\dfrac{\mathrm{d}\theta}{\mathrm{d}t}=\dfrac{v}{R}$

(2) 角加速度　$\alpha=\dfrac{\mathrm{d}\omega}{\mathrm{d}t}$

(3) 加速度　$\boldsymbol{a}=a_{\mathrm{n}}\boldsymbol{e}_{\mathrm{n}}+a_{\mathrm{t}}\boldsymbol{e}_{\mathrm{t}}$

法向加速度 $a_{\mathrm{n}}=\dfrac{v^2}{R}=R\omega^2$

切向加速度 $a_{\mathrm{t}}=\dfrac{\mathrm{d}v}{\mathrm{d}t}=R\alpha$

3. 伽利略速度变换　$\boldsymbol{v}=\boldsymbol{v}'+\boldsymbol{u}$

4. 牛顿第二定律　$\boldsymbol{F}=m\boldsymbol{a}$

5. 质点的动量定理　$\boldsymbol{I}=\displaystyle\int_{t_1}^{t_2}\boldsymbol{F}\mathrm{d}t=\boldsymbol{p}_2-\boldsymbol{p}_1=m\boldsymbol{v}_2-m\boldsymbol{v}_1$

6. 质点系的动量定理

$$\boldsymbol{I}=\int_{t_1}^{t_2}\left(\sum \boldsymbol{F}_i\right)\mathrm{d}t=\boldsymbol{p}_2-\boldsymbol{p}_1=\sum_i m_i\boldsymbol{v}_{i2}-\sum_i m_i\boldsymbol{v}_{i1}$$

式中，$\sum \boldsymbol{F}_i$ 为作用于质点系的合外力。

7. 质点系的动量守恒定律：若 $\sum \boldsymbol{F}_i=\boldsymbol{0}$，则 $\boldsymbol{p}=\sum \boldsymbol{p}_i=$ 常矢量。

8. 质心位矢 $\boldsymbol{r}_C=\dfrac{\sum_i m_i\boldsymbol{r}_i}{m}$ 或 $\boldsymbol{r}_C=\dfrac{\int \boldsymbol{r}\mathrm{d}m}{m}$

9. 质点对参考点的角动量和力矩 $\boldsymbol{L}=\boldsymbol{r}\times\boldsymbol{p}=\boldsymbol{r}\times m\boldsymbol{v}$，$\boldsymbol{M}=\boldsymbol{r}\times\boldsymbol{F}$

10. 质点对参考点的角动量定理 $\boldsymbol{M}=\dfrac{\mathrm{d}\boldsymbol{L}}{\mathrm{d}t}$

11. 质点对参考点的角动量守恒定律：当 $\boldsymbol{M}=0$ 时，$\boldsymbol{L}=\boldsymbol{r}\times\boldsymbol{p}=$ 常矢量。

12. 功 $A=\int_A^B \boldsymbol{F}\cdot\mathrm{d}\boldsymbol{r}$

13. 质点的动能定理 $A=\dfrac{1}{2}mv_2^2-\dfrac{1}{2}mv_1^2$

14. 质点系的动能定理 $\sum_i A_i=\sum_i\dfrac{1}{2}m_iv_{i2}^2-\sum_i\dfrac{1}{2}m_iv_{i1}^2=E_{\mathrm{k2}}-E_{\mathrm{k1}}$

15. 保守力的功与势能的关系 $A_{保}=E_{\mathrm{p1}}-E_{\mathrm{p2}}=-\Delta E_{\mathrm{p}}$

若规定 $E_{\mathrm{p0}}=0$，则 $E_{\mathrm{p}}-E_{\mathrm{p_0}}=E_{\mathrm{p}}=\int_p^{p_0}\boldsymbol{F}_{保}\cdot\mathrm{d}\boldsymbol{r}=A_{保}$。

16. 质点系的功能原理 $A_{外}+A_{内非}=E_2-E_1$

17. 机械能守恒定律：若 $\mathrm{d}A_{外}=0$ 且 $\mathrm{d}A_{内非}=0$，则 $\mathrm{d}E=0$，即 $E=$ 恒量。

18. 刚体对轴的转动惯量 $J=\sum_i m_ir_i^2$ 或 $J=\int r^2\mathrm{d}m$

19. 刚体的定轴转动定律 $M_z=\dfrac{\mathrm{d}L_z}{\mathrm{d}t}=J\alpha$，其中 $L_z=J\omega$

20. 刚体定轴转动的角动量定理 $\int_{t_1}^{t_2}M_{外z}\mathrm{d}t=J\omega_2-J\omega_1$

21. 刚体定轴转动的角动量守恒定律：若 $M_{外z}=0$，则 $L_z=$ 恒量。

22. 刚体定轴转动的动能定理 $A=\int_{\theta_1}^{\theta_2}M\mathrm{d}\theta=\dfrac{1}{2}J\omega_2^2-\dfrac{1}{2}J\omega_1^2=E_{\mathrm{k2}}-E_{\mathrm{k1}}$

23. 刚体重力势能 $E_{\mathrm{p}}=mgh_C$

24. 伯努利方程 $p+\dfrac{1}{2}\rho v^2+\rho gh=$ 恒量

25. 库仑定律 $\boldsymbol{F}_{12}=\dfrac{q_1q_2}{4\pi\varepsilon_0r_{12}^2}\boldsymbol{e}_{r_{12}}$

26. 电场强度定义式 $\boldsymbol{E}=\dfrac{\boldsymbol{F}}{q_0}$

27. 电场强度计算式 $\boldsymbol{E}=\dfrac{1}{4\pi\varepsilon_0}\int_q\dfrac{\boldsymbol{e}_r}{r^2}\mathrm{d}q$

28. 电偶极子在外电场中所受力矩 $\boldsymbol{M}=\boldsymbol{p}\times\boldsymbol{E}$

29. 无限大带电平面产生的电场强度 $E=\dfrac{\sigma}{2\varepsilon_0}$

30. 电通量　$\Phi_e = \int \boldsymbol{E} \cdot d\boldsymbol{S}$

31. 高斯定理　$\oint_S \boldsymbol{E} \cdot d\boldsymbol{S} = \dfrac{\sum q_i}{\varepsilon_0}$

32. 无限长均匀带电直线的电场强度　$E = \dfrac{\lambda}{2\pi r \varepsilon_0}$

33. 静电场环路定理　$\oint_L \boldsymbol{E} \cdot d\boldsymbol{r} = 0$

34. 电势差　$\varphi_P - \varphi_{P_0} = \varphi_P - 0 = \varphi_P = \int_P^{P_0} \boldsymbol{E} \cdot d\boldsymbol{r}$

35. 静止点电荷 q 的电场电势　$\varphi_P = \dfrac{q}{4\pi\varepsilon_0 r}$

36. 电场强度和电势的关系　$\boldsymbol{E} = \nabla\varphi$

37. 点电荷的电势能　$W = q\varphi$

38. 电偶极子在均匀外电场中的电势能　$W = -\boldsymbol{p} \cdot \boldsymbol{E}$

39. 电荷系的相互作用能　$W = \dfrac{1}{2}\int_q \varphi dq$

40. 电场能量　$W = \int_V w_e dV = \int_V \dfrac{\varepsilon_0 E^2}{2} dV$

41. 导体的静电平衡条件

（1）导体内部的电场强度处处为零，导体是一个等势体；

（2）导体表面处的电场强度处处和导体表面垂直，导体表面是一个等势面。

42. 带电导体表面外附近处电场强度和导体表面的电荷密度成正比　$E = \dfrac{\sigma}{\varepsilon_0}$

43. 各向同性的电介质的电极化强度　$\boldsymbol{P} = \varepsilon_0(\varepsilon_r - 1)\boldsymbol{E} = \varepsilon_0\chi\boldsymbol{E}$

44. 电荷面密度　$\sigma' = P\cos\theta = \boldsymbol{P} \cdot \boldsymbol{e}_n$

45. 电位移矢量的高斯定理　$\oint_S \boldsymbol{D} \cdot d\boldsymbol{S} = \sum q_{0int}$

46. 电位移矢量和电场强度　$\boldsymbol{D} = \varepsilon_0\varepsilon_r\boldsymbol{E} = \varepsilon\boldsymbol{E}$

47. 电场能量　$W = \int_V \dfrac{1}{2}\varepsilon E^2 dV$

48. 电流密度　$\boldsymbol{j} = ne\bar{\boldsymbol{v}}$

49. 电流　$I = \int_S \boldsymbol{J} \cdot d\boldsymbol{S}$

50. 电流的连续性方程　$I = \oint_S \boldsymbol{j} \cdot d\boldsymbol{S} = -\dfrac{dq_{int}}{dt}$

51. 欧姆定律的微分形式　$\boldsymbol{j} = \sigma\boldsymbol{E}$

52. 磁场叠加原理　$\boldsymbol{B} = \sum_i \boldsymbol{B}_i$

53. 毕奥－萨伐尔定律　$d\boldsymbol{B} = \dfrac{\mu_0}{4\pi}\dfrac{Id\boldsymbol{l} \times \boldsymbol{r}}{r^3}$

54. 磁场的高斯定理　$\oint_S \boldsymbol{B} \cdot d\boldsymbol{S} = 0$

55. 安培环路定理　$\oint_l B \cdot d\boldsymbol{l} = \mu_0 \sum I_{in}$

56. 洛伦兹力公式 $\boldsymbol{F}=q\boldsymbol{v}\times\boldsymbol{B}$

57. 安培定律 $\mathrm{d}\boldsymbol{F}=I\mathrm{d}\boldsymbol{l}\times\boldsymbol{B}$

58. 磁偶极矩(简称磁矩) $p_{\mathrm{m}}=IS\boldsymbol{e}_{\mathrm{n}}$

59. 载流线圈在匀强磁场中所受的力矩 $\boldsymbol{M}=p_{\mathrm{m}}\times\boldsymbol{B}$

60. 磁场强度的环路定理 $\oint_l \boldsymbol{H}\cdot\mathrm{d}\boldsymbol{l}=\sum I_{\mathrm{c,in}}$

61. 法拉第电磁感应定律 $\mathscr{E}=-\dfrac{\mathrm{d}\Phi}{\mathrm{d}t}$

62. 动生电动势 $\mathscr{E}=\int_l(\boldsymbol{v}\times\boldsymbol{B})\cdot\mathrm{d}\boldsymbol{l}$

63. 感生电动势 $\oint_l \boldsymbol{E}\cdot\mathrm{d}\boldsymbol{l}=-\int_S\dfrac{\partial\boldsymbol{B}}{\partial t}\cdot\mathrm{d}\boldsymbol{S}$

64. 自感 $L=\dfrac{\Psi}{i}$

65. 自感电动势 $\mathscr{E}_{\mathrm{L}}=-\dfrac{\mathrm{d}\Psi}{\mathrm{d}t}=-L\dfrac{\mathrm{d}i}{\mathrm{d}t}$

66. 互感 $\Phi_{21}=M_{21}i_1$

67. 互感电动势 $\mathscr{E}_{21}=-\dfrac{\mathrm{d}\phi_{21}}{\mathrm{d}t}=-M_{21}\dfrac{\mathrm{d}i_1}{\mathrm{d}t}$

68. 线圈的自感磁能 $W_{\mathrm{m}}=\int\mathrm{d}W=\int_0^I Li\mathrm{d}i=\dfrac{1}{2}LI^2$

69. 磁场的能量密度 $w_m=\dfrac{1}{2}\boldsymbol{B}\cdot\boldsymbol{H}$

70. 总的磁场能量 $W_{\mathrm{m}}=\int w_{\mathrm{m}}\mathrm{d}V=\int\dfrac{1}{2}(\boldsymbol{B}\cdot\boldsymbol{H})\mathrm{d}V$

71. 位移电流密度 $\boldsymbol{j}_{\mathrm{d}}=\dfrac{\partial\boldsymbol{D}}{\partial t}$

72. 普遍的安培环路定理 $\oint_L \boldsymbol{H}\cdot\mathrm{d}\boldsymbol{l}=\int_S\left(\dfrac{\partial\boldsymbol{D}}{\partial t}+\boldsymbol{j}\right)\cdot\mathrm{d}S$

73. 麦克斯韦方程组的积分形式

$$\oint_l \boldsymbol{E}\cdot\mathrm{d}\boldsymbol{l}=-\int_S\frac{\partial\boldsymbol{B}}{\partial t}\cdot\mathrm{d}\boldsymbol{S}$$

$$\oint_L \boldsymbol{H}\cdot\mathrm{d}\boldsymbol{l}=\int_S\left(j+\frac{\partial\boldsymbol{D}}{\partial t}\right)\cdot\mathrm{d}\boldsymbol{S}$$

$$\oint_S \boldsymbol{D}\cdot\mathrm{d}\boldsymbol{S}=\sum q_0$$

$$\oint_S \boldsymbol{B}\cdot\mathrm{d}\boldsymbol{S}=0$$

在有介质存在时，还需要再补充描述介质性质的下述方程

$$\boldsymbol{D}=\varepsilon_0\varepsilon_{\mathrm{r}}\boldsymbol{E}=\varepsilon\boldsymbol{E}$$

$$\boldsymbol{B}=\mu_0\mu_{\mathrm{r}}\boldsymbol{H}=\mu\boldsymbol{H}$$

$$\boldsymbol{j}=\sigma\boldsymbol{E}$$

习题答案

第1章

1.1 （1）2.5s （2）6.25cm

1.2 （1）速度大小为 $|\boldsymbol{v}|=13\text{m/s}$；与 x 轴的夹角 $\alpha=\dfrac{\pi}{2}$；与 y 轴的夹角 $\beta=\arccos\left(\dfrac{5}{13}\right)$；与 z 轴的夹角 $\gamma=\arccos\left(-\dfrac{12}{13}\right)$。

（2）加速度的大小为 $|\boldsymbol{a}|=12\text{m/s}^2$，方向沿着 z 轴负方向。

1.3 $v=\dfrac{2}{3t^2+1}$

1.4 （1）$\boldsymbol{v}(t)=\dfrac{3t^2}{2}\boldsymbol{i}+(t+5)\boldsymbol{j}$

（2）$\boldsymbol{r}(t)=\left(\dfrac{t^3}{2}+3\right)\boldsymbol{i}+\left(\dfrac{t^2}{2}+5t\right)\boldsymbol{j}$

1.5 1.7s

1.6 （1）0.6s

（2）4.0m/s

1.7 （1）6.0m/s

（2）$\sqrt{13}\text{m/s}^2$

1.8 $\omega=5\text{rad/s}$，$v=10\text{m/s}$，$\alpha=6\text{rad/s}^2$，$a=51.4\text{m/s}^2$

1.9 $\dfrac{9}{4}\text{m}$

1.10 $-v_1\boldsymbol{i}+v_2\boldsymbol{j}$

1.11 $v=-v_0\dfrac{\sqrt{x^2+h^2}}{x}$，$a=v_0^2\dfrac{h^2}{x^3}$

1.12 可以击中（提示：先写出弹丸的轨迹方程，可求得当 $\theta=51.9°$时，y 取最大值，为 12.3m，12.3m > 12m，所以可以击中）。

1.13 $\omega=6t^3-3t^2$（rad/s），$a_n=(6t^3-3t^2)^2$（m/s^2），$a_t=18t^2-6t$（m/s^2）

1.14 （1）$\dfrac{x^2}{2}+y^2=1$

（2）$\boldsymbol{v}=\left(-\dfrac{\sqrt{2}}{3}\sin\dfrac{\pi}{3}t\right)\boldsymbol{i}+\left(\dfrac{\pi}{3}\cos\dfrac{\pi}{3}t\right)\boldsymbol{j}$

$\boldsymbol{a}=\left(-\dfrac{\sqrt{2}}{9}\pi^2\cos\dfrac{\pi}{3}t\right)\boldsymbol{i}+\left(-\dfrac{\pi^2}{9}\sin\dfrac{\pi}{3}t\right)\boldsymbol{j}$

1.15 速度大小为 10m/s，方向为与竖直方向呈 57°角偏东向下，$\alpha=\arccos\left(\dfrac{4}{5}\right)$。

第2章

2.1 证明略

2.2 所受合外力的大小为12N，方向沿着 z 轴负方向。

2.3 $2\sqrt{2}$N

2.4 证明略

2.5 $F_{\min}=\frac{13\sqrt{3}}{5}$N，方向与斜面间的夹角为30°（取 $g=10\text{m/s}^2$）。

2.6 $mg-ma$，方向竖直向上。

2.7 加速度为$\frac{F-m_Bg-\mu m_Ag}{m_A+m_B}$，绳内张力为$\frac{(F-m_Bg-\mu m_Ag)m_B}{m_A+m_B}+m_Bg$

2.8 2.5m

2.9 7.4N

2.10 $v_t=\sqrt{\frac{2mg}{C\rho S}}$

2.11 $\frac{\sqrt{3g}}{3}\leqslant\omega\leqslant\sqrt{3g}$

2.12 $\frac{T_1}{T_2}=\sqrt{\frac{(R_{地}+H_1)^3}{(R_{地}+H_2)^3}}$

2.13 $\rho=\frac{3\pi}{GT_s^2}$

2.14 $F=mg+m\omega^2x$

2.15 $m_{月}=\frac{4\pi^2(R+h)^3}{T^2G}$

第3章

3.1 $\boldsymbol{p}_{乙}=-ct\boldsymbol{j}$

3.2 $\boldsymbol{p}=54\boldsymbol{j}$（kg·m/s）

3.3 $5\boldsymbol{i}+15\boldsymbol{j}$（m/s）

3.4 45°向上

3.5 13J

3.6 $\frac{m^2g^2}{2k}$

3.7 （1）$60t\boldsymbol{i}$（kg·m²/s）

（2）$60\boldsymbol{i}$（N·m）

3.8 $\sqrt{\frac{2mg(h+R)}{k}}$

3.9 证明略

3.10 $v=\sqrt{\frac{6}{ma}}$

3.11 $x_C=\frac{m'r}{m+m'}$

3.12 摩擦力所做的功为 -12.5J，产生的热能为 12.5J。

3.13 $E_{k甲}:E_{k乙}=2:1$

3.14 （1）提示：先求力 F 做功的表达式（可参考万有引力），证明 F 为保守内力，进而证明机械能守恒；

（2）提示：求 A 所受的力对 O 点的合外力矩，证明合外力矩为零，则可证明角动量守恒。

3.15 $v=\frac{\sqrt{gl(3-\sin\theta)}}{2}$

3.16 （1）角动量大小：$L=12\text{kg}\cdot\text{m}^2/\text{s}$，角动量方向：垂直于质点运动平面，与运动方向成右手螺旋关系；

（2）力矩大小：$M=48\text{N}\cdot\text{m}$，力矩方向：垂直于质点运动平面，与运动方向成右手螺旋关系。

第4章

4.1 （1）$\alpha=4\text{rad/s}^2$，$a=4\sqrt{82}\text{m/s}^2$

（2）2.5s

（3）2 圈

4.2 $\omega=38\text{rad/s}$，$\alpha=12\text{rad/s}^2$

4.3 $J_O=\frac{2}{5}mR^2$

4.4 $\frac{1}{12}ml^2+2m_0d^2$

4.5 （1）4rad/s^2

（2）2 圈

4.6 $F_T=27.5\text{N}$，$a=2.5\text{m/s}^2$

4.7 $\frac{J\pi(n_2-n_1)}{30t}(\text{SI})$

4.8 $\frac{6mv}{3ml+m_{杆}l}$

4.9 $\frac{2mvd}{m_{盘}R^2}$

4.10 $\theta=\arccos\left(1-\frac{3F^2t^2}{m^2gl}\right)$

4.11 $J=\frac{mR^2F_T}{mg-F_T}$

4.12 $\alpha=\frac{3mg+6m_0g}{2ml+6m_0l}$

4.13 略

4.14 $\omega=\frac{6}{7}\text{rad/s}$

4.15 4m/s^2

第5章

5.1 $Q_m=21.98\text{kg/s}$

5.2 (1) 7.96m/s

(2) 14.15m/s

5.3 100N/m^2

5.4 $h=\dfrac{Q^2}{2(\Delta S)^2 g}$

5.5 $0.078\text{m}^3/\text{s}$

5.6 $p_A=-4.9\times10^4\text{Pa}$，$p_B=-6.86\times10^4\text{Pa}$

5.7 $Re=1600$

5.8 $\dfrac{5}{7}\text{m/s}$

5.9 $\eta(5-r)\quad(0\leqslant r\leqslant R)$

第6章

6.1 $\dfrac{q}{4\varepsilon_0}$

6.2 $\dfrac{1}{4\pi\varepsilon_0}\left(\dfrac{q}{r}+\dfrac{Q}{R}\right)$

6.3 $\dfrac{Q_1}{\varepsilon_0 S}$

6.4 $\boldsymbol{E}=\dfrac{\sigma}{4\varepsilon_0}\boldsymbol{i}$，其中，$\boldsymbol{i}$ 为沿 x 轴正方向的单位矢量。

6.5 $\dfrac{\rho}{2\varepsilon_0}(R_2^2-R_1^2)$

6.6 $\dfrac{q}{8\pi\varepsilon_0 l}\ln\left(1+\dfrac{2l}{a}\right)$

6.7 $-2\varepsilon_0E_0/3$，$4\varepsilon_0E_0/3$

6.8 $\dfrac{\lambda}{4\pi\varepsilon_0 R}$，$\dfrac{\lambda}{12\varepsilon_0}$

6.9 $v=\left[2gR-\dfrac{Qq}{2\pi m\varepsilon_0 R}\left(1-\dfrac{1}{\sqrt{2}}\right)\right]^{1/2}$

6.10 (1) 静电能为 $W=-\dfrac{q^2}{4\pi\varepsilon_0 a}$

(2) 重心处的电势 $\varphi=\dfrac{-\sqrt{3}q}{2\pi\varepsilon_0 a}$

(3) 电场力的功 $A=\dfrac{\sqrt{3}qQ}{2\pi\varepsilon_0 a}$

6.11 $W=\dfrac{Q^2}{8\pi\varepsilon_0}\left(\dfrac{1}{R_1}-\dfrac{1}{R_2}\right)$

6.12 $E=\dfrac{\rho}{3\varepsilon_0}a$

6.13 $\lambda=2.41\times10^{-8}\text{C/m}$

6.14 $\Phi_{OABC}=\Phi_{DEFG}=0$，$\Phi_{ABGF}=E_2a^2$　$\Phi_{CDEO}=-\Phi_{ABGF}=-E_2a^2$，$\Phi_{AOEF}=-E_1a^2$，$\Phi_{BCDG}=(E_1+ka)a^2$，因此，整个立方体表面的电场强度通量为 $\Phi=\sum\Phi=ka^3$。

6.15 （1）$\lambda=2\pi\varepsilon_0 U_{12}/\ln\frac{R_2}{R_1}=2.1\times10^{-8}\text{C}\cdot\text{m}^{-1}$

（2）$E=\frac{\lambda}{2\pi\varepsilon_0 r}=3.74\times10^2\frac{1}{r}$ （V/m）

第7章

7.1 d_2/d_1

7.2 $q_1=0$，$q_2=-2\times10^{-6}\text{C}$，$q_3=2\times10^{-6}\text{C}$，$q_4=1\times10^{-6}\text{C}$，$q_5=-1\times10^{-6}\text{C}$，$q_6=0$

7.3 $Q=-\frac{R}{r}q$

7.4 （1）球壳B内表面所带电荷量为$-3\times10^{-8}\text{C}$，外表面所带电荷量为$5\times10^{-8}\text{C}$；球A和球壳B的电势分别为

$$\varphi_A=\frac{Q_A}{4\pi\varepsilon_0 R_1}+\frac{-Q_A}{4\pi\varepsilon_0 R_2}+\frac{Q_A+Q_B}{4\pi\varepsilon_0 R_3}=5.6\times10^3\text{V},\ \varphi_B=\frac{Q_A+Q_B}{4\pi\varepsilon_0 R_3}=4.5\times10^3\text{V}$$

（2）球A外表面所带电荷量为$2.12\times10^{-8}\text{C}$，球壳$B$内表面所带电荷量为$-2.12\times10^{-8}\text{C}$，外表面所带电荷量为$-0.9\times10^{-8}\text{C}$；球$A$和球壳$B$的电势分别为$\varphi_A=0$，$\varphi_B=-7.92\times10^2\text{V}$。

7.5 （1）等效电容$C_{AB}=4\mu\text{F}$

（2）$U_{AC}=\frac{C_{AB}}{C_{AC}}U_{AB}=4\text{V}$，$U_{CD}=\frac{C_{AB}}{C_{CD}}U_{AB}=6\text{V}$，$U_{DB}=\frac{C_{AB}}{C_{DB}}U_{AB}=2\text{V}$

7.6 （1）平板电容器的电容$C=\frac{\varepsilon_r\varepsilon_0 S}{d}=1.53\times10^{-9}\text{F}$

（2）极板上的电荷量为 $Q=CU=1.84\times10^{-8}\text{C}$

极板上自由电荷面密度为 $\sigma_0=\frac{Q}{S}=1.84\times10^{-4}\text{C/m}^2$

晶片表面极化电荷面密度为$\sigma_0'=\left(1-\frac{1}{\varepsilon_r}\right)\sigma_0=1.83\times10^{-4}\text{C/m}^2$

（3）晶片内的电场强度为 $E=\frac{U}{d}=1.2\times10^5\text{V/m}^1$

7.7 （1）$r_1=5\text{cm}$处：$D_{r_1}=0$，$E_{r_1}=0$；

$r_2=15\text{cm}$处：$D_{r_2}=\frac{Q}{4\pi\varepsilon r_2^2}=3.5\times10^{-8}\text{C/m}^2$，$E_{r_2}=\frac{Q}{4\pi\varepsilon_0\varepsilon_r r^2}=8.0\times10^3\text{V/m}^1$；

$r_3=25\text{cm}$处：$D_{r_3}=\frac{Q}{4\pi\varepsilon_0 r_3^2}=1.3\times10^{-8}\text{C/m}^2$，$E_{r_3}=\frac{Q}{4\pi\varepsilon_0 r^2}=1.4\times10^3\text{V/m}^1$。

（2）$r_3=25\text{cm}$，$U_3=360\text{V}$；$r_2=15\text{cm}$，$U_2=480\text{V}$；$r_1=5\text{cm}$，$U_1=540\text{V}$。

（3）介质外表面$\sigma=1.6\times10^{-8}\text{C/m}^2$，介质内表面$\sigma'=6.4\times10^{-8}\text{C/m}^2$。

7.8 $D=4.5\times10^{-5}\text{C/m}^2$，$E=2.5\times10^6\text{V/m}$，$P=2.3\times10^{-5}\text{C/m}^2$，$\boldsymbol{D}$、$\boldsymbol{P}$、$\boldsymbol{E}$方向相同，均由正极板指向负极板。

7.9 上半球和下半球所带电荷量分别为$Q_1=0.50\times10^{-6}\text{C}$，$Q_2=1.5\times10^{-6}\text{C}$。

7.10 （1）电容器电场能量的改变量为 $\Delta W_e=\frac{Q^2d}{2\varepsilon_0 S}$；（2）外力所做的功为$A=\frac{Q^2d}{2\varepsilon_0 S}$。

7.11 （1）$C=q/(U_A-U_B)=\varepsilon_0 S/(d-t)$；（2）金属板的位置对电容无影响；（3）若是电介质，$C=\frac{Q}{U}=\frac{\varepsilon_0\varepsilon_r S}{\varepsilon_r(d-t)+t}$，电介质的位置对电容也无影响。

7.12 $\sigma_m=\varepsilon_0 E_b=2.66\times10^{-5}\text{C/m}^2$

7.13 证明略

7.14 （1）相等；（2）相等；（3）$C=\dfrac{2\varepsilon_0\varepsilon_{r1}\varepsilon_{r2}S}{d(\varepsilon_{r1}+\varepsilon_{r2})}$。

第8章

8.1

设各支路中的电流分别为 I_1、I_2、I_3，其指向如习题8.1答案图所示，

$$I_1=-0.10\text{A},\ I_2=0.46\text{A},\ I_3=-0.56\text{A}$$

此结果中 I_2 为正值，说明它们的方向与原假定方向相同，I_1、I_3 为负值，说明实际电流指向与图中假定方向相反，则通过电阻 R_2 的电流的大小为0.46A，方向从 A 指向 B。

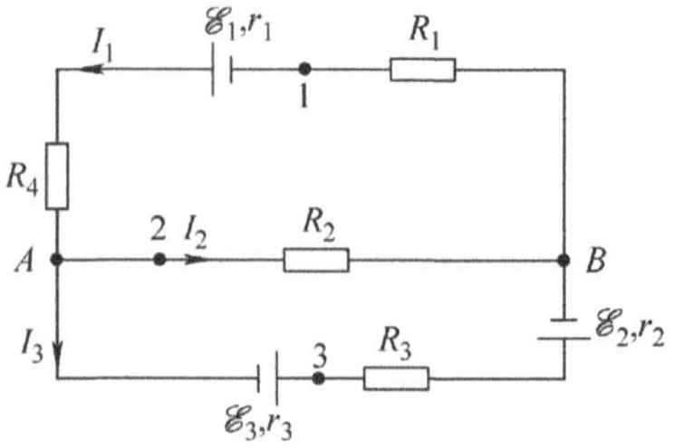

习题8.1答案图

8.2 证明略

8.3 $v=4.4\times10^{-4}\text{m/s}$

8.4 （1）铜棒电阻为 $2.2\times10^{-5}\Omega$；（2）电流为 $2.3\times10^3\text{A}$；（3）电流密度为 $1.4\times10^6\text{A/m}^2$；（4）电场强度为 $2.5\times10^{-2}\text{V/m}$；（5）消耗的功率为 $1.1\times10^2\text{W}$；（6）电子的漂移速度为 $1.0\times10^{-4}\text{m/s}$。

8.5 电池的电动势为4.10V，内阻为0.05Ω。

8.6 （1）电阻 R 为 $1.1\times10^8\Omega$；（2）径向电流为 $9.1\times10^{-7}\text{A}$。

第9章

9.1 $B=\int \mathrm{d}B=\dfrac{\mu_0 I}{2\pi a}\int_0^a\dfrac{\mathrm{d}x}{(a+b-x)}=\dfrac{\mu_0 I}{2\pi a}\ln\dfrac{a+b}{b}$

9.2 $\iint_S \boldsymbol{B}\cdot\mathrm{d}\boldsymbol{S}=0$

9.3 （1）$\Phi_{ABOE}=-0.3\text{Wb}$

（2）$\Phi_{BCDO}=0$

（3）$\Phi_{ACDE}=0.3\text{Wb}$

9.4 $B=\dfrac{1}{2}\mu_0 j$

9.5 （1）O 点的磁感应强度大小为 $B_O=\dfrac{\mu_0\omega\lambda}{4\pi}\ln\dfrac{a+b}{a}$，$\lambda>0$ 时，方向为⊗；

（2）总磁矩大小为 $p_m=\dfrac{\lambda\omega}{b}[(a+b)^3-a^3]$，$\lambda>0$ 时，方向与 ω 相同，即⊗；

（3）$B_O=\dfrac{\mu_0\omega q}{4\pi a}$，其中 $q=\lambda b$，$p_m=\dfrac{1}{2}\omega a^2 q$，$\boldsymbol{B}_0$ 及 $\boldsymbol{p}_m$ 的方向同前（1）、（2）。

9.6 $\dfrac{v_b}{v_c}=\dfrac{R_b}{R_c}=\dfrac{1}{2}$

9.7 $F=\sqrt{2}aBI$

9.8 对于铁磁质，μ_r 不是常数，其 $B-H$ 关系为曲线 a；

对于顺磁质，$\mu_r>1$，其 $B-H$ 关系为斜率大于 1 的直线 b；

对于抗磁质，$\mu_r<1$，其 $B-H$ 关系为斜率小于 1 的直线 c。

9.9 $B=\dfrac{\mu I}{2\pi r}$

9.10 $B=\mu_0\sigma R\omega$

9.11 $R=2r$

9.12 （1）$F_{\widehat{CD}}=0.127\text{N}$，方向与$\widehat{CD}$垂直，与 OB 的夹角为 45°；

（2）$M=1.41\times10^{-2}\text{N}\cdot\text{m}$，方向将驱使线圈法线 $\boldsymbol{n}$ 转向与 $\boldsymbol{B}$ 平行。

第 10 章

10.1 $\varphi_a-\varphi_c=\varphi_b-\varphi_c=-\dfrac{1}{2}\omega Bl^2$

10.2 （1）Oa 线段中动生电动势的方向是由 a 指向 O。

（2）各电势差值如下：

$$\varphi_a-\varphi_O=-\frac{1}{2}\omega BL^2$$

$$\varphi_a-\varphi_b=0$$

$$\varphi_a-\varphi_c=-\frac{1}{2}\omega Bd(2L-d)$$

10.3 长直密绕螺线管的自感为 $L=\mu\dfrac{N^2}{l}\pi r^2$，所以自感之比为 1:2 ，磁能之比为 1:2。

10.4 金属棒在两个位置时感应电动势的关系为 $\mathscr{E}_2>\mathscr{E}_1$

10.5 $\mathscr{E}_{OO'}=\dfrac{\sqrt{3}\pi na^2B}{120}\sin\left(\dfrac{2\pi n}{60}\right)t$

10.6 感生电动势大小为 $-3.68\times10^{-3}\text{V}$

10.7 三角形线圈 ABC 内的感应电动势的大小为$\dfrac{\mu_0 Ib}{2\pi a}\left(\ln\dfrac{a+d}{d}-\dfrac{a}{a+d}\right)$,感应电动势的方向为顺时针绕向(感应电流产生的磁场阻止线圈磁通量减少)。

10.8 (1)铜管相当于一个通电密绕直螺线管,故管内 $\boldsymbol{B}$ 的大小为$\mu_0\dfrac{I}{l}$;

(2)自感为 $L=\dfrac{\mu_0\pi R^2}{l}$。

10.9 (1)自感为 $L=\dfrac{\mu_0N^2h}{2\pi}\ln\dfrac{b}{a}$

(2)互感为 $M=\dfrac{\mu_0Nh}{2\pi}\ln\dfrac{b}{a}$

(3)环内储存的磁能为 $W_m=\dfrac{\mu_0N^2I^2h}{4\pi}\ln\dfrac{b}{a}$

10.10 (1)极板电压:$U=\dfrac{0.2}{C}(1-e^{-t})$

(2)t 时刻极板间总的位移电流:$I_d=i=0.2e^{-t}$

参 考 文 献

[1] 严导淦，易江林．大学物理教程［M］．北京：机械工业出版社，2017.
[2] 张三慧．大学物理学［M］．3 版．北京：清华大学出版社，2009.
[3] 陆果．基础物理学教程［M］．北京：高等教育出版社，1998.
[4] 吕金钟．大学物理简明教程［M］．北京：清华大学出版社，2006.
[5] 陈信义．大学物理教程［M］．北京：清华大学出版社，2005.
[6] 赵凯华，罗蔚茵．新概念物理教程：力学［M］．北京：高等教育出版社，2001.
[7] 夏志，李成金，海大军．高师大理科教材［M］．大连：辽宁师范大学出版社，1997.
[8] 吴百诗．大学物理：上册［M］．西安：西安交通大学出版社，2008.
[9] 赵凯华，陈熙谋．电磁学［M］．2 版．北京：高等教育出版社，1985.
[10] 赵凯华，陈熙谋．新概念物理教程：电磁学［M］．北京：高等教育出版社，2003.
[11] 潘永祥，王绵光．物理学简史［M］．武汉：湖北教育出版社，1988.
[12] 陈学忠，李艳娥．川滇地区地震活动与地球自转速率变化之间的关系［J］．地震，2019，39（1）：126－135.
[13] 漆安慎，杜婵英．力学［M］．北京：高等教育出版社，1997.